U0827801

GONGDIANSUO CHANGYONG
YEWU XITONG
SHIYONG SHOUCE

供电所常用业务系统实用手册

主　编　王世果
副主编　程倩倩　谢　航　李绍存
参　编　张光磊　付钧友
　　　　杨晨曦　王如飞
主　审　郭海云

中国电力出版社
CHINA ELECTRIC POWER PRESS

内容提要

为提高培训质量，国网河南省电力公司技能培训中心依据国家电网有限公司制定的培训方案，结合自身实训设施和培训特点，编写了《供电所常用业务系统实用手册》。

本书共分 7 章 40 个模块，重点讲述供电所常用业务系统即卓越服务集约管控平台、电力营销业务应用系统、电力用户用电信息采集系统、供电所综合评价管理平台、PMS3.0 系统、一体化电量与线损管理系统、智能化配电运检移动作业平台的页面登录、系统功能、数据分析、操作流程等。

本书可作为电力营销专业的培训教学用书，也可作为各市县供电公司营销专责和供电所人员的工作指导用书。

图书在版编目（CIP）数据

供电所常用业务系统实用手册 / 王世果主编 . — 北京：中国电力出版社，2024.6（2024.10 重印）
ISBN 978-7-5198-8745-2

Ⅰ . ①供⋯　Ⅱ . ①王⋯　Ⅲ . ①供电－职工培训－手册　Ⅳ . ① TM72-62

中国国家版本馆 CIP 数据核字（2024）第 062699 号

出版发行：中国电力出版社
地　　址：北京市东城区北京站西街 19 号（邮政编码 100005）
网　　址：http://www.cepp.sgcc.com.cn
责任编辑：王杏芸（010-63412394）
责任校对：黄　蓓　常燕昆
装帧设计：赵姗姗
责任印制：杨晓东

印　　刷：廊坊市文峰档案印务有限公司
版　　次：2024 年 6 月第一版
印　　次：2024 年10月北京第二次印刷
开　　本：787 毫米 ×1092 毫米　16 开本
印　　张：17.25
字　　数：374 千字
定　　价：88.00 元

版权专有　侵权必究
本书如有印装质量问题，我社营销中心负责退换

前　言

随着供电服务模式的改变，各大业务系统的不断出现，供电所人员通过业务系统开展工作的频率越来越高。为了提升供电所人员对业务系统的应用能力，着力建设以“星级供电所”“标杆供电所”“中心供电所”为工作要求的员工队伍，全面提升供电所人员的服务技能水平，针对供电所人员岗位职责，结合其工作实际，编写了《供电所常用业务系统实用手册》一书。本书力求特色鲜明、实用性强，为各市县供电公司电力营销专责和供电所人员学习提供针对性的学习资料。

本书定位精准，以岗位为核心，遵循“知识够用、为技能服务”的原则，突出针对性和实用性；知识全面、新颖，内容全部基于供电所现行业务系统，重点讲述页面登录、系统功能、数据分析、操作流程等；编排模块化，按照教学规律和学员的认知规律，力求内容适当、编排合理、特色鲜明，便于灵活安排培训，有利于帮助学员掌握知识、形成技能、提高能力。

本书由国网河南省电力公司技能培训中心王世果、张光磊、付钧友、杨晨曦，国网河南省电力公司郑州供电公司程倩倩，国网河南省电力公司南阳供电公司谢航，国网河南省电力公司安阳供电公司李绍存，国网河南省电力公司襄城县供电公司王如飞编写，由国网河南省电力公司技能培训中心郭海云主审。

由于作者水平有限，书中难免存在疏漏之处，恳请各位同行和广大读者批评指正。

编　者

2024 年6月

CONTENTS

目录

第一章 卓越服务集约管控平台

模块一　平台概述

模块说明　卓越服务集约管控平台用于集中供电所营销业务工单指标预警、营销业务质效分析、营销业务服务资源管控，实现营销业务支撑和流程管控、一线服务需求响应、营销服务资源实时化，以及异常问题分析及整改管控。

一、培训应用说明

卓越服务集约管控平台的培训应用说明，是指营销业务人员的使用操作说明，它对平台模块功能的具体操作步骤进行了介绍。通过该培训应用说明，可帮助营销业务人员快速掌握卓越服务集约管控平台的操作步骤，为供电所人员的工作提供辅助手段。

二、培训应用范围

卓越服务集约管控平台的培训应用范围包括供电所营销专业人员、供电所营销综合柜台员、供电所台区经理等。

三、运行环境要求

卓越服务集约管控平台以浏览器方式运行，推荐使用谷歌浏览器。

卓越服务集约管控平台的网址：http://25.213.47.236/login，登录页面如图 1–1 所示。

四、首页和功能页面

（一）首页

卓越服务集约管控平台首页包括主功能菜单（25 类）、工单中心（8 类）、指标看板（8 类）、系统公告、网站访问，如图 1–2 所示。

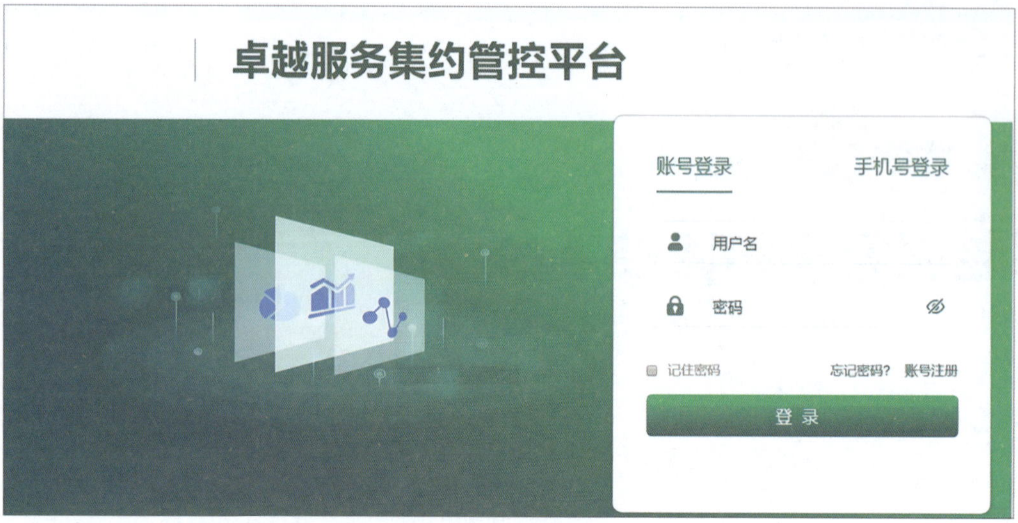

图 1-1　登录页面

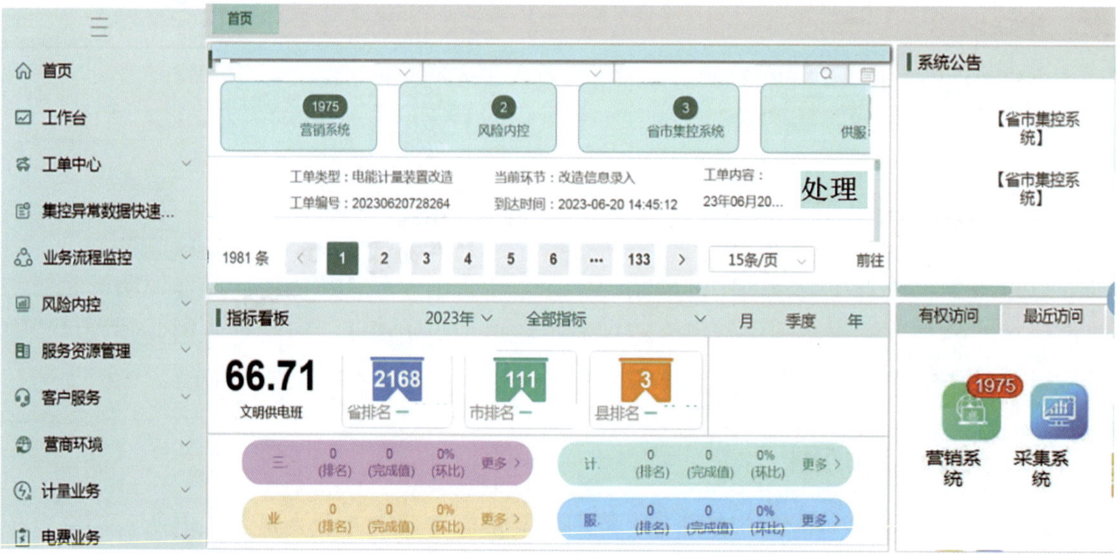

图 1-2　首页

（二）功能页面

（1）工单中心（8 类）如图 1-3 所示。

图 1-3　工单中心（一）

图 1-3　工单中心（二）

（2）指标看板（8 类）如图 1-4 所示。

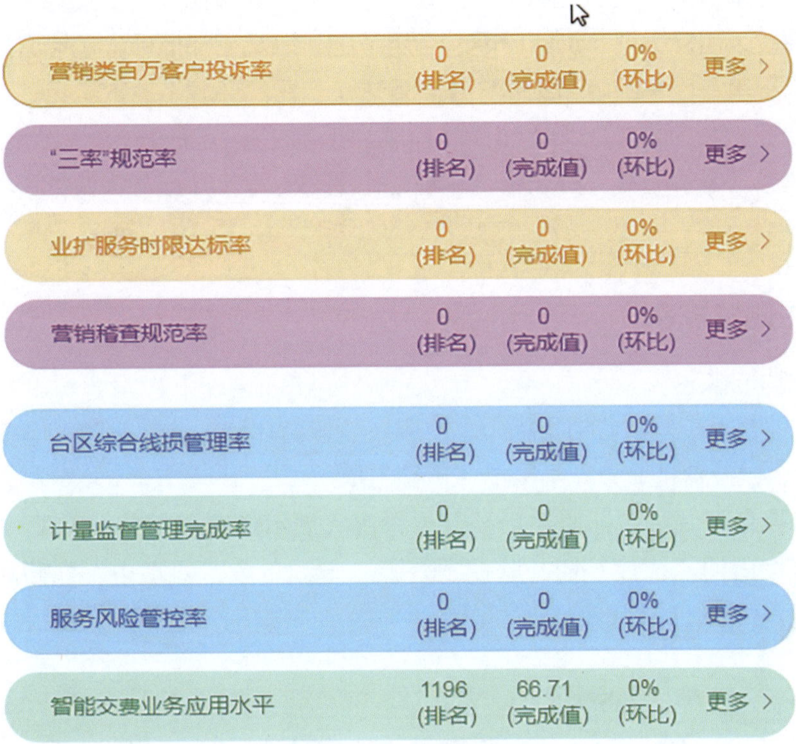

图 1-4　指标看板

（3）网站访问如图 1-5 所示。

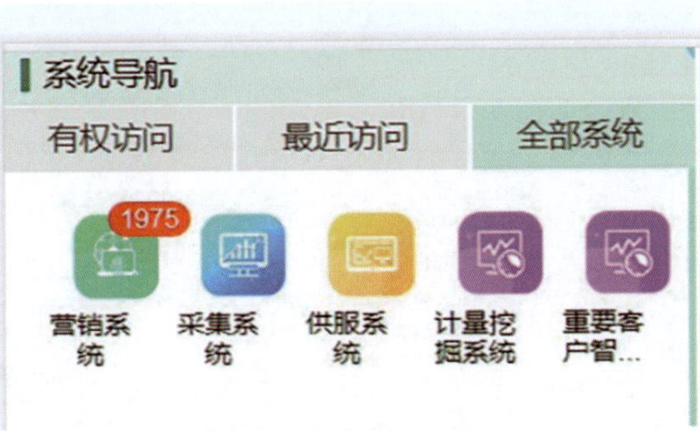

图 1-5　网站访问

模块二　业务流程监控

模块说明　供电所营销业务（营销系统、风险内控、供服系统、反窃电系统、服务资源关系数据库、负控系统）汇总当日指标情况，按照实时/非实时、监控指标、供电单位、指标类型、统计日期、启用范围，以及全部指标，包括客户服务（客户需求工单、工单回访满意度、重复诉求）、营商环境（业扩意见、业务异常、办电规范、业扩质量）、计量业务（校表、电流失流、电压断相、表计相序接反）、电费业务（电价电费、合表用电、市场化用户）等，筛选各类业务流程监控。

一、主题监控台

（一）功能描述

主题监控台用于监控营销指标（客户服务、营商环境、计量业务、电费业务、有序用电等）工单，以及营销业务异常工单、预警工单。

主题监控台可展示指标监控预警数据情况，展示内容包括监控专业、监控指标、指标类型、监控周期、统计日期、监控预警数、未派单数、处理中、已归档等，如图 1–6 所示。

图 1–6　主题监控台情况展示

（二）功能操作步骤

（1）主题监控台操作步骤。点击【业务流程监控】→【主题监控台】，可展示所有主题指标数据，如图 1–7 所示。

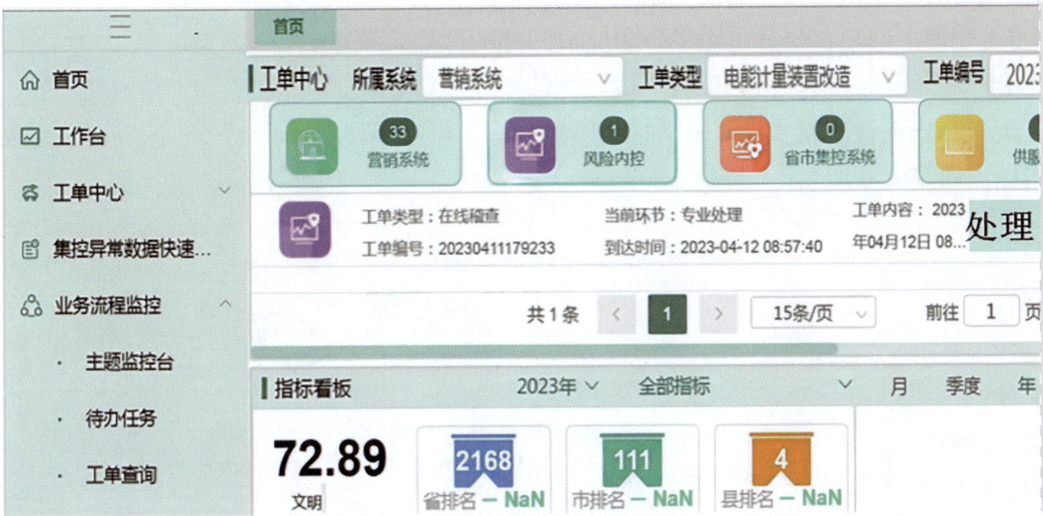

图 1–7　主题监控台操作步骤

（2）当日指标汇总操作步骤。点击【主题监控台】→【日监控】→【供电单位】→【指标类型】（包括客户服务、营商环境、计量业务、电费业务、有序用电等，分为异常类和预警类）→【统计日期】→【查询】。图标监控指标项、监控明细数、派发失败明细数、历史在途明细数、处理中明细、归档明细用于展示当日指标汇总情况，可分别查看实时和非实时汇总情况，如图 1–8 所示。

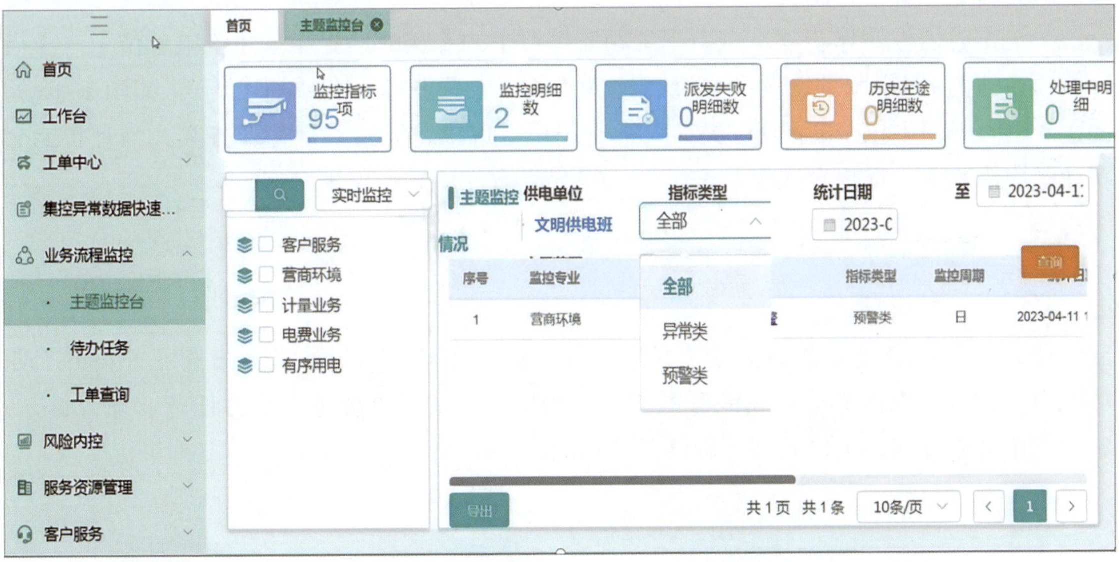

图 1–8　当日指标汇总操作步骤

1）监控指标项：当前登录人可监控的指标数量。

2）监控明细数：当前登录人可监控明细数量。

3）派发失败明细数：当前登录人可监控派发失败明细数量。

4）历史在途明细数：当前登录人可监控历史在途明细数量。

5）处理中明细：当日已派单但未完成归档的监控预警总数。

6）归档明细：当日已派单且完成归档的监控预警总数。

页面筛选条件包括实时 / 非实时、监控指标、供电单位、指标类型、统计日期以及全部指标，如图 1–9 所示。

图 1–9　页面筛选条件

（3）实时监控操作步骤。点击【主题监控台】→【实时监控】→【供电单位】→【指标类型】（包括客户服务、营商环境、计量业务、电费业务、有效用电等），如图 1–10 和图 1–11 所示。例如，电费业务类：大工业用户电价执行异常；计量业务类：当月智能交费业务应用水平、重损台区等。

二、待办任务

（一）功能描述

待办任务用于展示营销业务（客户服务、营商环境、计量业务、稽查业务、诉求业务、电费业务、农电专业、新能源专业、市场专业）的待办任务、已办任务、预警督办，包括工单进程查询、工单处理、确认归档功能。

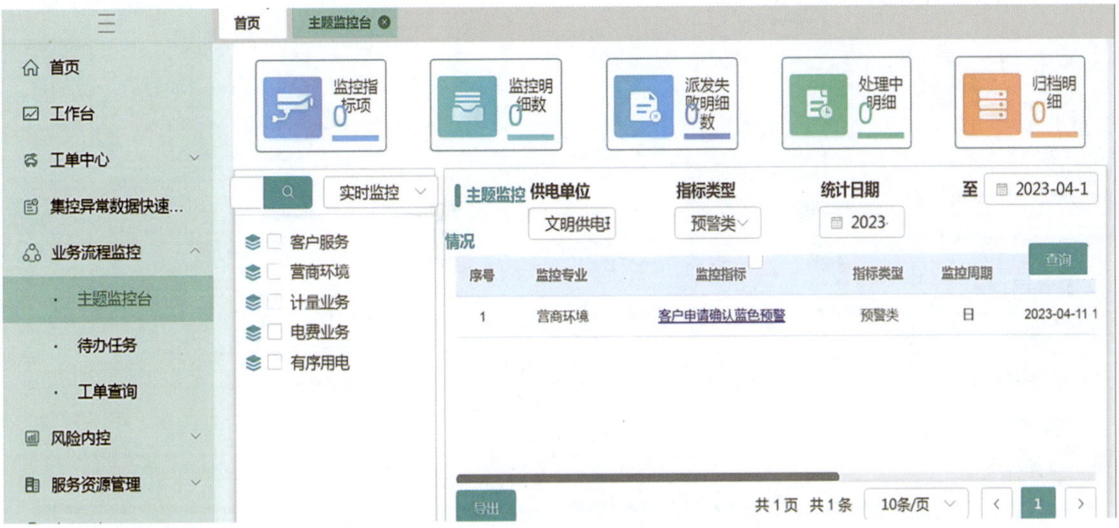

图 1-10　实时监控操作步骤

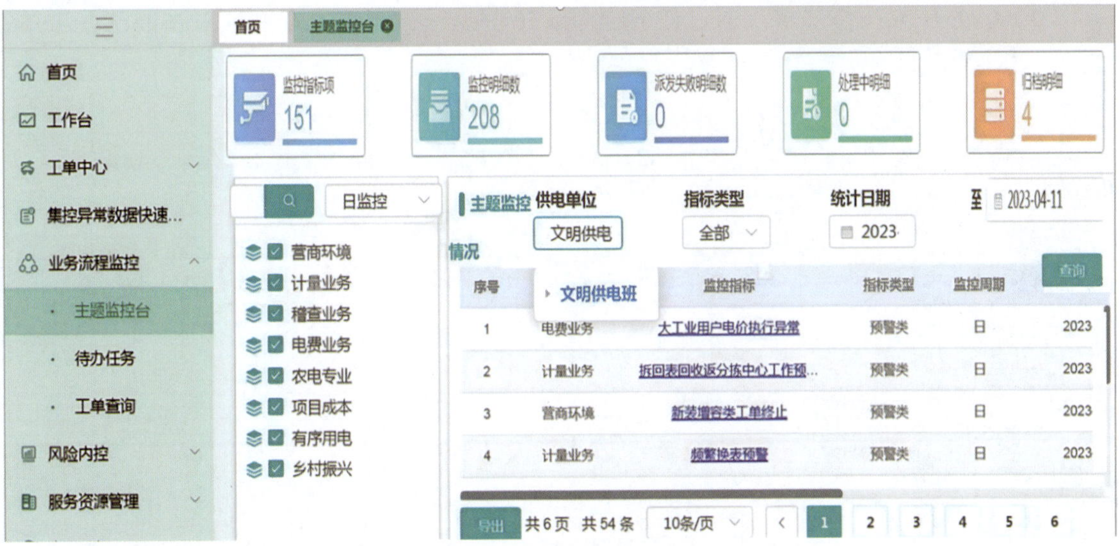

图 1-11　实时监控指标类型

（二）功能操作步骤

（1）待办任务操作步骤。点击【业务流程监控】→【待办任务】（客户服务、营商环境、计量业务、稽查业务、诉求业务、电费业务、农电专业、新能源专业、市场专业 9 大专业的待办工单汇总情况）→【查询】，可选择一个或几个业务图表下方的工单列表，也可通过选择条件中的任务编号、工单编号、当前环节（工单审核、工单处理、工单转派、任务发起、预警确认）、预警状态（预警超前）来选择具体工单，如图 1-12 所示。

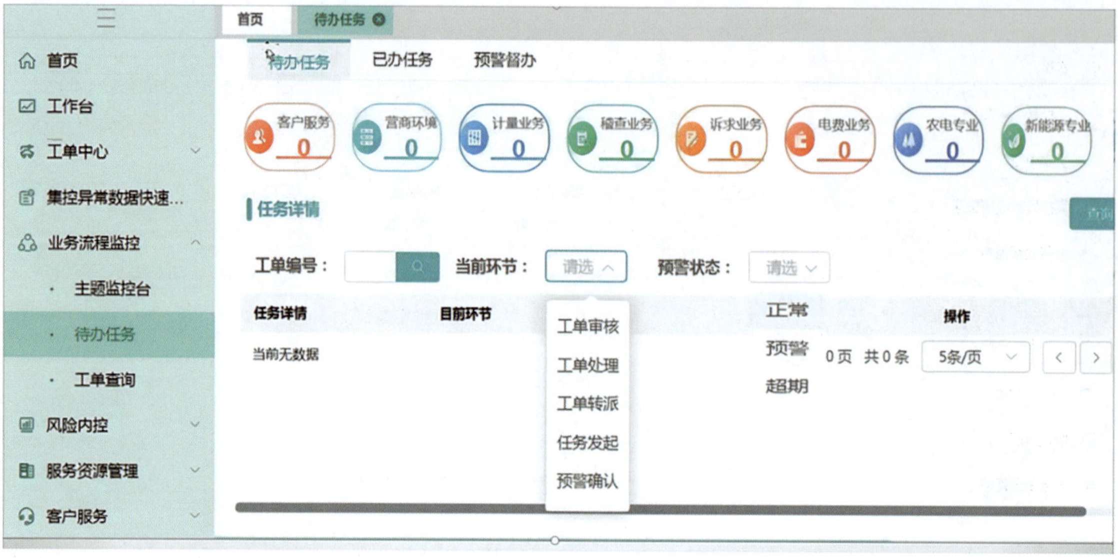

图 1–12　待办任务操作步骤

（2）已办任务操作步骤。通过任务编号、工单编号，点击【查询】来查询已办工单，如图 1–13 所示。

图 1–13　已办任务操作步骤

（3）预警督办操作步骤。通过任务编号、工单编号，点击【查询】来查询预警督办工单，如图 1–14 所示。

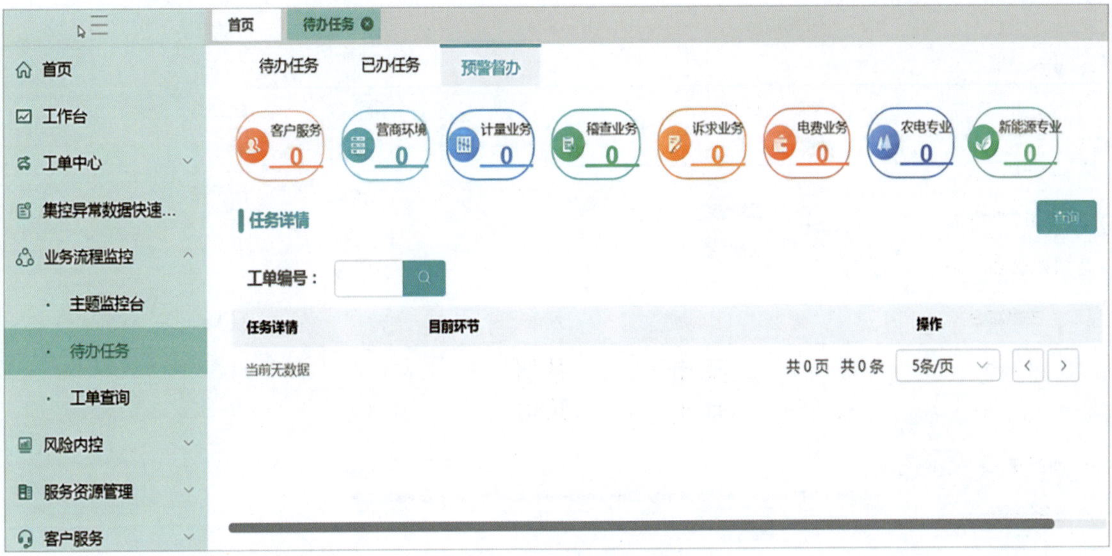

图 1-14　预警督办操作步骤

三、工单查询

（一）功能描述

工单查询用于查询营销业务的所有工单明细，包括供电单位以及监控指标（客户服务、营商环境、计量业务、稽查业务、诉求业务、电费业务、农电专业、新能源专业、市场专业）预警、异常、超期等。

（二）功能操作步骤

（1）工单查询操作。点击【业务流程监控】→【工单查询】，工单查询选择条件包括供电单位（供电所）、工单编号、监控业务（客户服务、营商环境、计量业务等）、工单类型（预警信息、异常工单）、任务名称、派发时间、工单状态（处理中、已完成、终止、挂起）、归档人、对象编号、是否超期，如图 1–15 所示。

（2）工单情况展示。工单查询条件选定之后，展示所查询的全部工单及工单信息，如图 1–16 所示。

四、预警及时处理情况统计表

（一）功能描述

预警及时处理情况统计表用于展示营销业务所有工单实时或一段时间的预警提醒、异常工单和预警消缺，包括营销业务工单事中预警派发情况和事中预警及时处理情况。

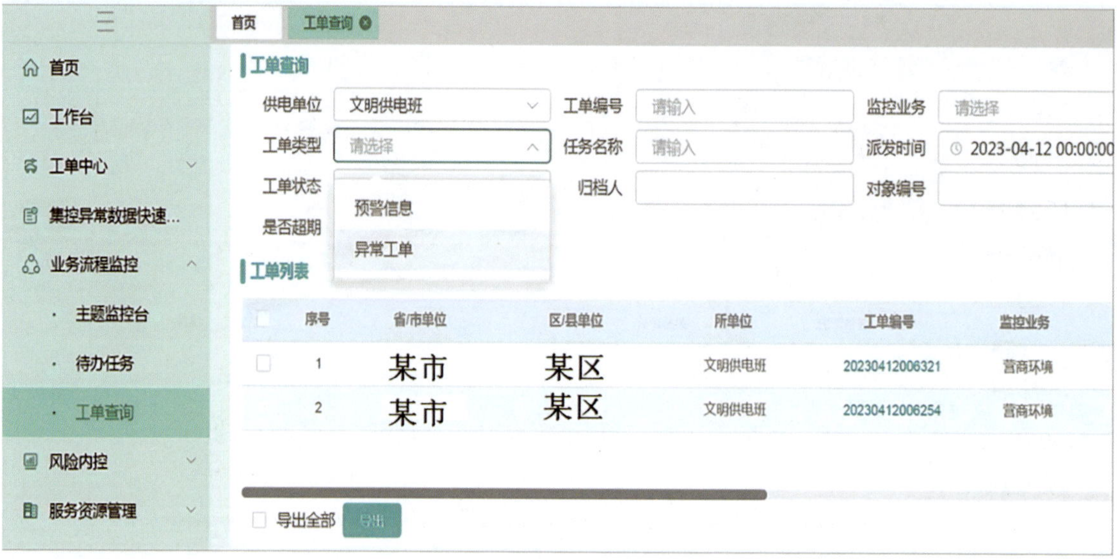

图 1-15　工单查询操作

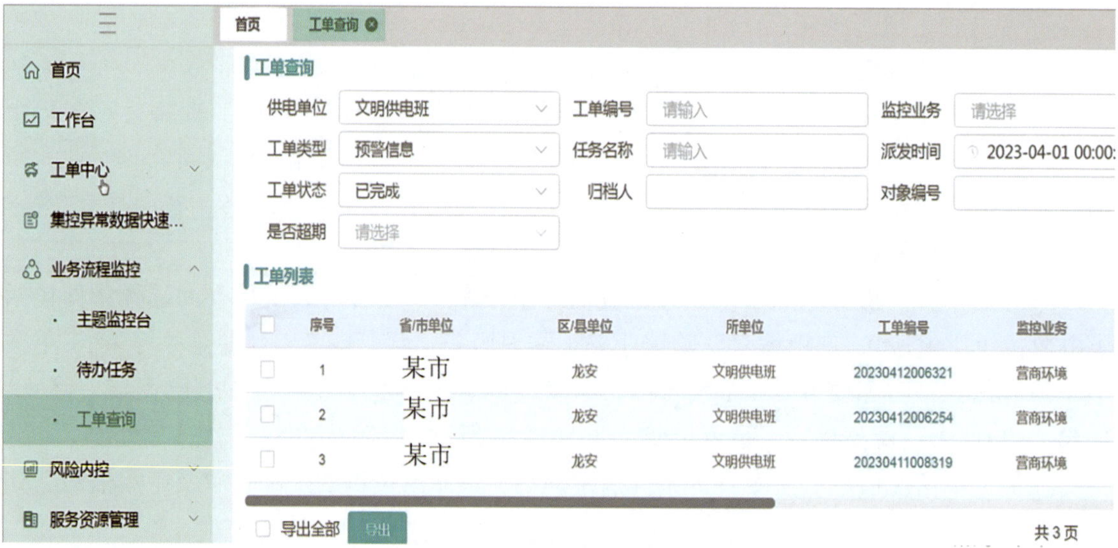

图 1-16　工单情况展示

（二）功能操作步骤

（1）事中预警派发情况。点击【业务流程监控】→【预警及时处理情况统计表】→【事中预警派发情况】→【供电单位】→【工单类型】→【业务类型】→【报表类型】→【派发时间】→【查询】→【营销业务各类派发明细单】，如图 1–17 ～图 1–19 所示。

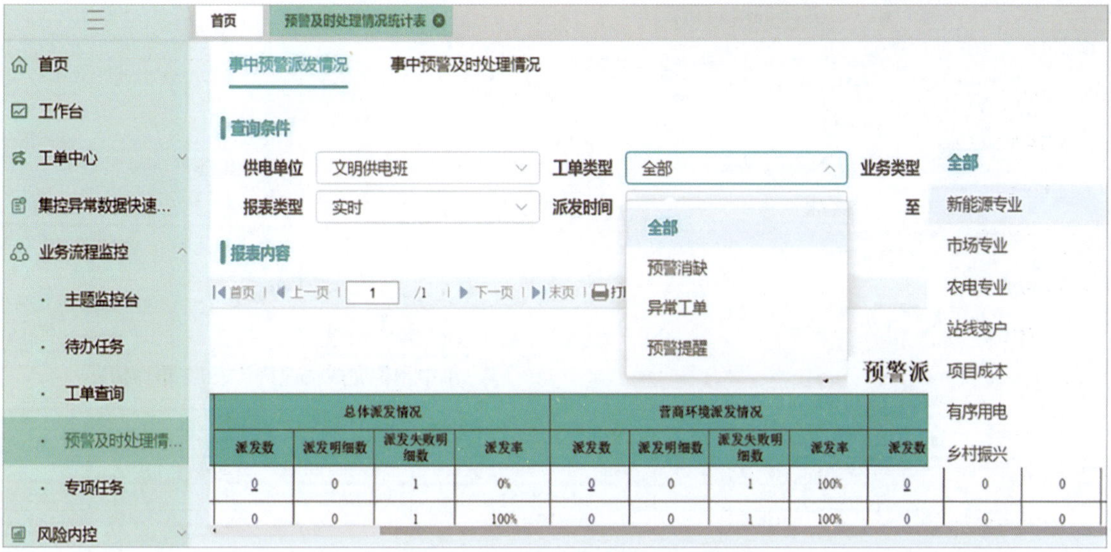

图 1-17　事中预警派发情况

图 1-18　事中预警派发情况统计

工单查询选择条件，可选择供电单位（供电所）、工单类型（全部、预警消缺、异常工单、预警提醒）、业务类型（全部、新能源专业、市场专业、农电专业、站线变户、项目成本、有序用电、乡村振兴、营商环境、计量业务、稽查业务、祈求业务、电费业务、客户服务）、报表类型（实时、月报）、派发时间（可一天或一段时间）、报表内容（总体派发情况，派发数量、派发明细、派发失败明细数、派发率；营销业务：营商环境、计量业务、电费业务等）。

图 1-19　营销业务各类派发明细单

（2）事中预警及时处理情况。点击【业务流程监控】→【预警及时处理情况统计表】→【事中预警及时处理情况】→【供电单位】→【工单类型】→【业务类型】→【报表类型】→【完成时限】→【查询】→【营销业务各类派发明细单】，如图 1-20 ~ 图 1-22 所示。

图 1-20　预警及时处理情况

图 1-21　事中预警及时处理情况统计

图 1-22　营销业务各类派发明细单

五、专项任务

（一）功能描述

专项任务用于供电所营销业务专项任务工单的生成及查询，包括新增专项任务主题、任务内容、附件、接收单位、抄送人员、要求完成时间。

（二）功能操作步骤

（1）营销业务专项任务操作。点击【业务流程监控】→【专项任务】→【新增】→

【任务主题（营销业务各类）】→【任务描述】→【上传附件（具体的任务资料）】→【接收单位】→【抄送人】→【要求完成时间（默认时间是明天，选择时间最好是月末）】→【保存】→【发送】，如图 1–23 和图 1–24 所示。

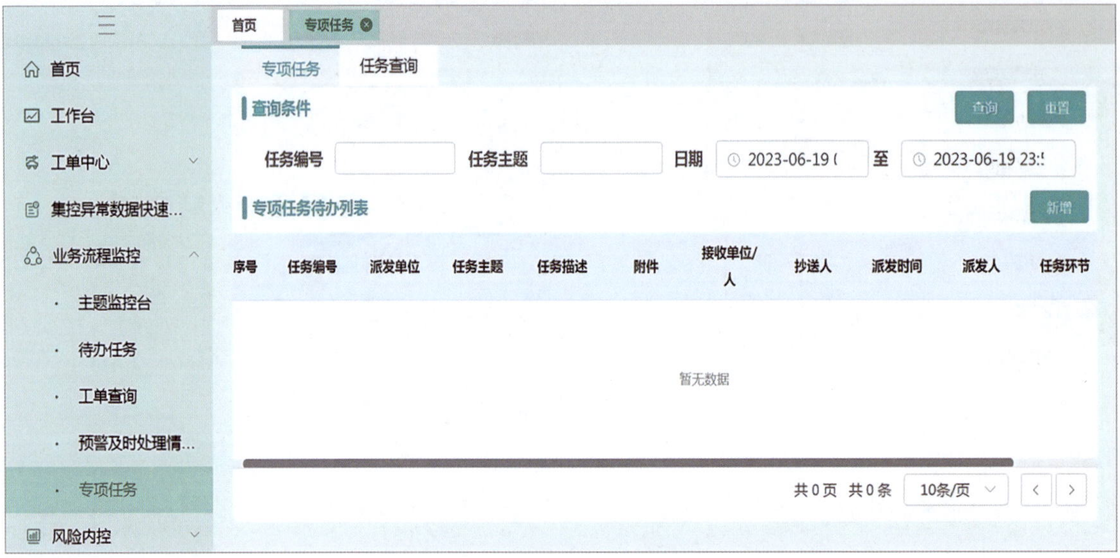

图 1–23 专项任务操作

图 1–24 上传附件（具体的任务资料）

（2）营销业务专项任务查询。点击【业务流程监控】→【专项任务】→【任务查询】→【查询条件（任务编号、任务主题）】→【日期（一段时间）】→【接收单位（选择具体供电所）】→【查询】，【专项任务列表】内显示具体工单，如图 1–25 所示。

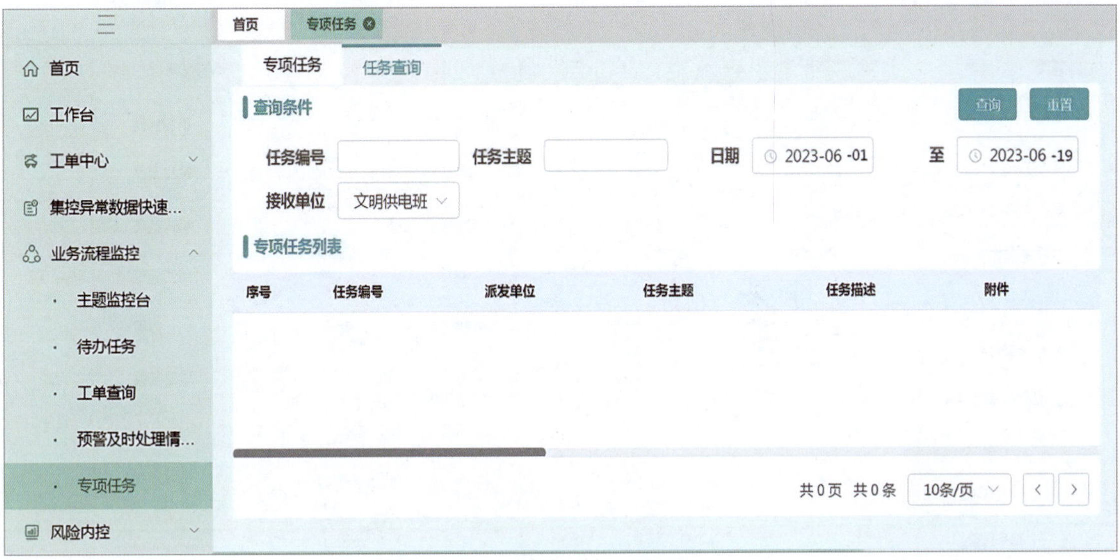

图 1-25　专项任务查询

模块三　服务资源管理

模块说明　服务资源管理包括基础档案管理和资源关系管理，前者包括机构（所在部门）管理，员工（电话、身份证、学历、岗位、职称技能）管理、账号管理（集约管控平台系统权限分配、密码修正）；后者包括标准地址维护、台区责任人维护、台区微信群关系维护、线路责任人维护、电工范围绘制等。

一、基础档案管理

（一）功能描述

基础档案管理用于营销人员所在部门、单位、人员身份、岗位、技能、学历、电话的管理。

（二）机构管理操作步骤

（1）机构管理操作步骤。点击【服务资源管理】→【基础档案管理】→【机构管理】，可以进行员工机构调整、员工信息编辑、授权业务调整、系统配置调整，展示当前所有主题的指标数据，如图 1-26 所示。

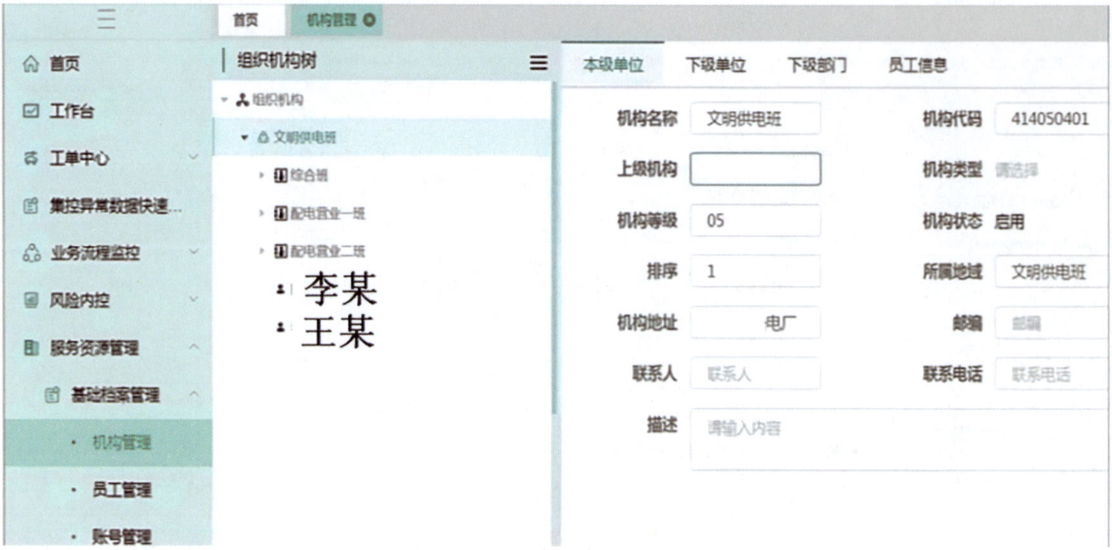

图 1-26　机构管理操作步骤

（2）调整机构操作步骤。点击【服务资源管理】→【基础档案管理】→【机构管理】→【调整机构】，可以进行客户经理机构变更调整，包括所属单位、所属部门、调整部门变更，如图 1–27 所示。

图 1-27　调整机构操作步骤

（三）员工管理操作步骤

点击【服务资源管理】→【基础档案管理】→【员工管理】→具体员工→【编辑】，可以进行员工信息编辑，员工的基本信息包括身份证、岗位类别、工种类别、职称类别、技能类别、出生日期、学历、入职时间、离职时间、拥有进网许可证等，如图 1–28 所示。

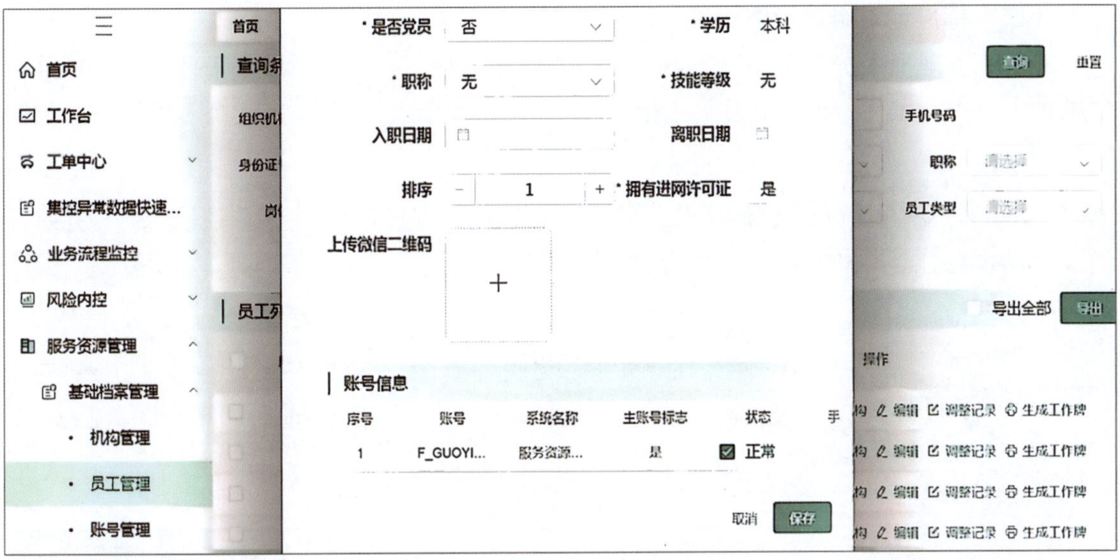

图 1-28　编辑员工信息操作步骤

（四）账号管理操作步骤

点击【服务资源管理】→【基础档案管理】→【账号管理】，可以进行台区经理的登录密码重置，如图 1-29 所示。

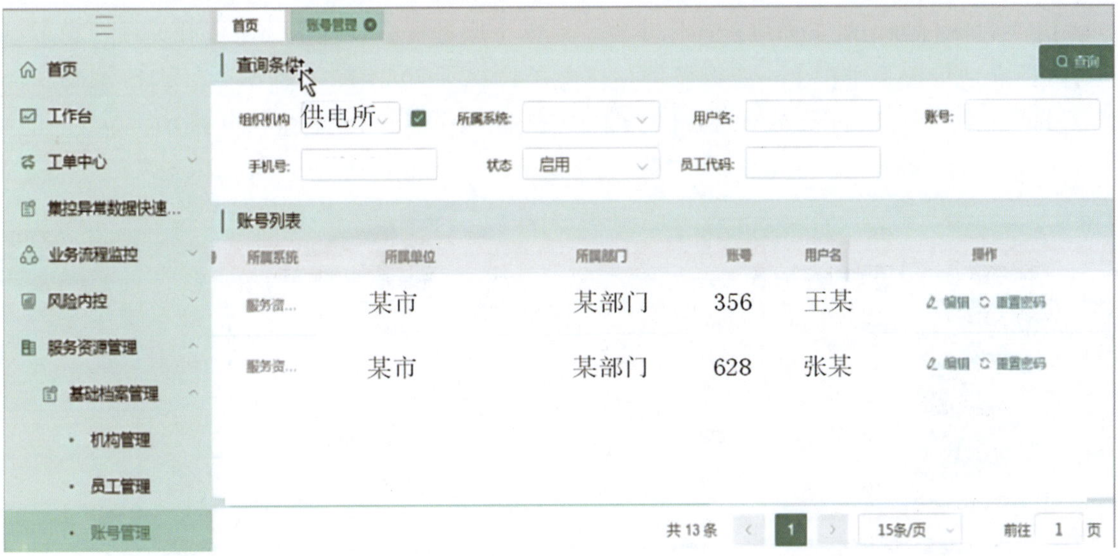

图 1-29　账号管理操作步骤

二、资源关系管理

（一）功能描述

资源关系管理包括标准地址维护、台区责任人维护、台区微信群关系维护、线路责任人维护、电工范围绘制等。

（二）标准地址维护操作步骤

（1）标准地址维护操作步骤。点击【服务资源管理】→【资源关系管理】→【标准地址维护】→查询条件→市、区县、街道（乡镇）、居委会（村）、小区类型等的维护，如图1-30所示。

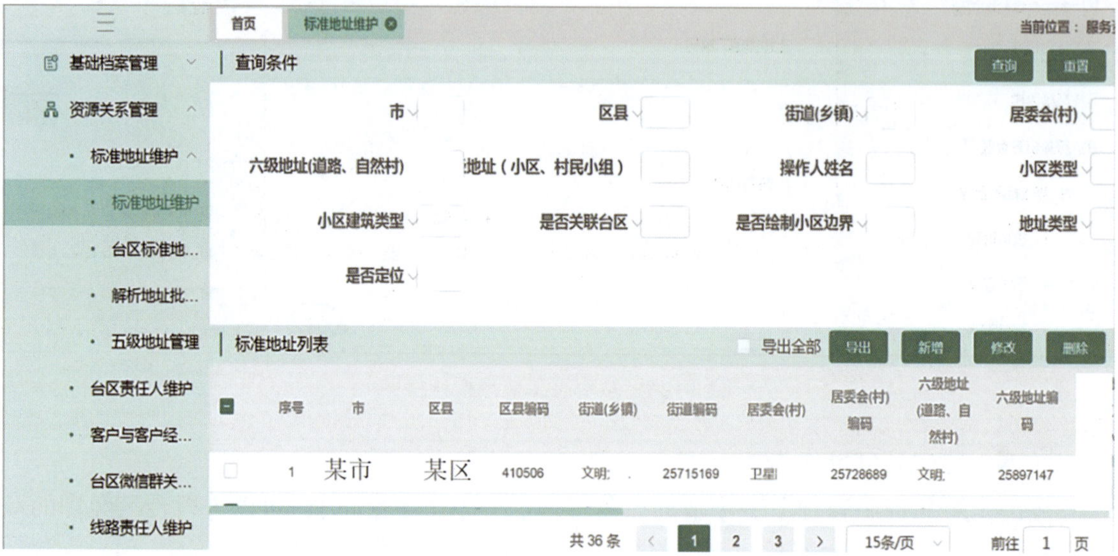

图1-30　标准地址维护操作步骤

（2）台区标准地址关系维护操作步骤。点击【服务资源管理】→【资源关系管理】→【台区标准地址关系维护】→查询条件→供电单位、所属线路、台区名称、台区编码、台区经理、公专变、运行状态、城农网标志、台区供电性质、配电位置的维护，如图1-31所示。

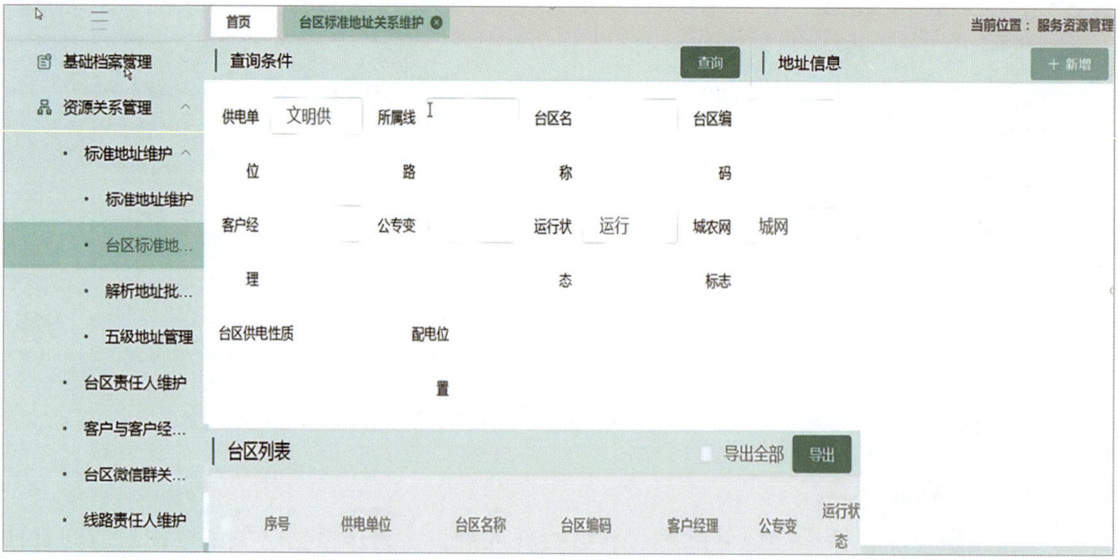

图1-31　台区标准地址关系维护操作步骤

（3）解析地址批量治理操作步骤。点击【服务资源管理】→【资源关系管理】→【解析地址批量治理】→查询条件→【台区编码】→【关联地址类型】→【查询】，如图 1–32 和图 1–33 所示。

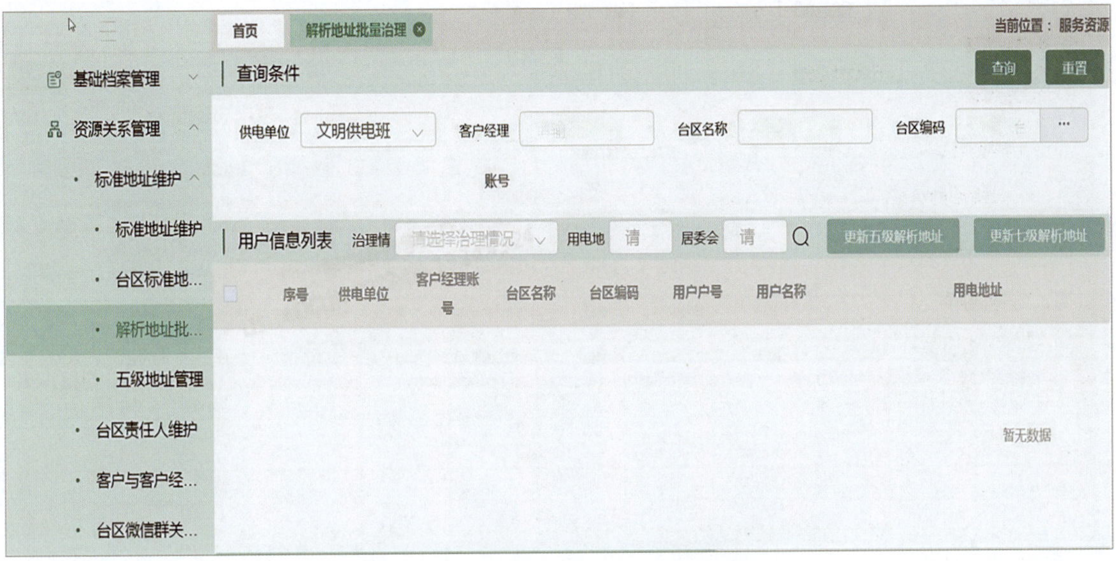

图 1–32　解析地址批量治理操作步骤

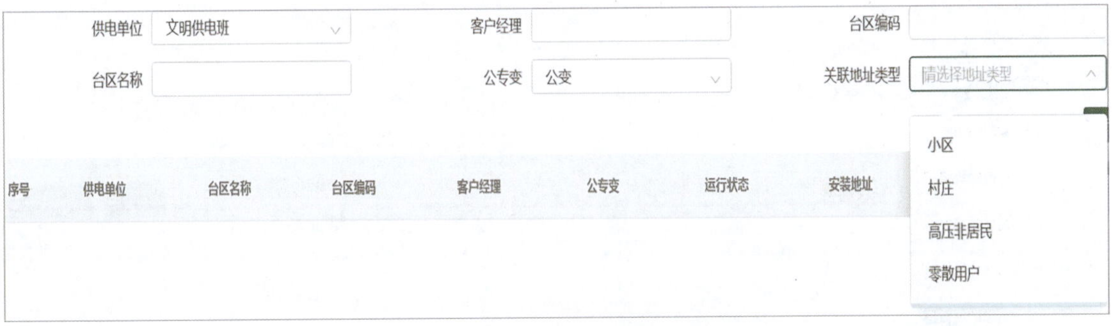

图 1–33　台区编码—关联地址类型

（4）五级地址管理操作步骤。点击【服务资源管理】→【资源关系管理】→【五级地址管理】→查询条件→市、区县、街道（乡镇）等的管理，如图 1–34 所示。

（三）台区责任人维护操作步骤

（1）台区责任人维护操作步骤。点击【服务资源管理】→【资源关系管理】→【台区责任人维护】→查询条件→供电单位、所属线路、台区名称、台区编码等的维护，如图 1–35 所示。

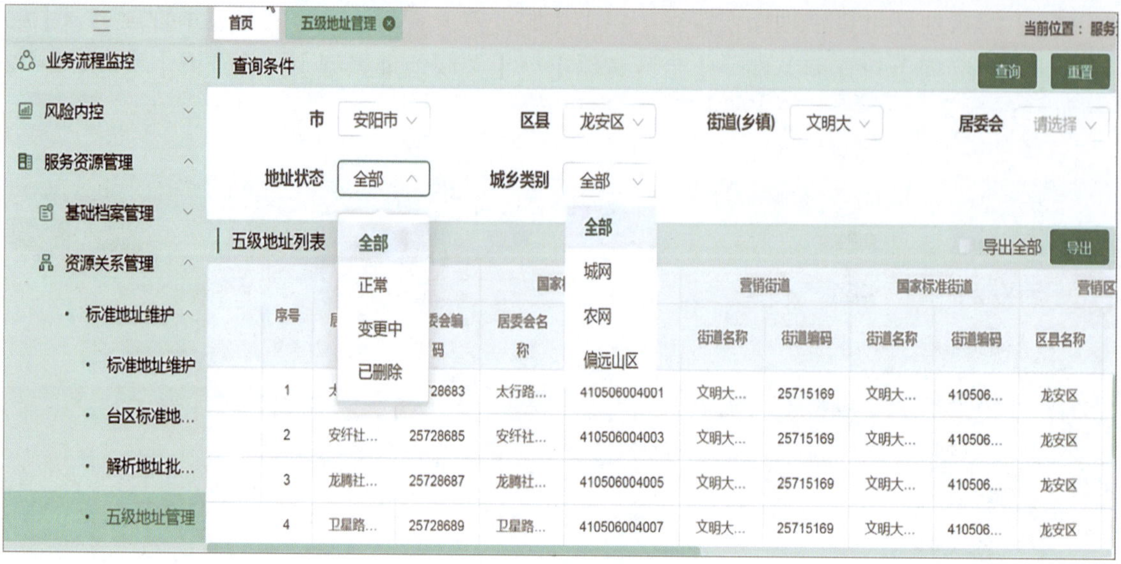

图 1-34　五级地址管理操作步骤

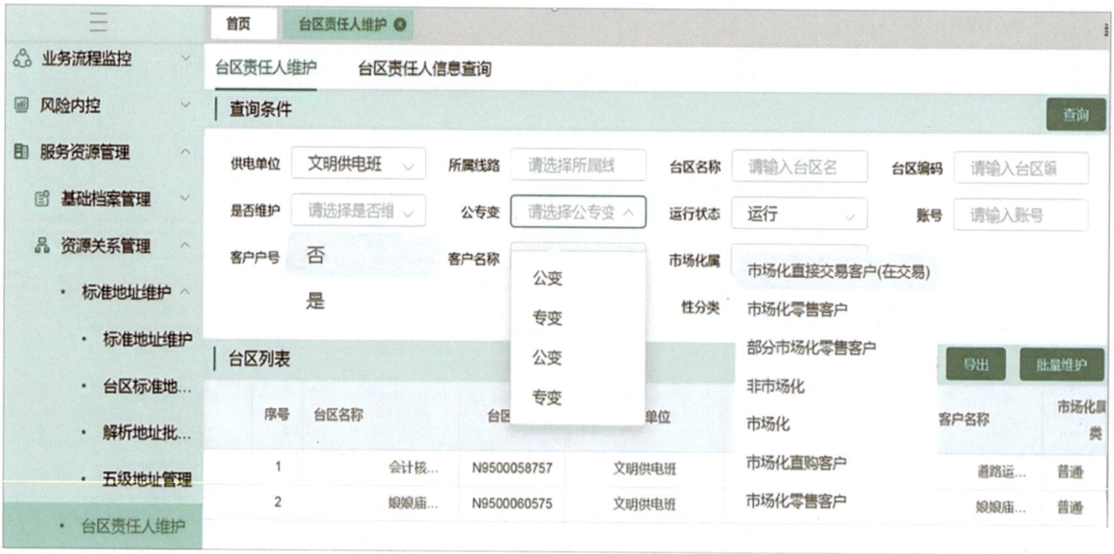

图 1-35　台区责任人维护操作步骤

（2）台区责任人信息查询。点击【服务资源管理】→【资源关系管理】→【台区责任人维护】→【台区责任人信息查询】，可按供电单位、账号、姓名、手机号码等进行台区责任人信息查询，如图 1-36 所示。

（四）台区微信群关系维护操作步骤

点击【服务资源管理】→【资源关系管理】→【台区微信群关系维护】→查询条件→供电单位、所属线路、台区名称、台区编号等→选中台区→【新增】，如图 1-37 所示。

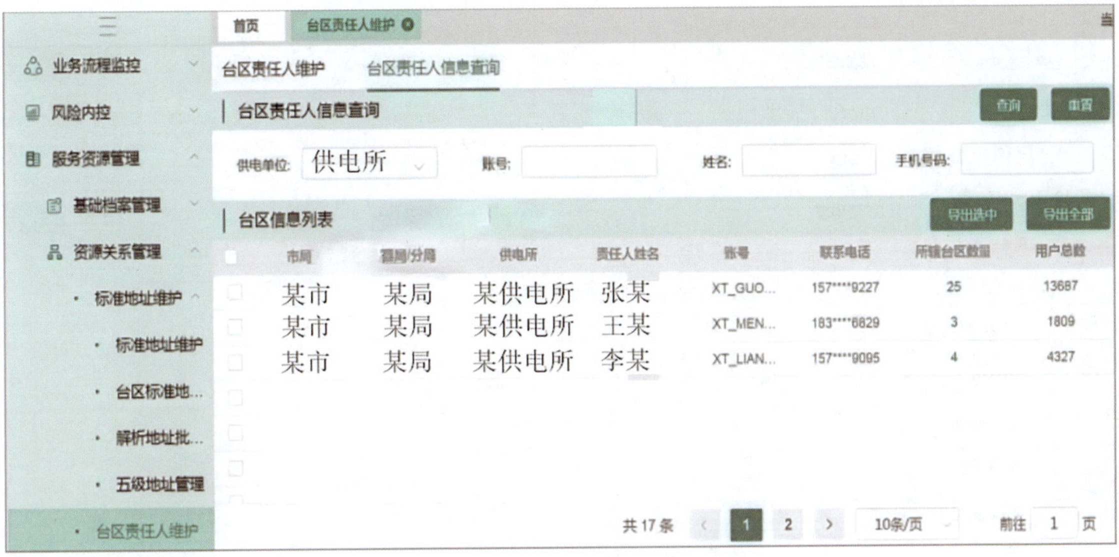

图 1-36　台区责任人维护信息查询

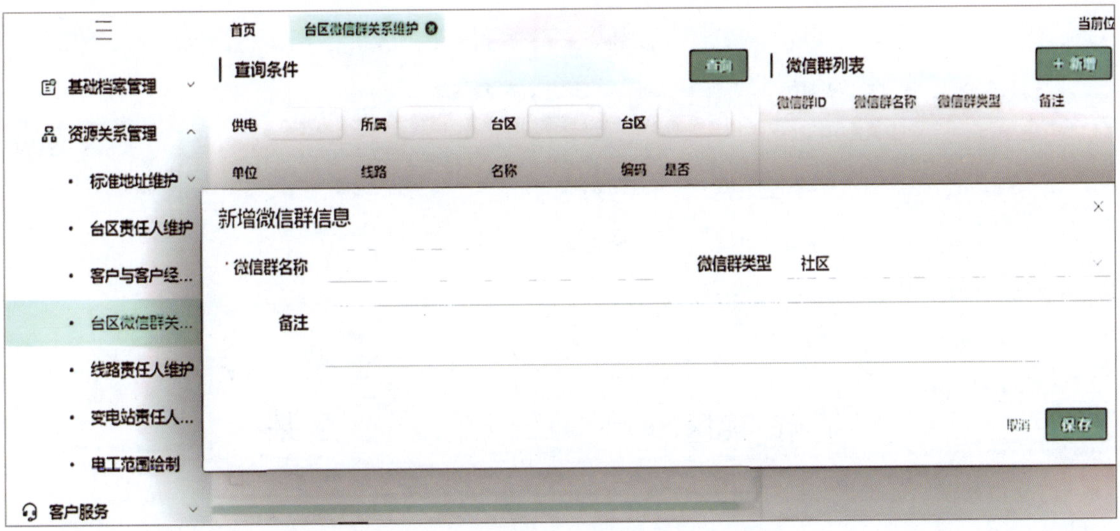

图 1-37　台区微信群关系维护操作步骤

（五）线路责任人维护操作步骤

点击【服务资源管理】→【资源关系管理】→【线路责任人维护】→查询条件→管理单位、线路名称、线路编号、运行状态、账号等→选中线路进行修改，如图 1–38 所示。

（六）电工范围绘制操作步骤

电工范围绘制操作分为以下几个步骤：

（1）电工范围绘制操作步骤。点击【服务资源管理】→【资源关系管理】→【电工范围绘图】→查询条件→供电单位、是否绘制区域、台区经理名称、台区经理账号等，如图 1–39 所示。

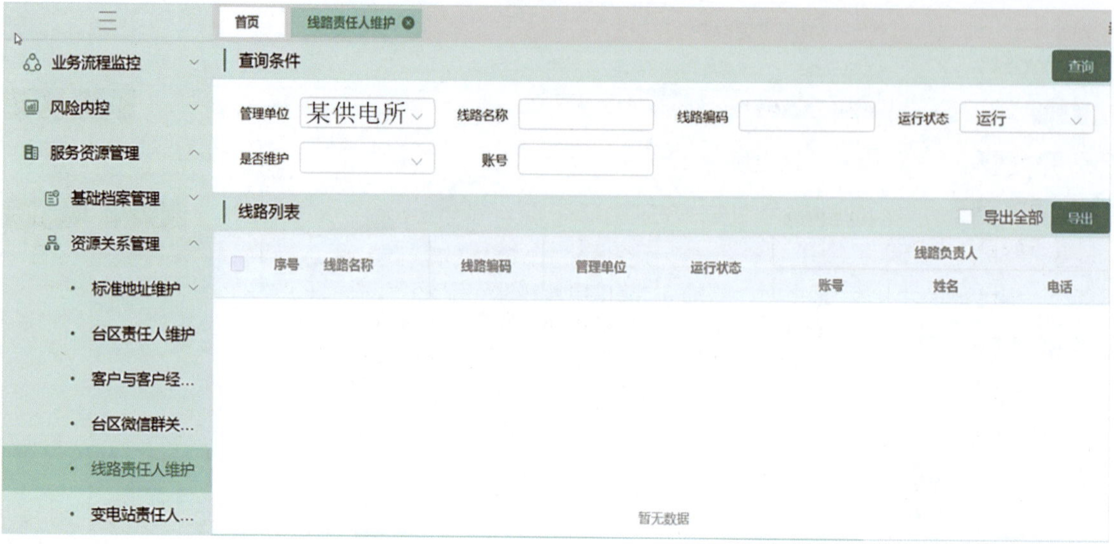

图 1-38　线路责任人维护操作步骤

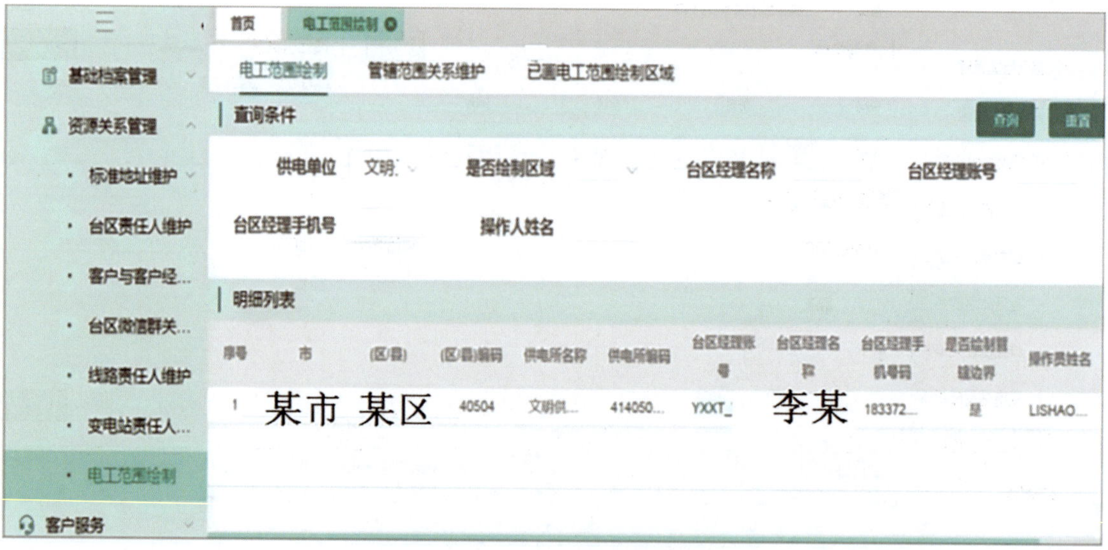

图 1-39　电工范围绘图操作步骤

（2）管辖范围关系维护操作步骤。点击【服务资源管理】→【资源关系管理】→【电工范围绘制】→【管辖范围关系维护】，如图 1-40 所示。

（3）已画电工范围绘制区域操作步骤。点击【服务资源管理】→【资源关系管理】→【电工范围绘制】→【已画电工范围绘制区域】，如图 1-41 所示。

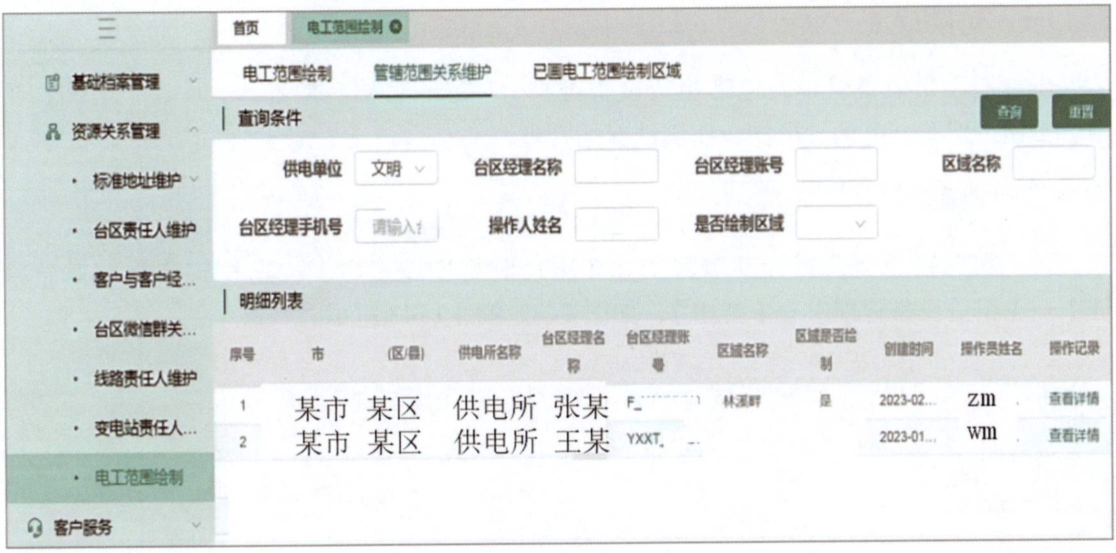

图 1-40　管辖范围关系维护操作步骤

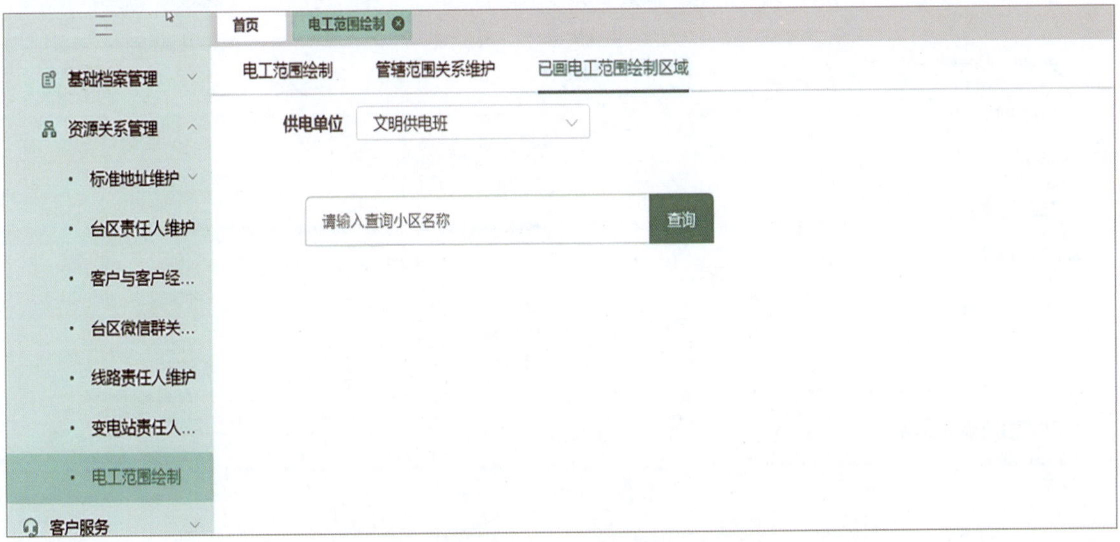

图 1-41　已画电工范围绘制区域操作步骤

模块四　资产管理中心

模块说明　资产管理中心用于供电所租赁设备（计算机、打印机、扫描仪、执法记录仪、掌机、电动车）的入账新增、修改、统计、报表管理。

一、功能描述

供电所租赁设备管理，包括租赁设备类型、厂家、名称、型号、入库建档时间、领用、归还、保管、电话、操作、使用情况的管理。

二、功能操作步骤

（1）租赁设备管理操作步骤。点击【资产管理中心】→【2022年物资租赁设备管理】→【租赁设备管理】→【新增】，如图1-42和图1-43所示。

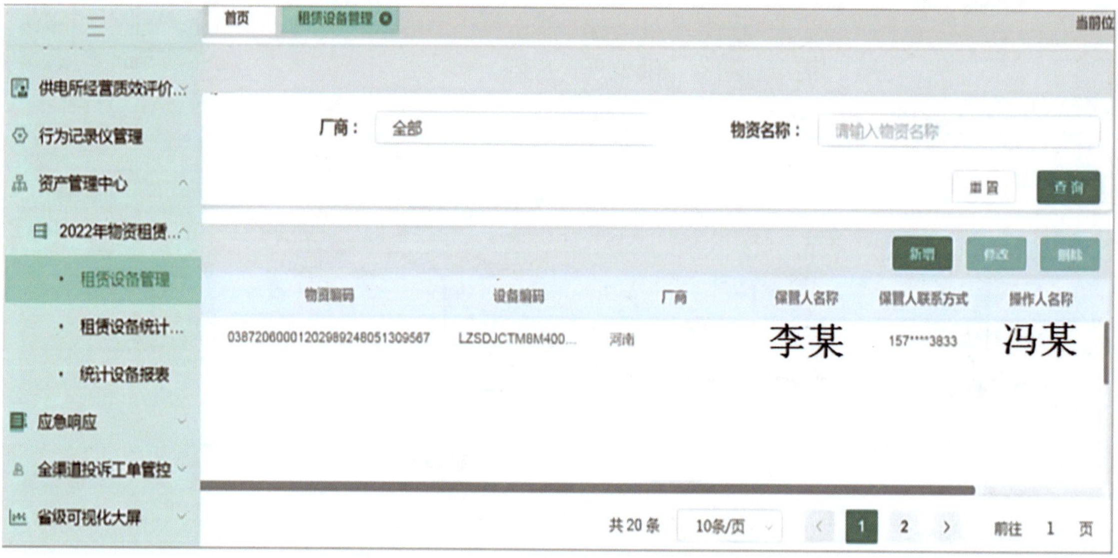

图1-42　租赁设备管理

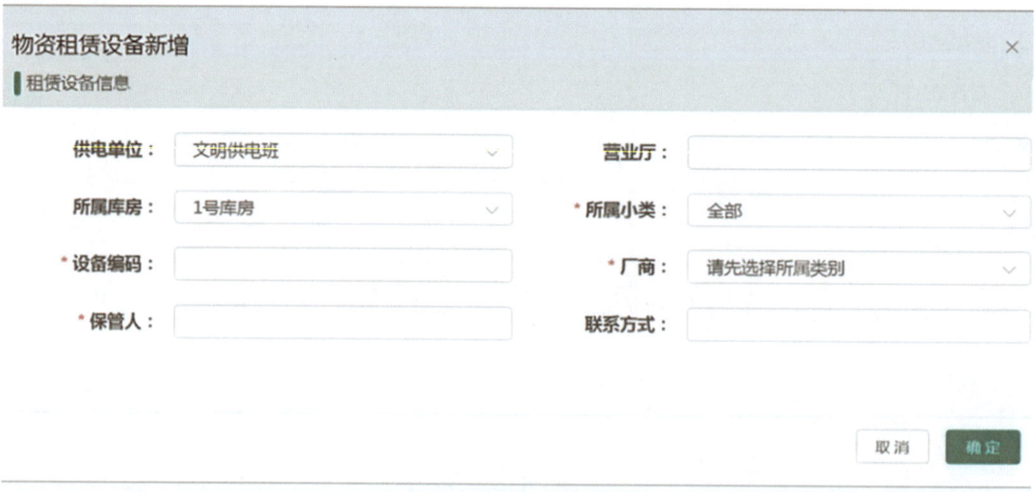

图1-43　租赁设备管理新增

（2）租赁设备统计操作步骤。点击【资产管理中心】→【2022 年物资租赁设备管理】→【租赁设备统计】，如图 1–44 所示。

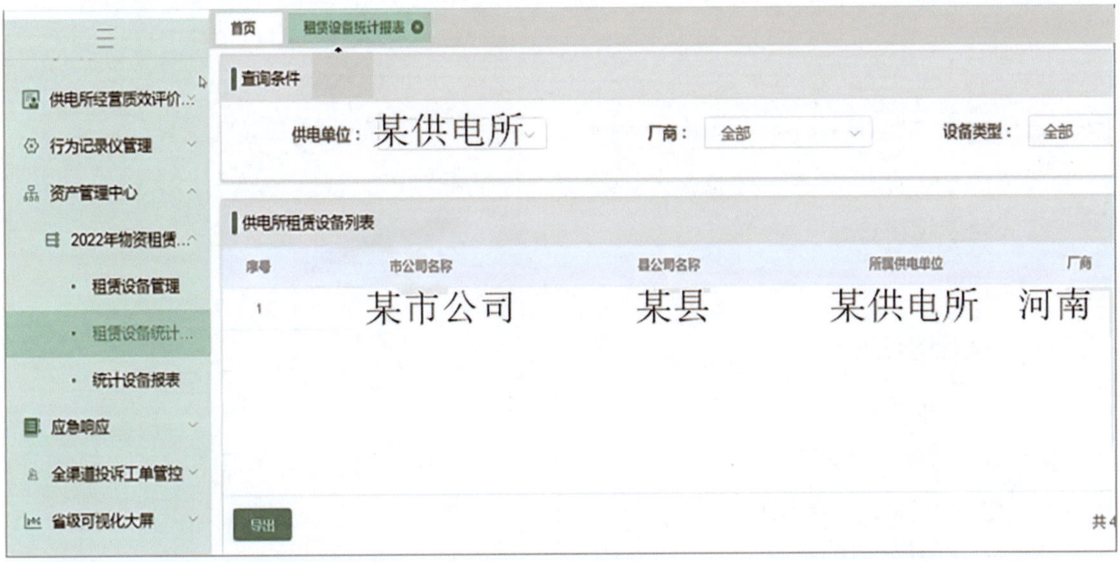

图 1–44　租赁设备统计

（3）统计设备报表操作步骤。点击【资产管理中心】→【2022 年物资租赁设备管理】→【统计设备报表】，如图 1–45 所示。

图 1–45　租赁设备报表

模块五　标杆供电所

模块说明　标杆供电所用于供电所营销各类指标展示，包括客户诉求、营运服务、异常消缺、业扩报装、营业收入、计量库存情况展示，智能预警督办，以及主动服务展示管理。

一、豫电学堂

（一）功能描述

供电所人员可在移动端豫电助手 App 的豫电学堂进行日常营销知识学习，实现练习、视频、登录、文档等得分情况汇总。

（二）功能操作步骤

点击【标杆供电所】→【豫电学堂】→【供电所】→【积分统计（练习、视频、登录、文档）】→【总得分】，如图 1–46 ~ 图 1–48 所示。

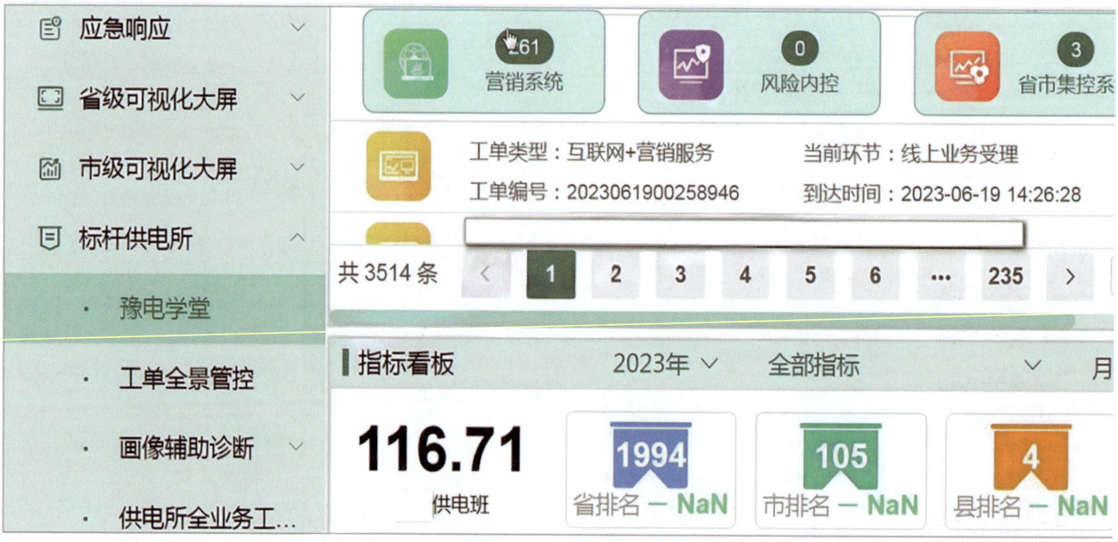

图 1–46　豫电学堂

二、画像辅助诊断

（一）功能描述

（1）供电所画像：展示供电所人员、办公设备、管辖线路、营销业务详细数据指标。

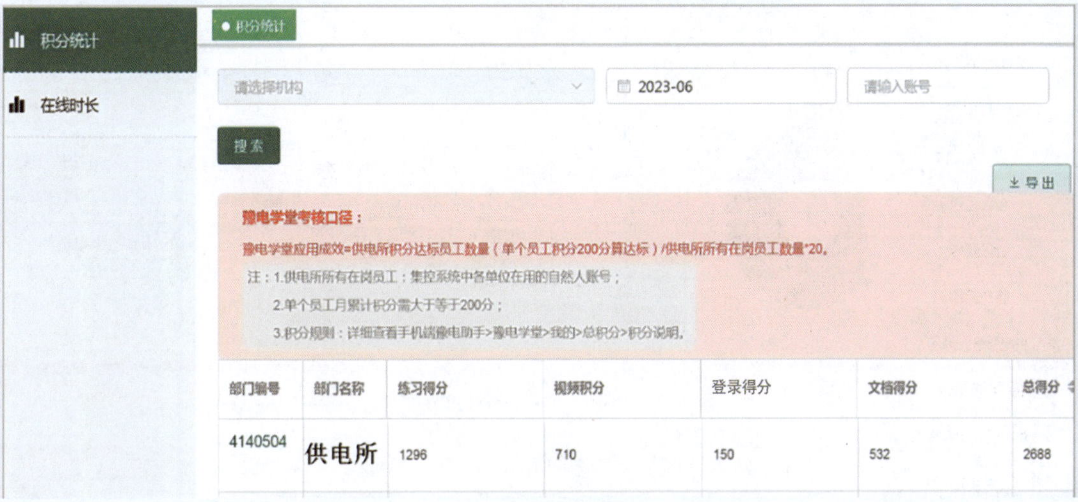

部门编号	部门名称	练习得分	视频积分	登录得分	文档得分	总得分
4140504	供电所	1296	710	150	532	2688

图 1-47　豫电学堂供电所积分统计

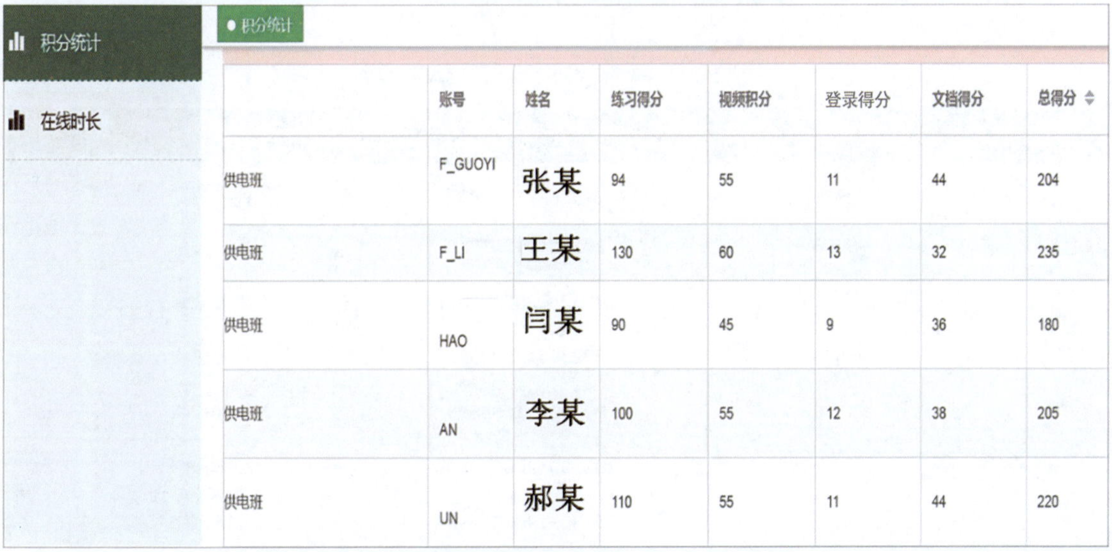

	账号	姓名	练习得分	视频积分	登录得分	文档得分	总得分
供电班	F_GUOYI	张某	94	55	11	44	204
供电班	F_LI	王某	130	60	13	32	235
供电班	HAO	闫某	90	45	9	36	180
供电班	AN	李某	100	55	12	38	205
供电班	UN	郝某	110	55	11	44	220

图 1-48　豫电学堂供电所积分统计汇总情况

（2）台区经理画像：展示台区经理管辖的台区、户数、营销业务指标。

（3）台区画像：展示台区容量、居民户数、非居民户数、台区异常指标。

（二）功能操作步骤

（1）供电所画像操作步骤。具体包括：

1）故障报修操作步骤。点击【标杆供电所】→【画像辅助诊断】→【供电所画像】→【95598 服务工单】→【受理数】→【故障报修】，如图 1–49 和图 1–50 所示。

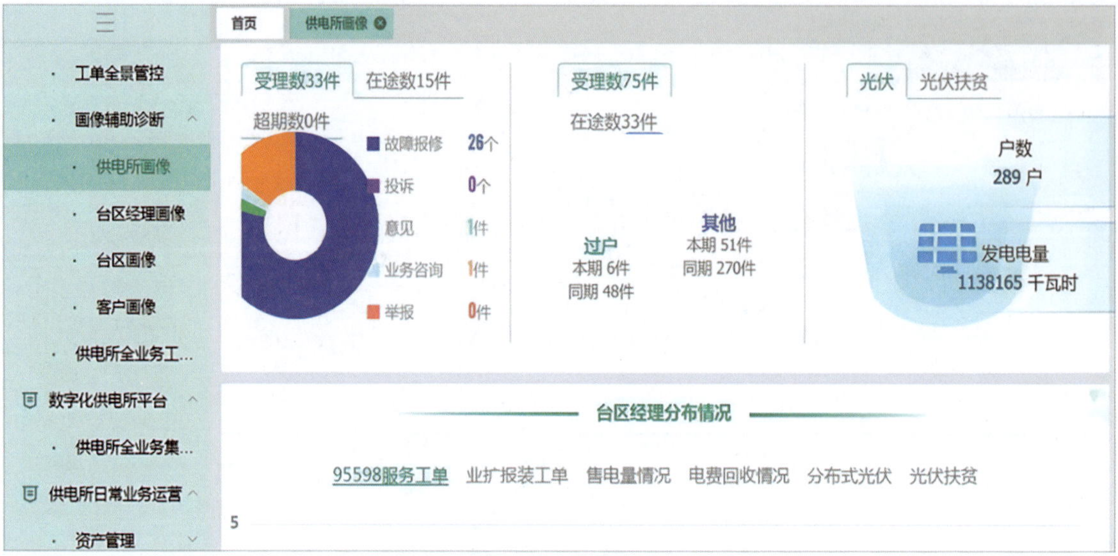

图 1-49　供电所画像

供电所画像-95598工单明细

序号	工单渠道	工单编号	业务类型
1	95598	20230402338948	故障报修
2	95598	20230409561716	故障报修
3	本地服务电话	2023040200295626	故障报修
4	95598	20230412680927	故障报修
5	95598	20230411658604	故障报修
6	微信	2023041200650815	故障报修
7	微信	2023041200656464	故障报修
8	95598	20230412658927	故障报修

图 1-50　95598 工单明细

2）业扩报装操作步骤。点击【标杆供电所】→【画像辅助诊断】→【供电所画像】→【业扩报装】→【居民新装】，如图 1–51 所示。

（2）台区经理画像操作步骤。点击【标杆供电所】→【画像辅助诊断】→【台区经理画像】，如图 1–52 所示。

（3）台区画像操作步骤。点击【标杆供电所】→【画像辅助诊断】→【台区画像】，如图 1–53 所示。

供电所画像-业扩报装工单明细

序号	申请编号	用户编号	用户名称
1	20230413720642	532	张某
2	20230406449135	532	王某
3	20230406464534	305	闫某
4	20230407498587	532	李某

图 1-51　业扩报装工单明细

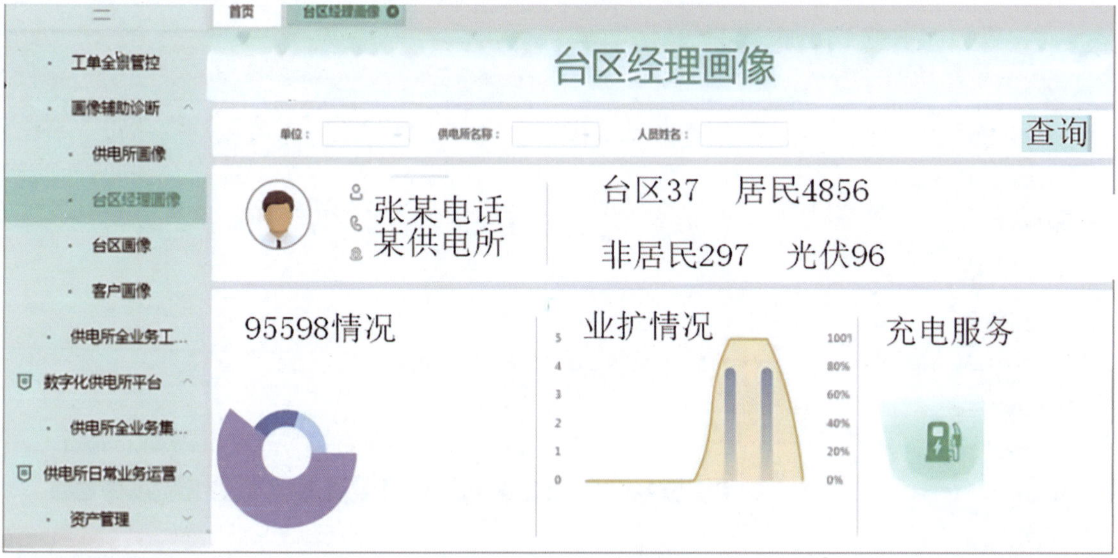

图 1-52　台区经理画像

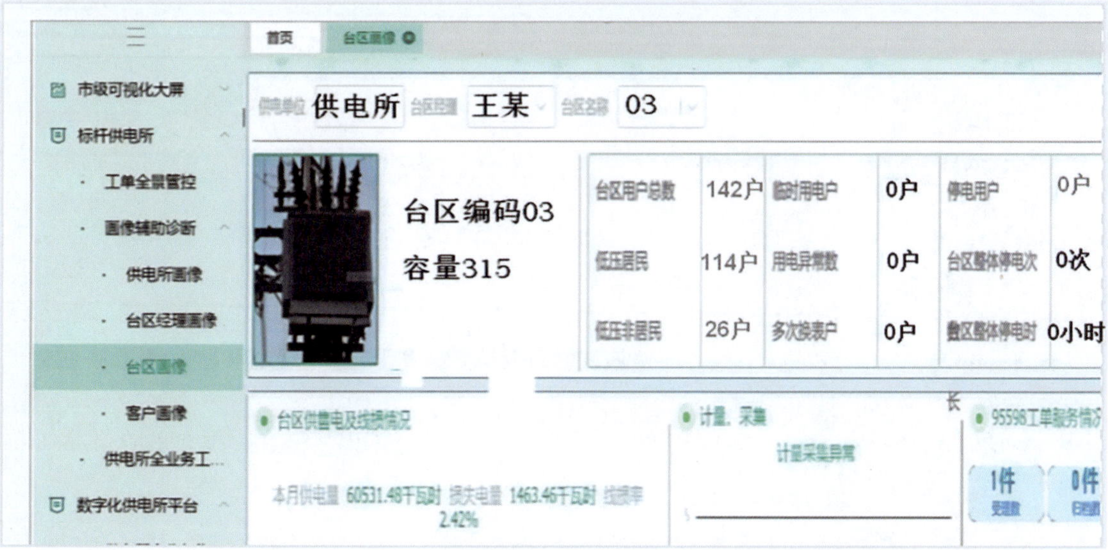

图 1-53　台区画像

三、供电所全业务工单查询

（一）功能描述

供电所全业务工单查询包括供电所低压居民新装工单、低压非居民工单、低压增容工单、客户更名工单、电表出现异常工单等的进程查询。

（二）功能操作步骤

点击【标杆供电所】→【供电所全业务工单查询】→【供电单位】→【生成时间（可选一段时间、当天、本周、本月）】→【查询】→选中工单一条→【进程查询】→【图形化流程查询】，如图 1–54 ～图 1–57 所示。

图 1–54　供电所全业务工单查询

图 1–55　选择供电单位、生成时间

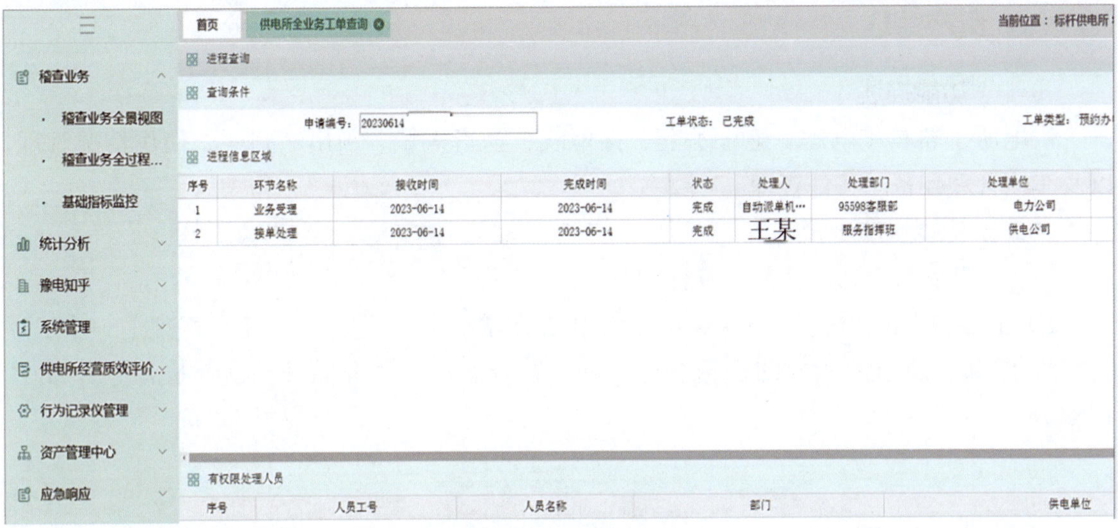

图 1-56　选中工单一条

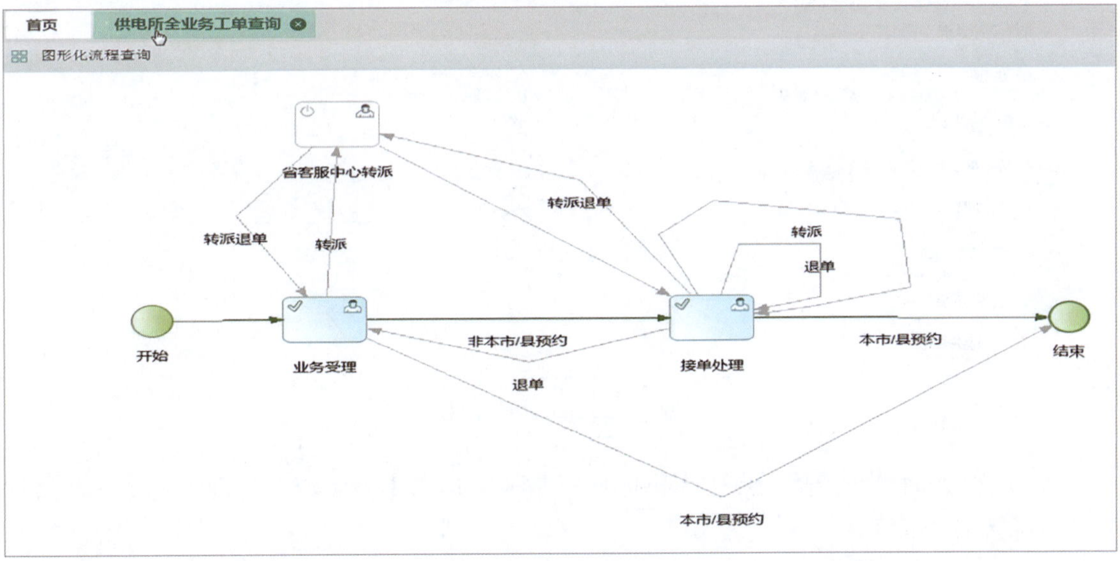

图 1-57　图形化流程查询

模块六　供电所日常业务运营

模块说明　供电所日常业务运营包括供电所资产管理（工器具管理、车辆管理、备品备件管理）、工单分析报告（供电所营销各类工单按天及区间工单明细分析报告），以及业务受理（营销类自主工单的发起处理）。

一、资产管理

（一）功能描述

供电所工器具（电锤、绝缘手套、接地线）物资入账、领出、归还、使用情况管理，以及车辆管理和备品备件管理。

（二）功能操作步骤

（1）工器具管理操作步骤。具体包括：

1）工器具管理操作步骤。点击【供电所日常业务运营】→【资产管理】→【工器具管理】（包括供电所领取的物资登记入账、物资名称、物资编号、物资状态等），如图1–58所示。

图1–58　工器具管理

2）库存查询操作步骤。点击【供电所日常业务运营】→【资产管理】→【工器具管理】→【库存查询】。

3）出入库管理操作步骤。点击【供电所日常业务运营】→【资产管理】→【工器具管理】→【出入库管理】，如图1–59所示。

（2）车辆管理操作步骤。点击【供电所日常业务运营】→【资产管理】→【车辆管理】，如图1–60和图1–61所示。

（3）备品备件管理操作步骤。具体包括：

1）备品备件管理操作步骤。点击【供电所日常业务运营】→【资产管理】→【备品备件管理】，如图1–62所示。

2）库存查询操作步骤。点击【供电所日常业务运营】→【资产管理】→【备品备件管理】→【库存查询】。

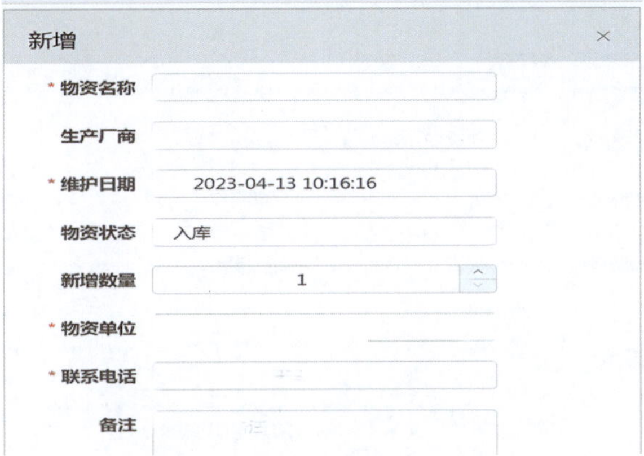

图 1-59　工器具出入库管理

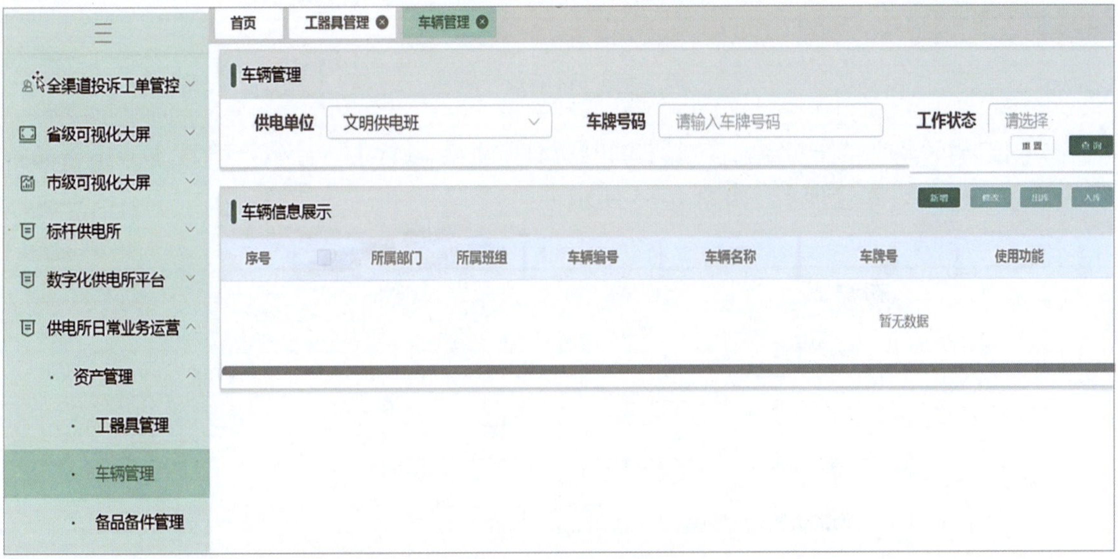

图 1-60　车辆管理

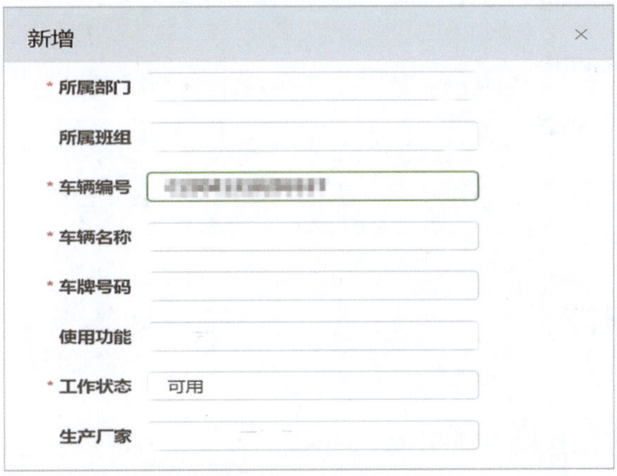

图 1-61　车辆新增

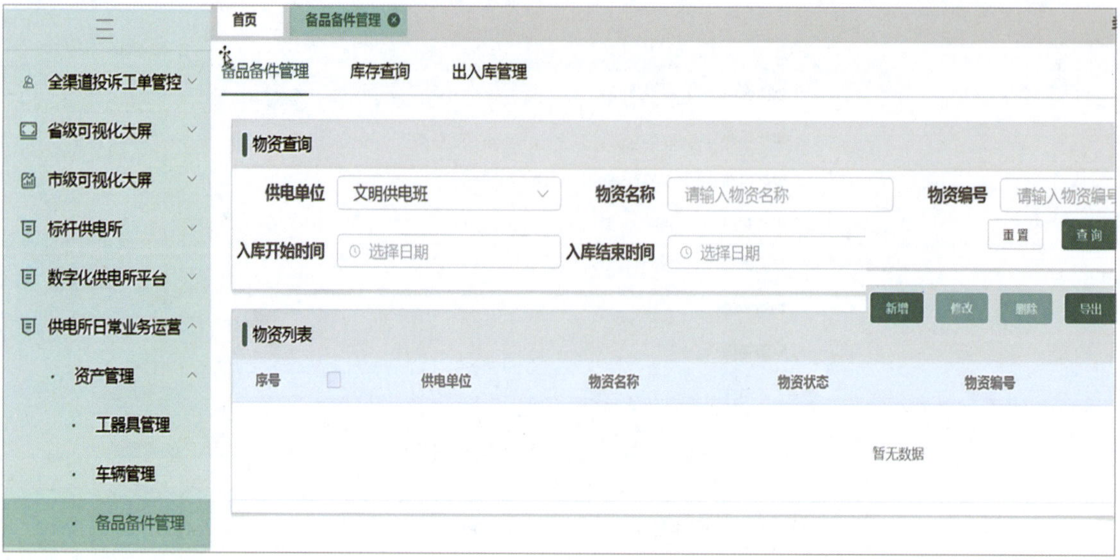

图 1-62　备品备件管理

3）出入库管理操作步骤。点击【供电所日常业务运营】→【资产管理】→【备品备件管理】→【出入库管理】，如图 1-63 所示。

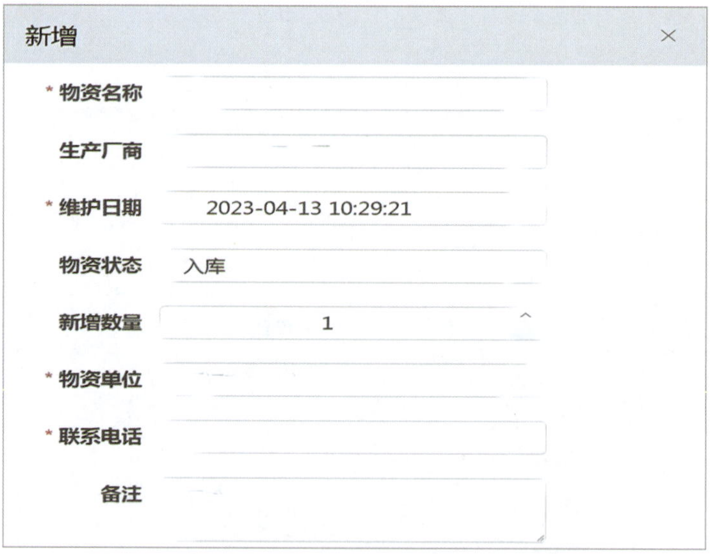

图 1-63　备品备件新增

二、工单分析报告

（一）功能描述

工单分析报告内容包括供电所工单（国网工单、省内工单、主动服务、消缺工单、业扩报装工单等）情况分析及完成情况。

（二）功能操作步骤

点击【供电所日常业务运营】→【工单分析报告】→选择供电单位、统计周期（可选择按天、按区间）→【查询】→工单明细→工单类型（国网工单、省内工单、主动服务、消缺工单、业扩报装工单、两率一损等，如图 1–64 和图 1–65 所示。

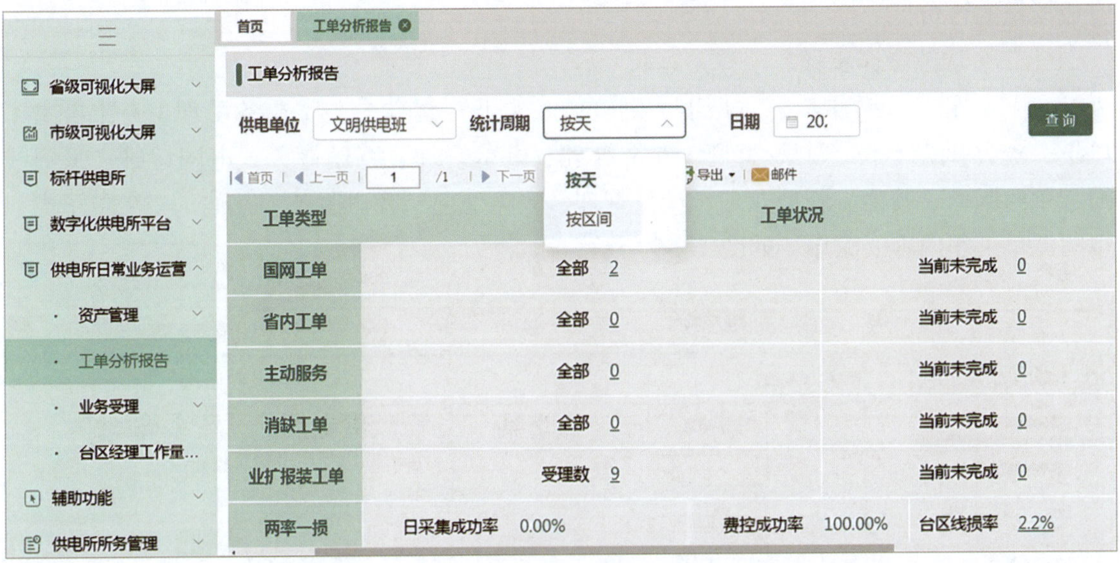

图 1–64　工单分析报告（按天）

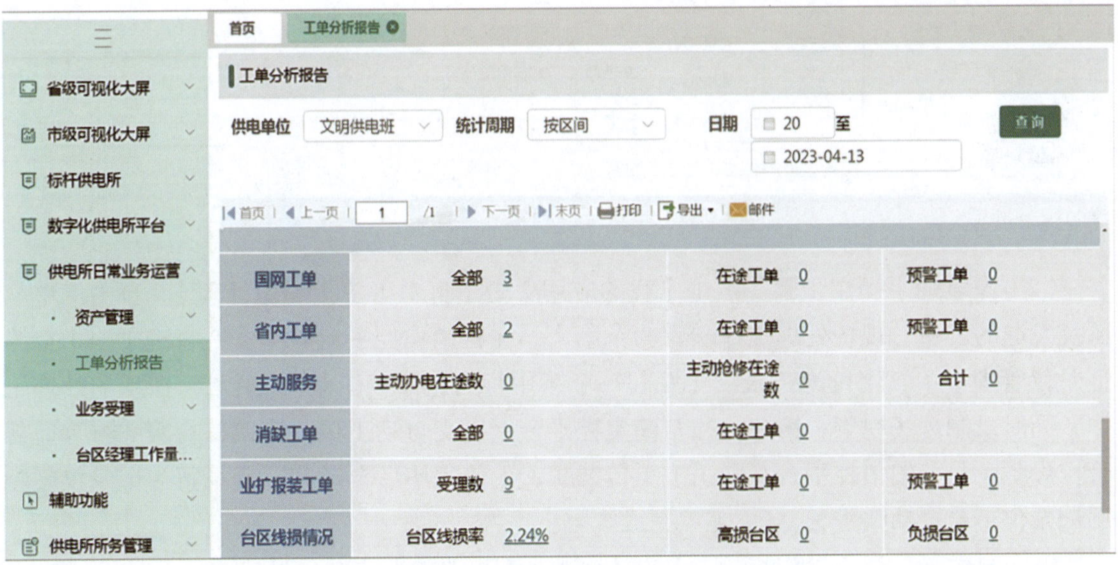

图 1–65　工单分析报告（按区间）

三、业务受理

（一）功能描述

根据供电所日常营销业务（安全管理、电费管理、营销业务、电网运维、采集线损、预约服务、新型业务、计量管理、故障处理、客户服务、其他）发起自主工单，进行工单完成质量的评价。

（二）功能操作步骤

（1）自主工单操作步骤。点击【供电所日常业务运营】→【业务受理】→【自主工单】→选择供电单位、工单类型（安全管理、电费管理、营销业务、电网运维、采集线损、预约服务、其他、新型业务、计量管理、故障处理、客户服务、其他）→工单子类→填写派单工作内容→派单，如图 1–66 所示。

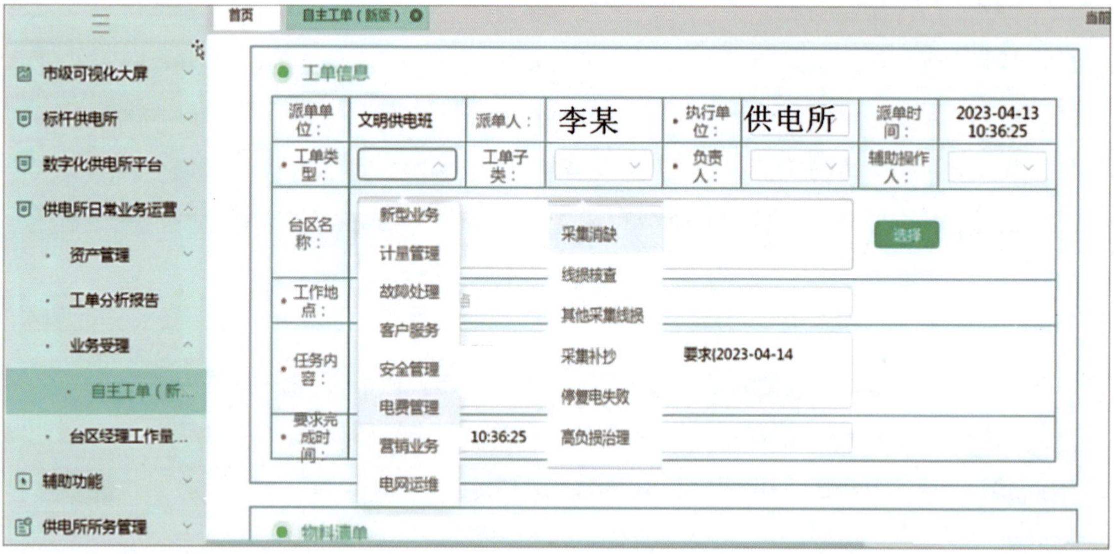

图 1–66　自主工单

（2）豫电助手操作步骤。点击【我的应用】→【自主工单】→【处理】。自主工单是系统发起的工单，现场处理工作步骤为：第一，在营销集控平台→【资产管理】→【行为记录仪管理】中领用行为记录仪（发起一个领用行为记录仪工单）；第二，在现场处理工作，同时录制现场视频；第三，在营销集控平台上提交自动工单；第四，在服务行为监督管控设备（与营销集控平台互联）上上传视频，上传完毕后自动归还现场行为记录仪（领用记录仪工单自动归档），自主工单完成。

（3）自主工单评价操作步骤。点击【供电所日常业务运营】→【业务受理】→【自主工单】→【工单评价】，如图 1–67 所示。

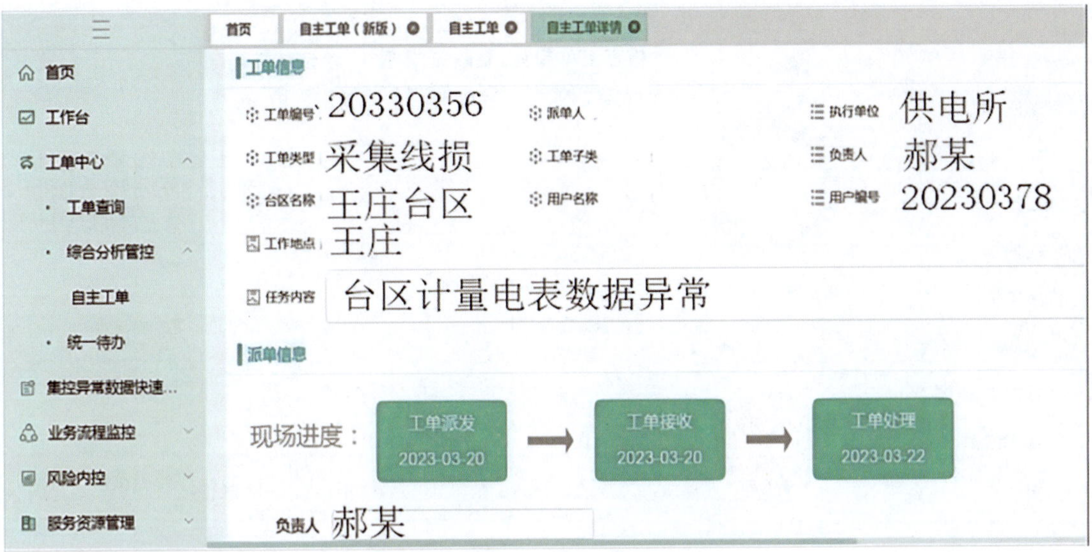

图 1-67　工单评价

模块七　稽查业务

模块说明　稽查业务对供电所营销业扩、计量业务、电费业务等分别展示疑似异常数据，包括在线稽查、专项稽查、现场稽查，稽查对象包括各类工单的占比数量、工单的受理、工单的明细、工单的流程，以及工单的在途预警、超期，基础指标监控（业扩指标、计量指标、电费指标、稽查数据）。

一、稽查业务全景视图

（一）功能描述

稽查业务全景视图有六个模块，即疑似异常数、稽查类型（在线稽查、专项稽查、现场稽查）、稽查各类工单数占比、稽查抽检合格率、稽查成效呈现、稽查主题热搜。

（二）功能操作步骤

（1）稽查工单趋势操作步骤。点击【稽查业务】→【稽查业务全景视图】→【稽查工单趋势】→选择在线稽查、专线稽查、现场稽查。

（2）稽查成效呈现操作步骤。点击【稽查业务】→【稽查业务全景视图】→【稽查成效呈现】，如图 1-68 所示。

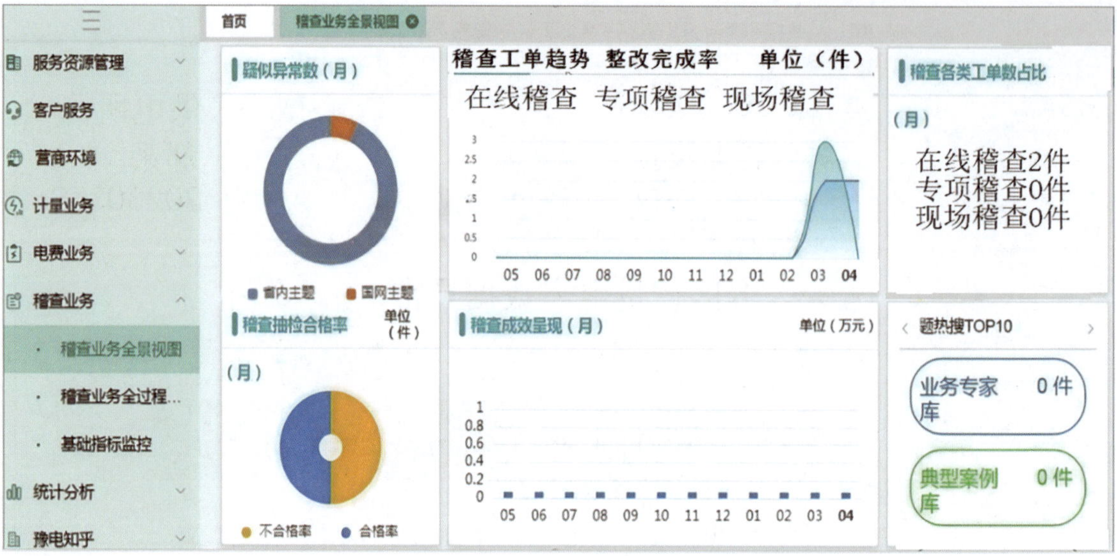

图 1-68 稽查业务全景视图

二、稽查业务全过程监控

（一）功能描述

稽查业务全过程监控展示营销业务异常分析、任务生成派发、工单处理、工单审核、工单归档等在线稽查、专项稽查、现场稽查统计的业务流程图，以及处理工单数量。

（二）功能操作步骤

（1）稽查异常数据操作步骤。点击【稽查业务】→【稽查业务全过程监控】→【异常分析—更多展开】→【稽查异常数据】，如图 1-69 ~ 图 1-71 所示。

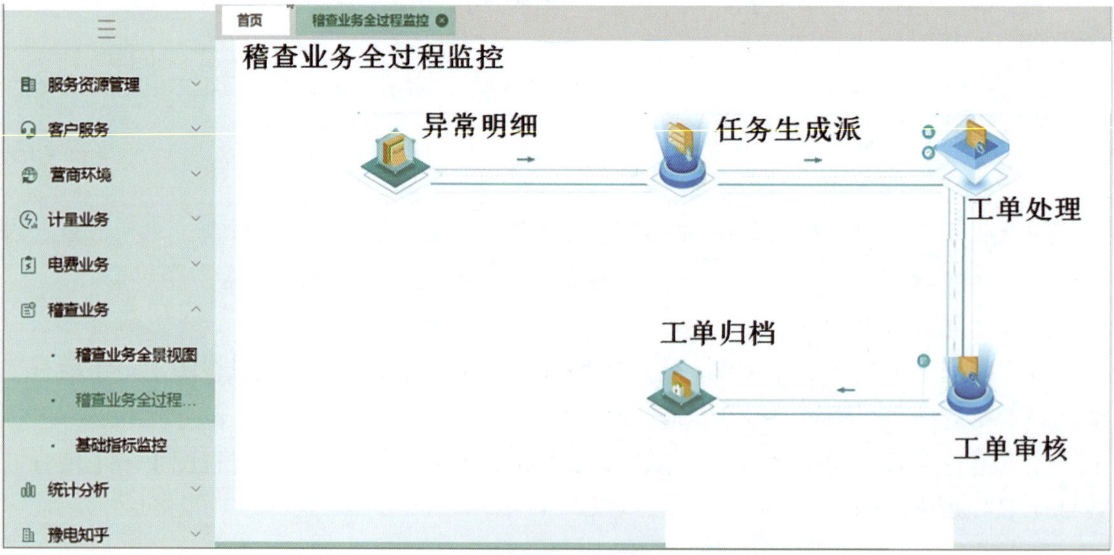

图 1-69 稽查业务全过程监控

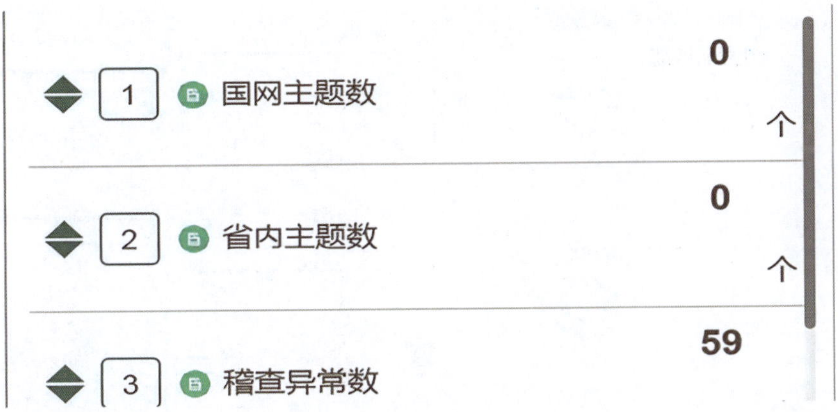

图 1-70　异常分析—更多展开

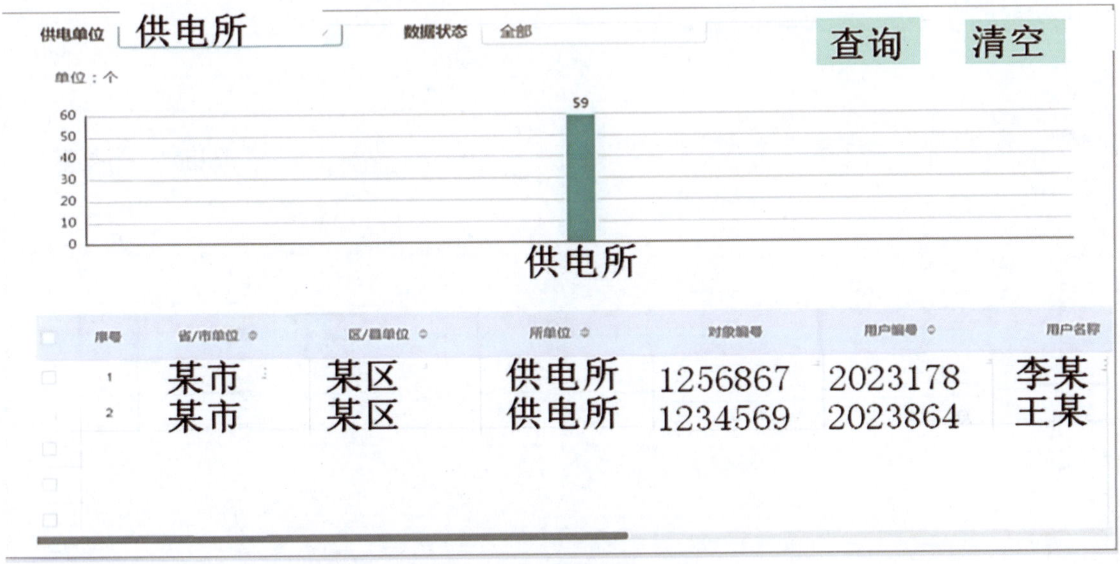

图 1-71　稽查异常数据

（2）工单处理操作步骤。点击【稽查业务】→【稽查业务全过程监控】→【工单处理—供电所处理】，如图 1-72 和图 1-73 所示。

三、基础指标监控

（一）功能描述

基础指标监控展示稽查业务数据汇总，包括稽查（在线稽查、专项稽查、现场稽查）国网工单、省内工单、疑似异常数、问题发起数、未处理数。

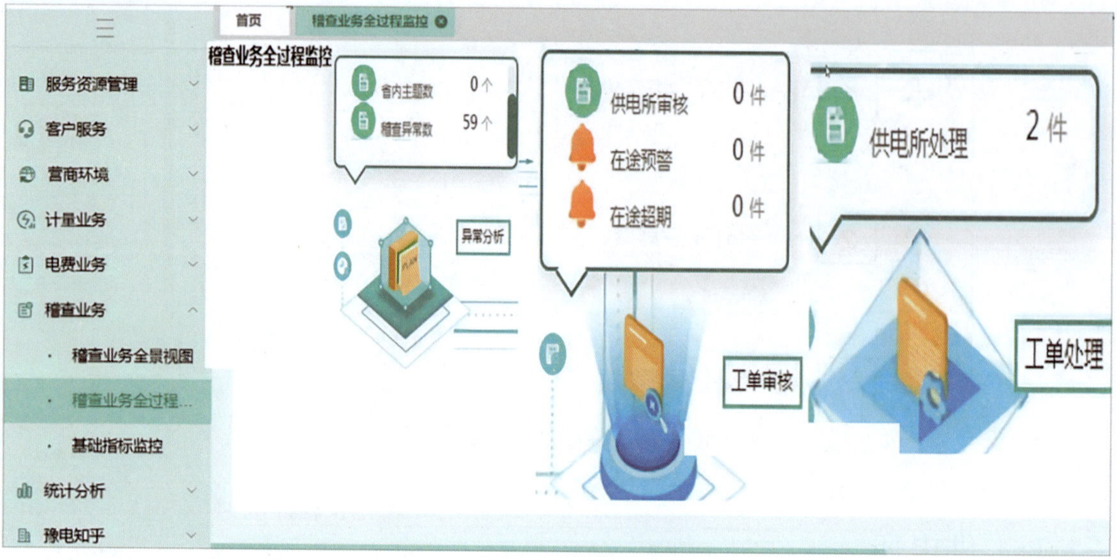

图 1-72　稽查业务全过程监控

图 1-73　工单处理—供电所处理

（二）功能操作步骤

点击【稽查业务】→【基础指标监控】→【供电单位—实时或累计—统计日期】→【具体数据项—明细】。

可按照供电单位、实时 / 累计、统计日期、监控指标等条件查询指定指标的数据汇总情况，点击数字查看明细，如图 1-74 和图 1-75 所示。

图 1-74 供电单位—实时或累计—统计日期

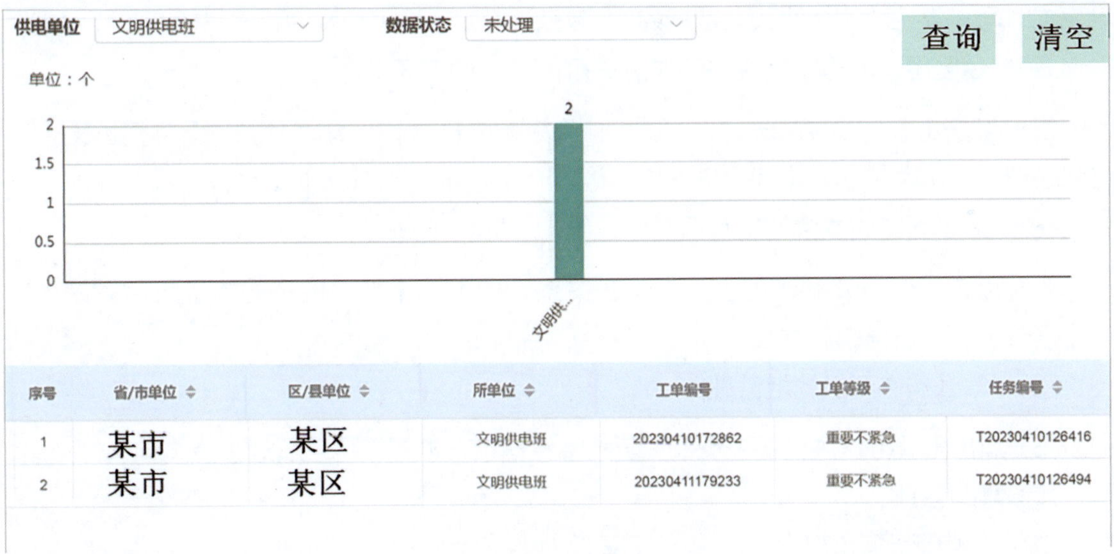

图 1-75 具体数据项—明细

思考与练习

1 营销类低压分布式新装如何查询?

答：点击【首页】→【工单中心】→【营销系统】→【低压分布式新装】。

2 计量故障工单报修率如何查询?

答：点击【首页】→【指标看板】→【计量监督管理完成率】→【计量故障工单报修率】。

3 营销系统操作指南如何查询?

答：点击【首页】→【系统导航】→【员工诉求服务库】→【营销服务系统】→【系统操作指南】。

4 日监控类电费业务大工业用户电价执行异常如何查询?

答：点击【主题监控台】→【日监控】→【供电单位】→【指标类型】→【电费业务】→【查询】→【大工业用户电价执行异常】。

5 日监控类计量业务拆回表回收返分拣中心工作预警监视如何查询?

答：点击【主题监控台】→【日监控】→【供电单位】→【指标类型】→【计量业务】→【查询】→【拆回表回收返分拣中心工作预警监视】。

6 营销业务专项任务如何生成?

答：点击【业务流程监控】→【专项任务】→【新增】→【任务主题（营销业务各类）】→【任务描述】→【上传附件（具体的任务资料）】→【接收单位】→【抄送人】→【要求完成时间（默认时间是明天，选择时间最好是月末）】→【保存】→【发送】。

7 台区经理取得了相应进网作业许可证书，如何添加?

答：点击【服务资源管理】→【基础档案管理】→【机构管理】→【调整机构】→台区经理名→【编辑】→【拥有进网许可证】→【是】→【保存】。

8 某小区的居委会地址有误需修改维护，如何处理?

答：点击【服务资源管理】→【资源关系管理】→【标准地址维护】→具体的小区→【修改】→选正确的居委会。

9 怎么操作五级地址管理?

答：点击【服务资源管理】→【资源关系管理】→【五级地址管理】→查询条件→市、区、街道等的管理。

10 供电所需配备（租赁）执法记录仪，如何添加?

答：点击【资产管理中心】→【2022 年物资租赁设备管理】→供电单位、厂商、物资名称（执法记录仪）→【新增】。

11 供电所统计设备报表如何统计?

答：点击【资产管理中心】→【2022 年物资租赁设备管理】→【统计设备报表】→【查询】→【导出】。

12 供电所资产中心的主要功能有哪些?

答：供电所资产中心的主要功能是供电所租赁设备管理，包括租赁设备类型、厂家、名称、型号、入库建档时间、领用、归还、保管、电话、操作、使用情况的管理。

13　关于供电所电费缴纳，在网上国网上缴费金额如何查询?

答：点击【标杆供电所】→【供电所前端服务平台—PC版（新）】→【营业收入】→【销账业务】→网上国网缴费金额。

14　供电所某个台区画像情况如何查询?

答：点击【标杆供电所】→【画像辅助诊断】→【台区画像】→【供电单位】→【台区经理】→【台区名称】。

15　供电所工作人员在豫电学堂的学习积分如何查询?

答：点击【标杆供电所】→【豫电学堂】→【供电所】→【积分统计（练习、视频、登录、文档）】→【总得分】。

16　供电所业务工单分析报告如何查询?

答：点击【供电所日常业务运营】→【工单分析报告】→选择供电单位、统计周期（可选择按天、按区间）→【查询】→工单明细→工单类型（国网工单、省内工单、主动服务、消缺工单、业扩报装工单等）。

17　如何发起一个采集线损停复电失败自主工单?

答：点击【供电所日常业务运营】→【业务受理】→【自主工单】→【供电单位】→【派单人】→【工单类型】（采集线损）→【工单子类】（停复电失败）→选择台区名称、工作地点、任务内容、要求完成时间→提交工单。

18　稽查异常数据明细如何查询?

答：点击【稽查业务】→【稽查业务全过程监控】→【异常分析—更多展开】→【稽查异常数据—明细】。

19　基础指标监控稽查方式有哪些?

答：稽查业务基础指标监控稽查方式有在线稽查、专项稽查、现场稽查。

20　基础指标监控具体数据项操作步骤有哪些?

答：点击【稽查业务】→【基础指标监控】→【供电单位—实时或累计—统计日期】→【具体数据项—明细】。

第二章
电力营销业务应用系统

模块一　系统概述

模块说明　本模块主要介绍电力营销业务应用系统功能、登录方式和基本操作，包括系统访问、系统配置、系统登录、工作任务等。

一、系统总体介绍

电力营销业务应用系统根据营销业务应用标准化设计，将营销业务划分为客户服务与客户关系、电费管理、电能计量与信息采集、市场与需求侧 4 个业务领域，为客户提供各类服务，完成各类业务处理，为供电企业的管理、经营和决策提供支持；同时，通过营销系统与其他业务系统的有序合作，提高整个电网信息资源的共享度。

二、系统登录与配置

电力营销业务应用系统网址：http://10.230.27.186/web。第一次登录系统时，需要对 IE 浏览器进行基本配置，以免系统使用过程中出现不便。系统配置操作如下：

（1）打开 IE 浏览器，依次选择【工具】→【Internet 选项】→【高级】→【重置】，重置后重启 IE 浏览器。

（2）将系统登录地址加入本机 IE 浏览器兼容性视图，选择【工具】→【兼容性视图设置】，如图 2–1 所示。

（3）将网址添加至受信任站点，如图 2–2 所示。完成受信任站点添加之后，点击下方【自定义级别】，等【ActiveX 控件和插件】下的所有选项都设成启用或提示，如图 2–3 所示。

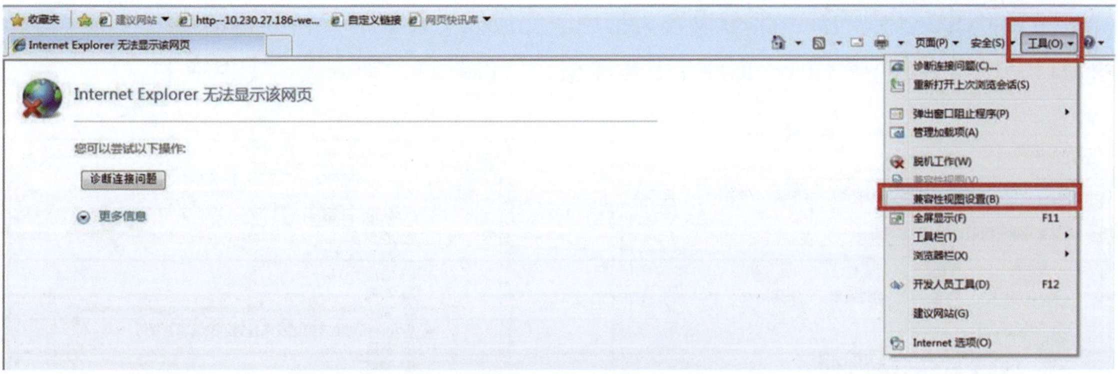

图 2-1　兼容性视图设置

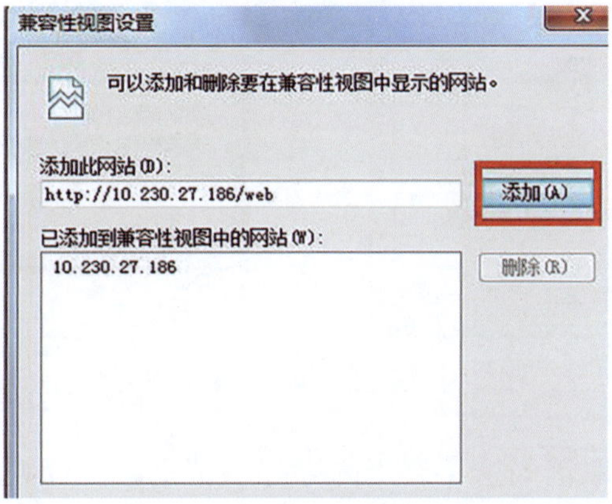

图 2-2　添加受信任站点

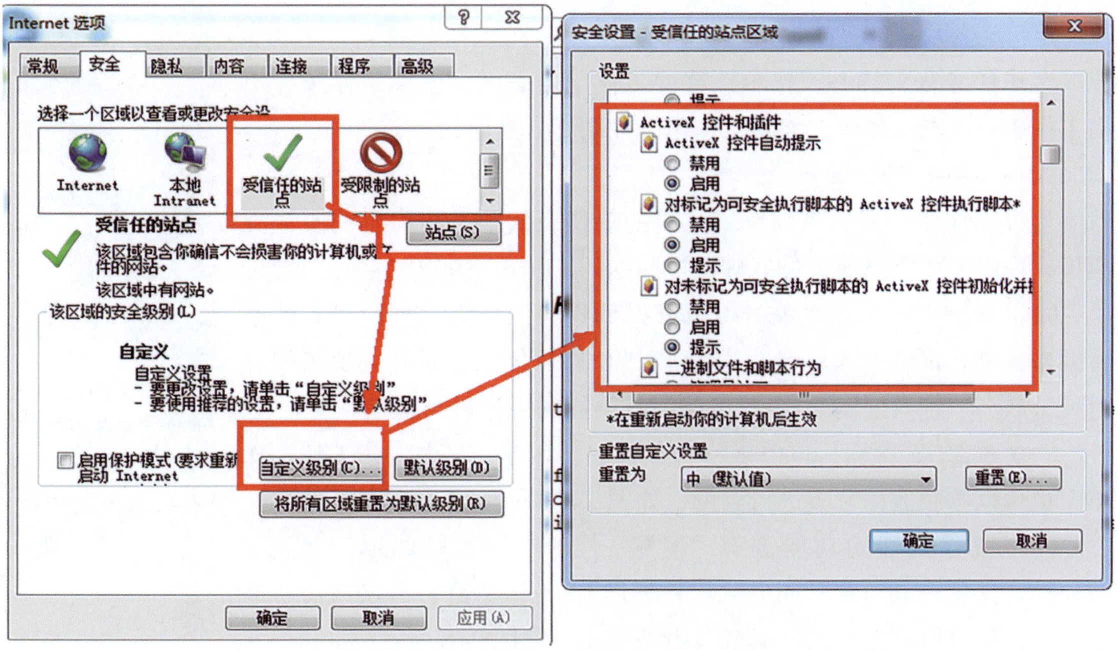

图 2-3　安全设置 - 受信任的站点区域

（4）将图 2-4 中的标红部分设置为禁用。完成以上设置后，访问营销系统时若弹出提示窗口，可以点击【启用】；而对于其他未受信任的站点，则应点击【拒绝】。

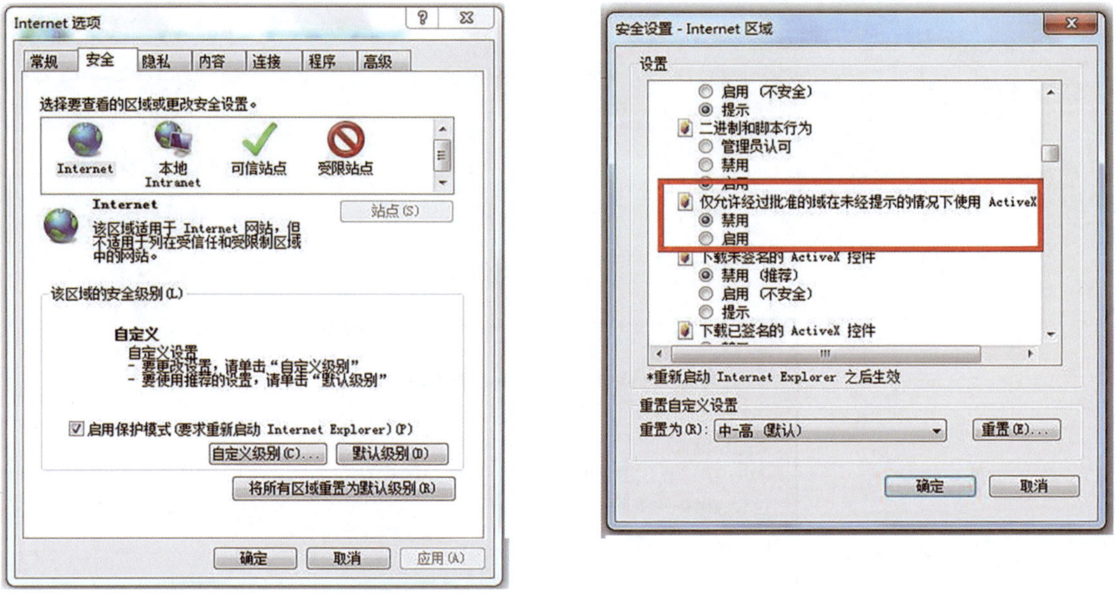

图 2-4　安全设置 – Internet 区域

（5）点击【高级】，取消勾选【启用内存保护帮助减少联机攻击】选项，并点击【应用】，完成配置。重新启动 IE，则可登录系统。

三、工作任务

工作任务分为待办工作单、待办工作单 – 查询、已办工作单、历史工作单、已退工作单、终止工作单，如图 2-5 所示。

图 2-5　工作任务

（一）待办工作单

待办工作单是根据当前登录人员的单位及权限、组织机构及流程模板，列出的需要当前人员处理及被回退的工作单，如图 2-6 所示。

（1）通过输入工作单编号可以查询到相应工作单，系统也支持申请编号模糊查询，输入申请编号后 4、5 位即可。工作单查询也可根据“自己锁定”“别人锁定”“自己发起”等不同的条件进行筛选。

（2）点击按钮，可以进行具体查询，如查询指定发起人的工作单，也可以按照流程分类进行查询，如图 2-7 所示。

（3）流程处理的功能键有“配置”“工单统计”“回退”“调度”“终止”“进程查询”和“图形化流程查询”，工作单流转有误或需要终止的工作单可以在此页面回退或者申请终止，如图 2-8 所示。

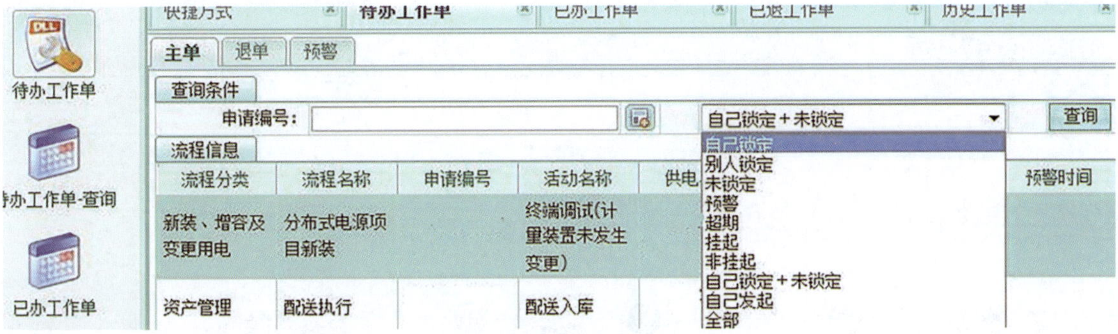

图 2-6　待办工作单

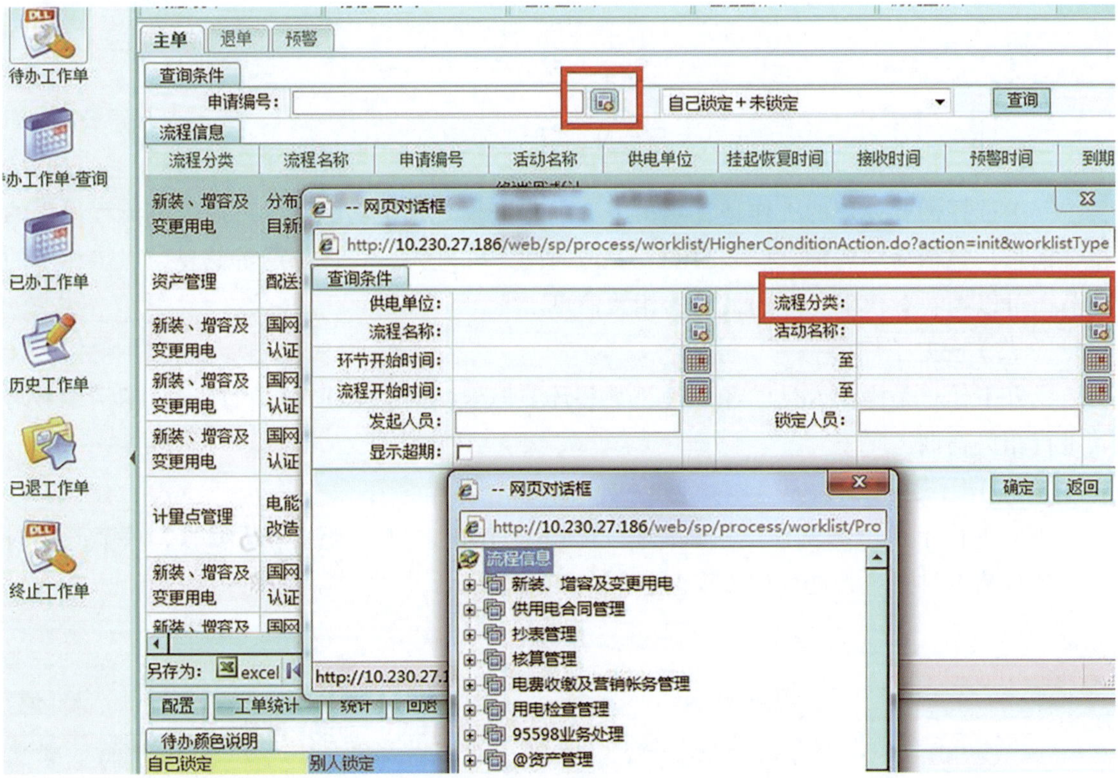

图 2-7　待办工作单具体查询

图 2-8　流程处理的功能键

（4）在【待办工作单】下，选择需要处理的工作单，点击功能键中的【图形化流程查询】，可以查看从业务开始到业务结束的全流程图，绿色的圆圈节点表示已经处理完的流程环节，红色的圆圈表示未处理完的流程环节，如图 2–9 所示。

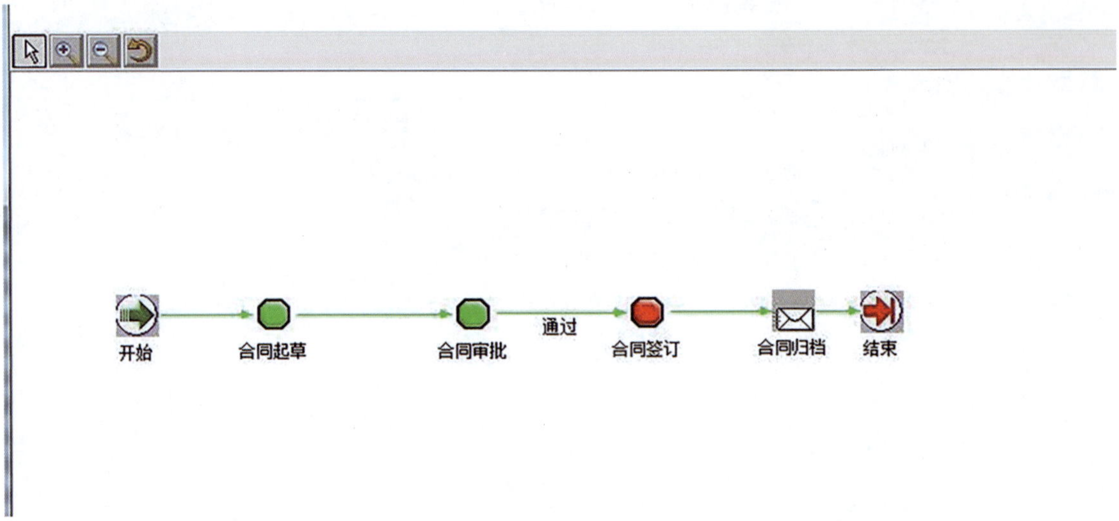

图 2-9　图形化流程

（5）选择需要处理的工作单，点击下方的【进程查询】功能键，可以查询流程进程的相关信息，包括活动名称、接收时间、完成时间、处理人、处理部门等信息，点击相应的环节，可以查看有权限处理的人员的相关信息。

（二）已办工作单

已办工作单是操作人员已经处理过某些环节但未归档的工作单，可以通过申请编号对其进行相关查询。

（三）历史工作单

历史工作单是全部流程结束且已经归档的工作单，可以通过申请编号、环节开始时间、环节结束时间对其进行相关查询，如图 2-10 所示。

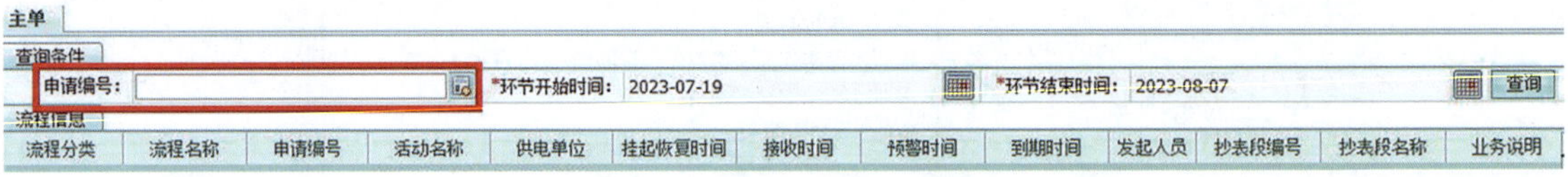

图 2-10　历史工作单查询

模块二　查询类操作

模块说明　本模块主要介绍电力营销业务应用系统的查询类基本操作，包括客户档案信息查询、工作单信息查询和计量资产信息查询。

一、客户档案信息查询

（一）功能描述

输入客户编号可以查询客户基本信息、电量电费信息、联系信息、电源信息、计费信息、计量信息、合同信息和工作单信息等客户相关信息。

（二）功能操作步骤

（1）发电客户信息查询。选择【客户档案管理】→【客户信息统一视图】→【查询发电客户】，如图 2–11 所示。

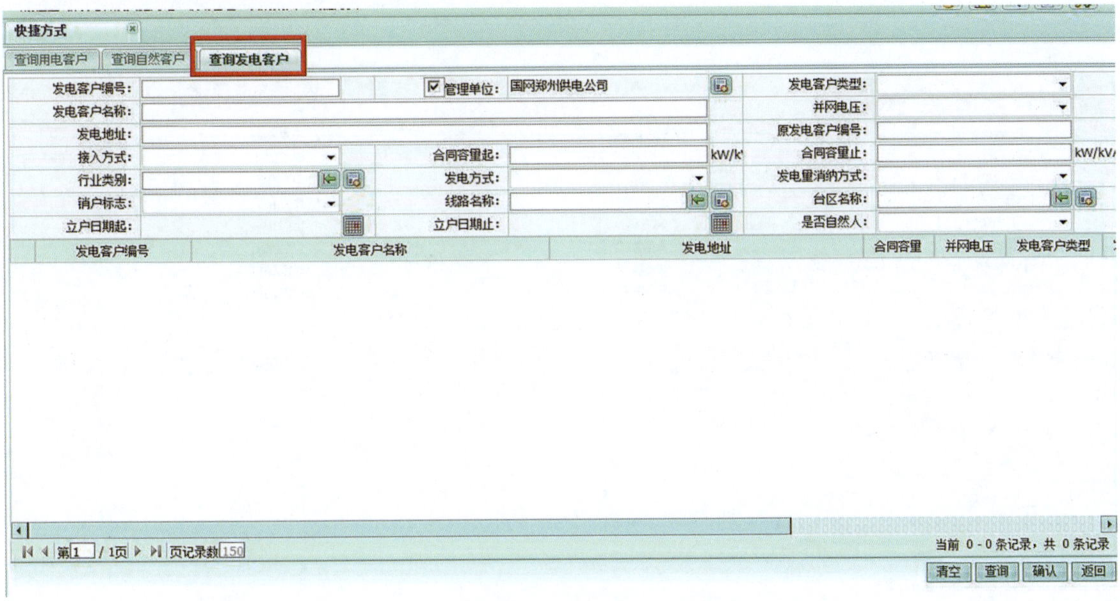

图 2–11　查询发电客户

通过对应的查询条件可以获得用户信息列表，选中列表中的用户，点击【确认】，如图 2–12 所示。用户信息选项卡包括关联用户信息、联系信息、证件信息、并网点、计费信息、计量点、财务信息、项目信息、工作单查询、客户缴费信息（发电）、抄表电量信息等，点击不同的选项卡，可以查看相应选项卡下的用户信息。

（2）用电客户信息查询。选择【客户档案管理】→【客户信息统一视图】→【查询用电客户】，如图 2–13 所示。

通过对应的查询条件可以获得用户信息列表，点击列表中的用户编号，可对用户信息进行查看，如图 2–14 所示。

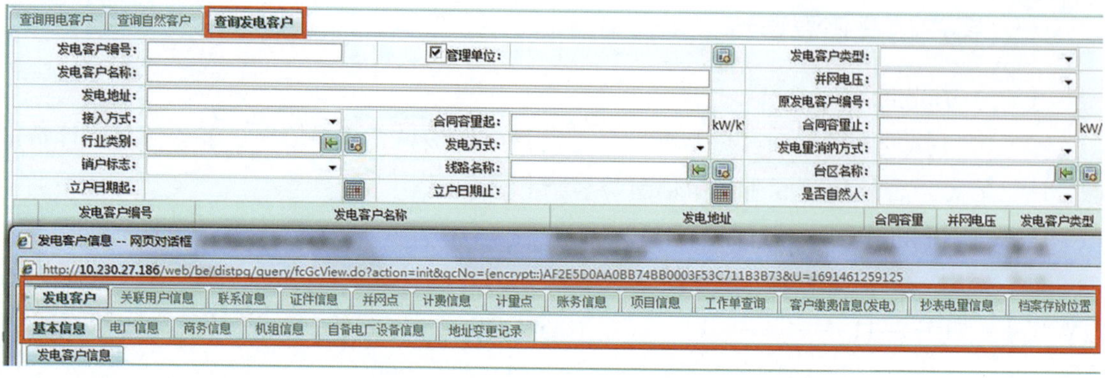

图 2-12　发电客户信息

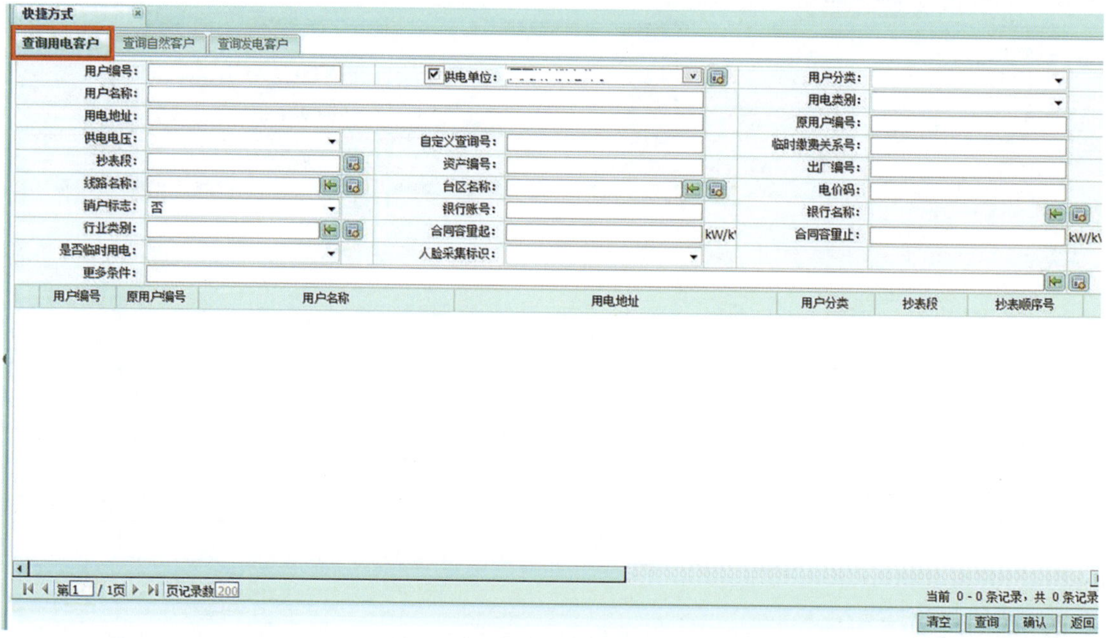

图 2-13　查询用电客户

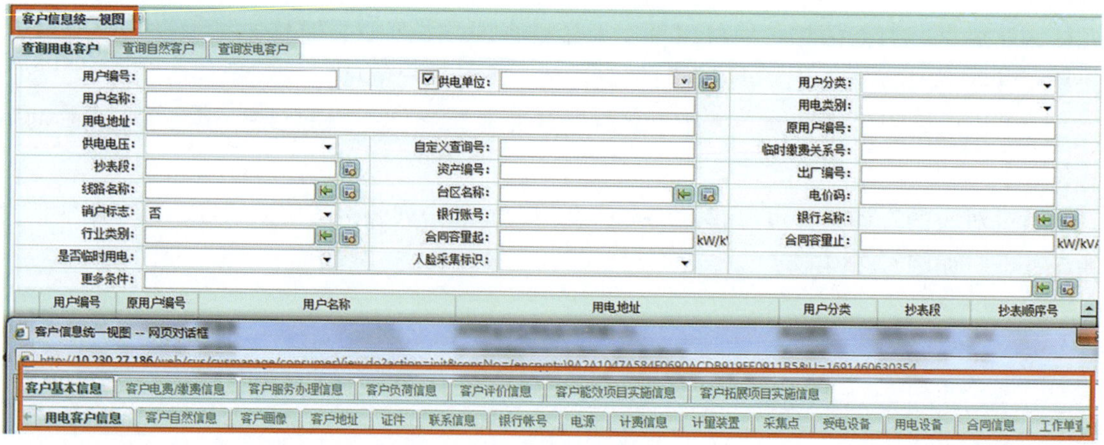

图 2-14　用电客户信息

1）在【客户电费 / 缴费信息】选项卡下，可以查看电费收费情况、抄表电量信息、退补处理方案、阶梯明细信息等。点击【阶梯明细信息】，可以查看阶梯的起止年月、年累计用电量、各阶梯已用和剩余电量，如图 2–15 所示。

图 2–15　阶梯明细信息

2）在【计费信息】选项卡下，可以查看客户各受电点的定价策略和执行的电价信息。点击【执行电价】，可以查看电价的执行标准，如图 2–16 所示。

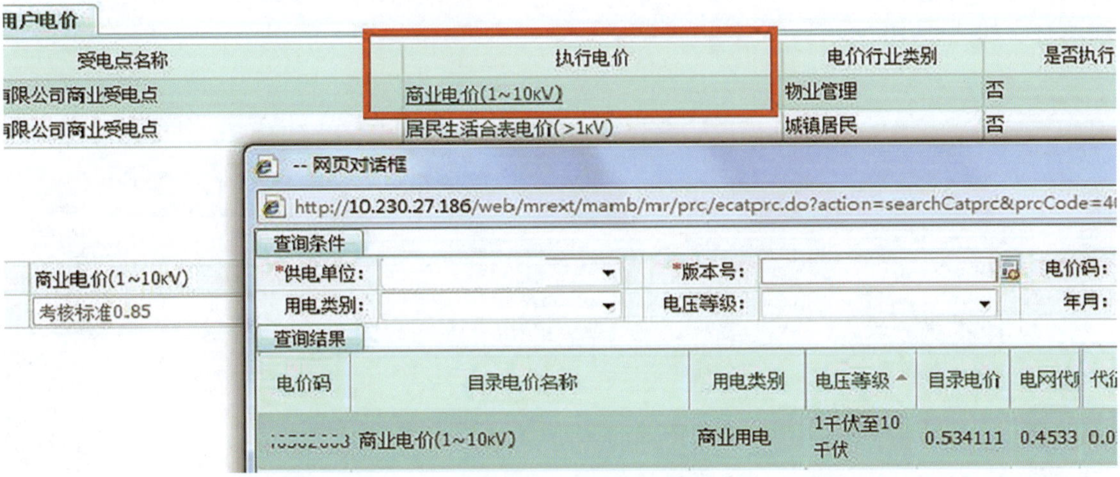

图 2–16　执行电价信息

3）在【计量装置】选项卡下，可以查看各计量点的计量资产信息、计量方式、表计示数等计量信息，如图 2–17 所示。

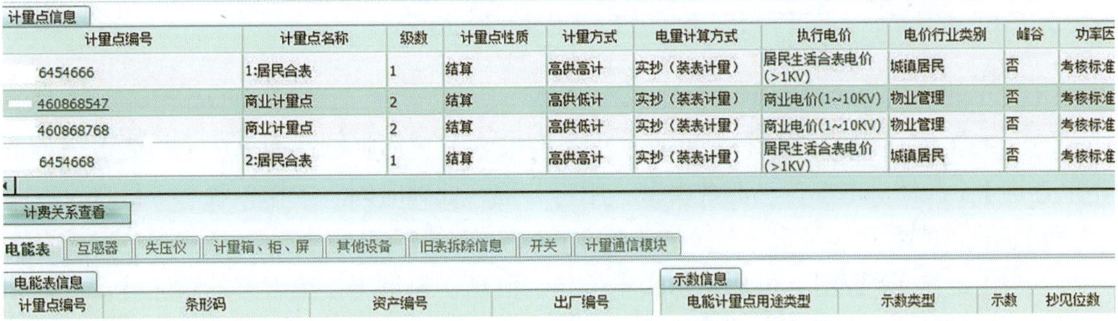

图 2–17　计量装置信息

二、工作单信息查询

（一）工作单查询

（1）点击【客户信息统一视图】→【客户基本信息】，在【工作单查询】选项卡下，可以查看该客户的工作单信息，包括申请编号、流程编号和名称、流程起止时间、工作单状态等，如图 2–18 所示。

图 2–18　工作单查询

（2）点击【申请编号】，可以看到相应工作单的申请信息、进程信息、供电方案等详细信息，如图 2–19 所示。

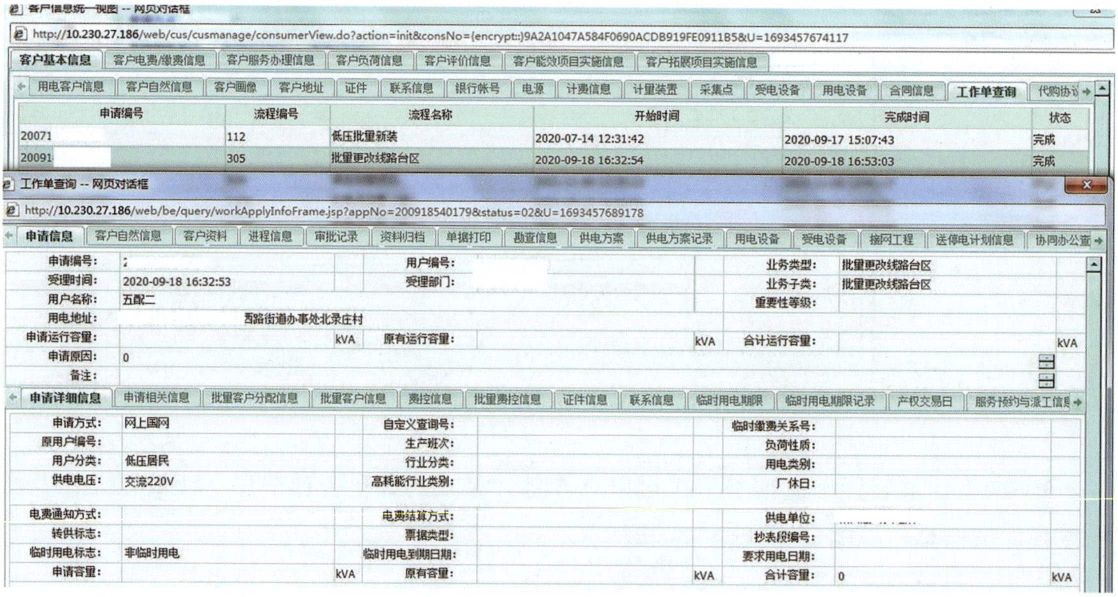

图 2–19　工作单详细信息

（二）业扩工作单查询

（1）工作单查询。点击【新装增容及变更用电】→【业扩查询】→【功能】→【工作单查询】，选择供电单位、业务类型、用户名称、处理时间、工作单状态等信息，点击【查询】，可以查看相应检索条件下的工作单信息，如图 2–20 所示。

点击【工作单列表】，可展示工作单的详细信息。通过工作单下方的功能键，可以分别查看环节信息、进程信息、用户档案、关联工作单和流程图。

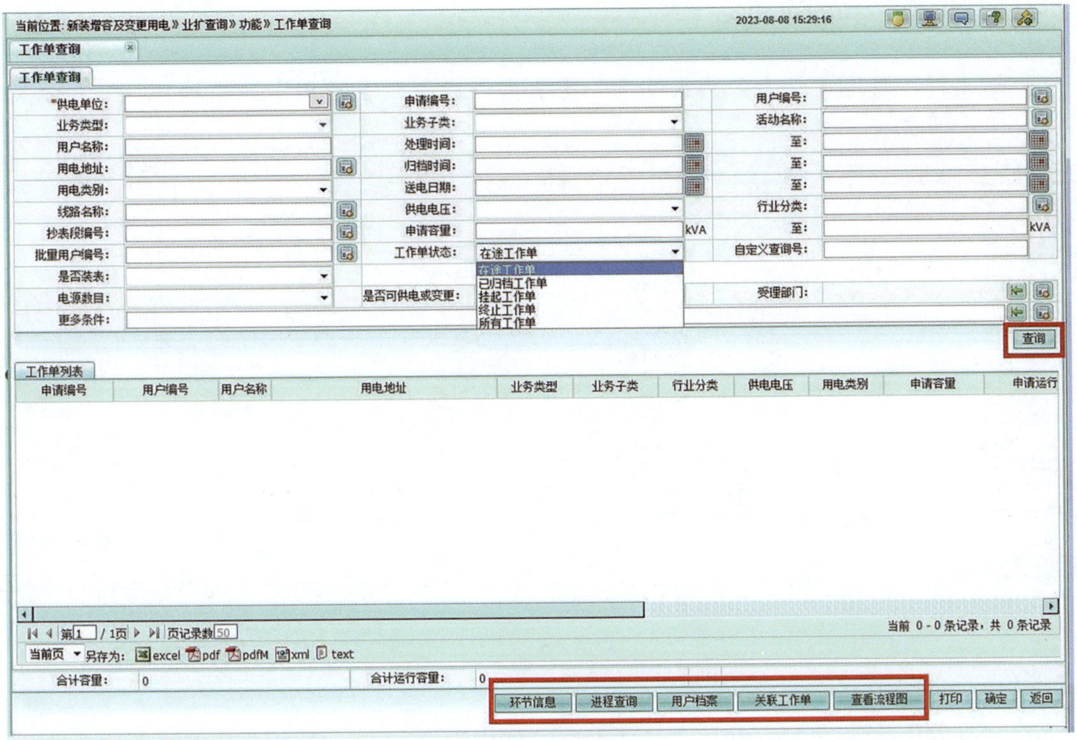

图 2-20　工作单查询

（2）发电客户工作单查询。点击【新装增容及变更用电】→【业扩查询】→【功能】→【发电客户工作单查询】，选择管理单位、业务类型、发电客户名称、处理时间、工作单状态等信息，点击【查询】，可以查看相应检索条件下的工作单信息，如图 2-21 所示。

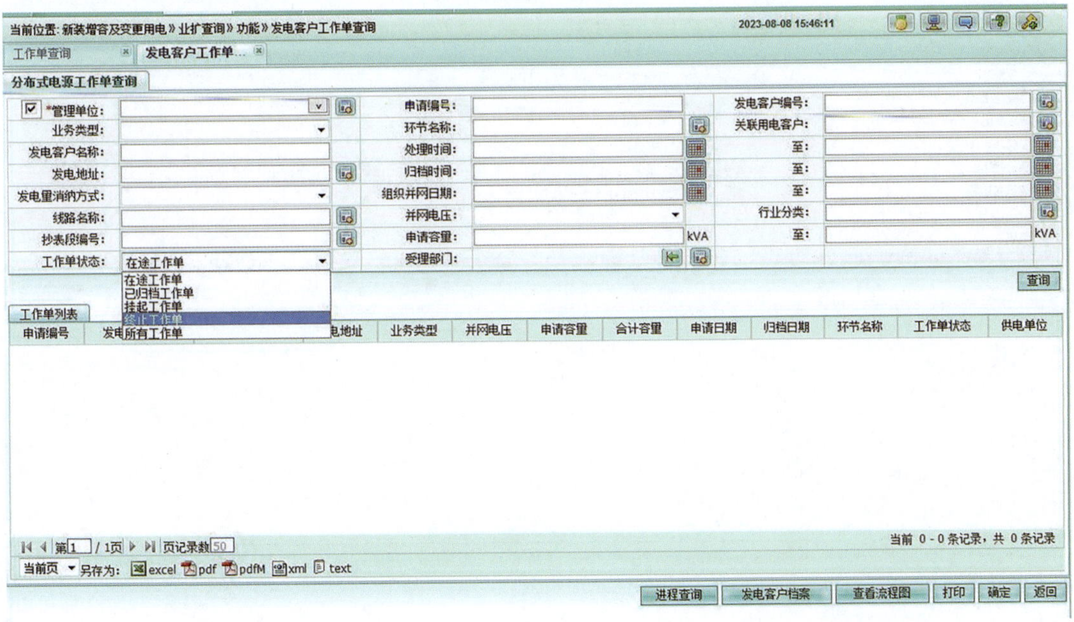

图 2-21　发电客户工作单查询

三、计量资产信息查询

点击【资产管理】→【公共查询】→【查询计量资产】，如图 2–22 所示。

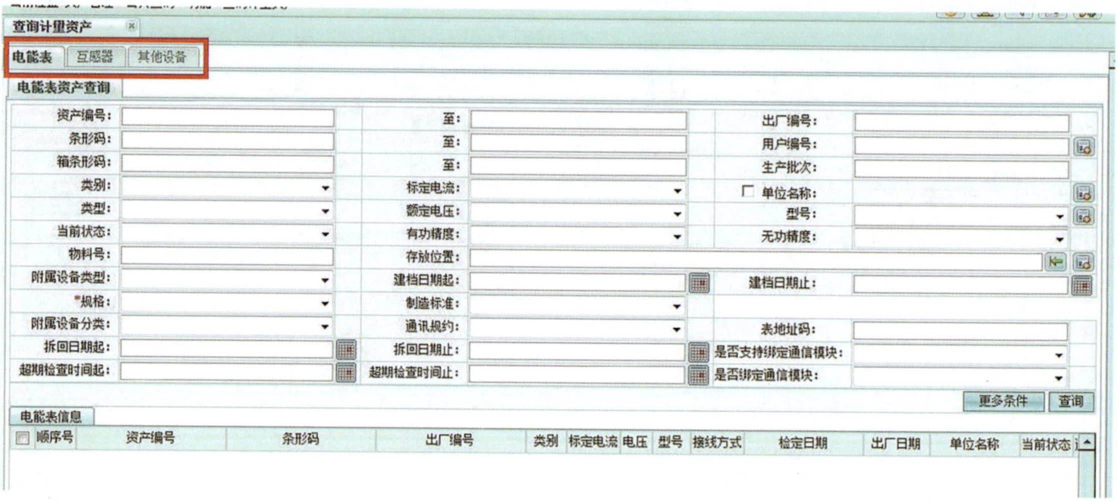

图 2–22　查询计量资产—电能表

（1）点击【电能表】选项卡，可以查询电能表资产信息；点击【互感器】选项卡，可以查询互感器资产信息，如图 2–23 所示。

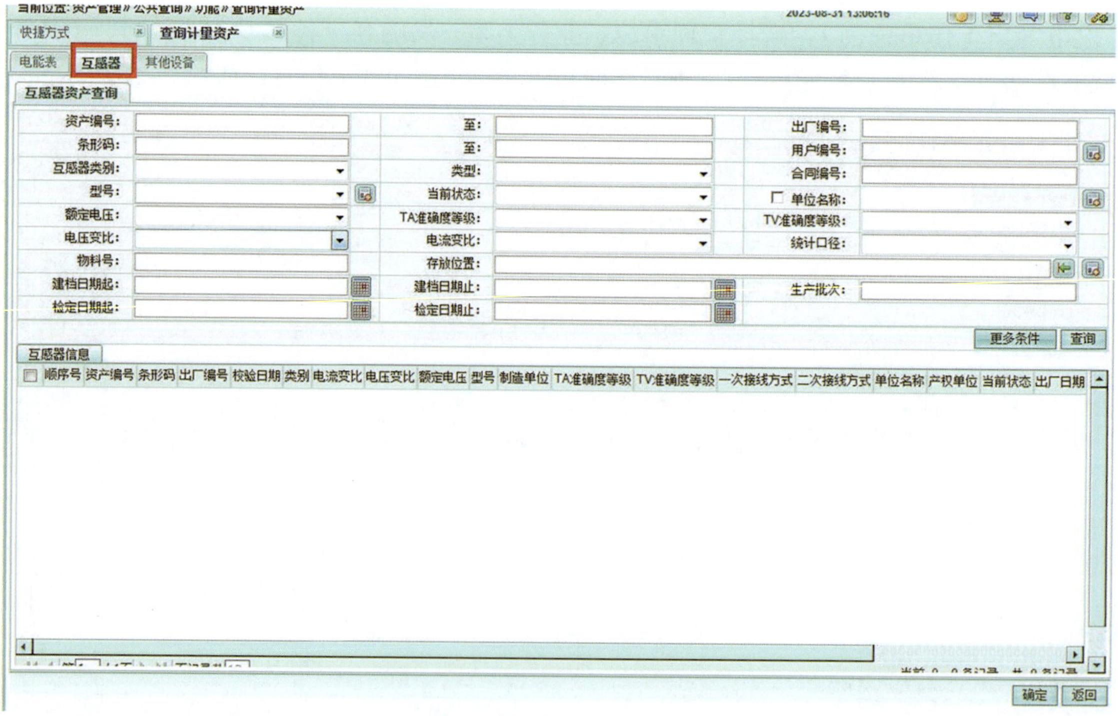

图 2–23　查询计量资产—互感器

（2）点击【其他设备】选项卡，可以查询计量箱等其他资产信息，如图 2–24 所示。

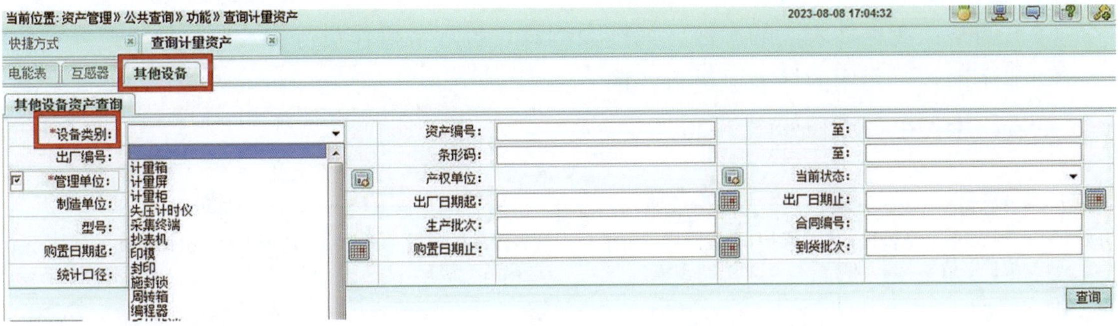

图 2–24　查询计量资产—其他资产

（3）选择相应的资产信息进行双击，如双击【电能表信息】，可以查看资产的出入库、运行情况、状态变化等详细信息，如图 2–25 所示。

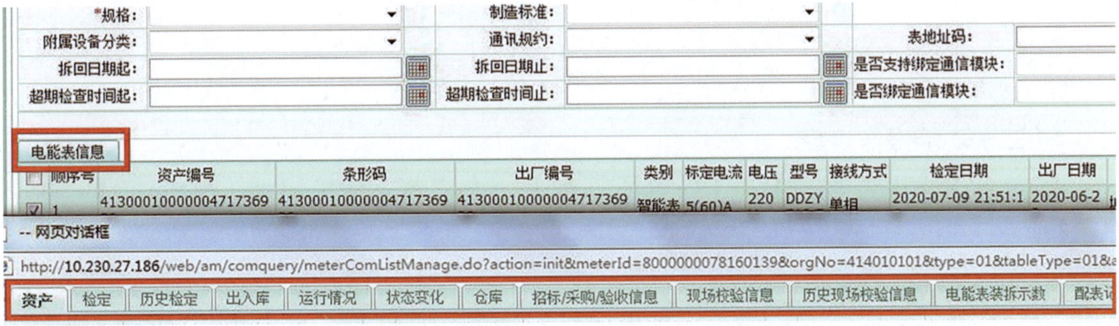

图 2–25　查询计量资产—资产详细信息

模块三　抄表管理

> **模块说明**　本模块主要介绍电力营销业务应用系统的抄表管理基本操作，包括抄表段维护申请、抄表段分配、客户抄表段调整、抄表计划制定等。

一、抄表段维护申请

（一）功能描述

抄表段维护申请包括抄表段新建、调整和注销。抄表段维护申请为抄表段维护提供入口。

（1）新建：新增抄表段的基本信息、抄表计划参数、电网资源信息，为各操作环节分配人员。

（2）调整：变更抄表段的参数，如抄表例日、各环节操作员等。

（3）注销：对无用的抄表段进行注销。

抄表段维护申请流程如图 2-26 所示。

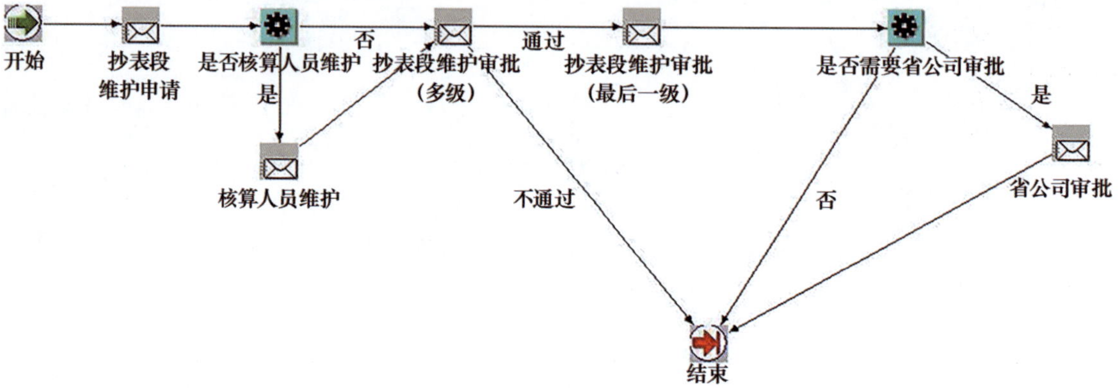

图 2-26　抄表段维护申请流程

（二）功能操作步骤

（1）点击【抄表管理】→【抄表段管理】→【抄表段维护申请（微应用）】，如图 2-27 所示。

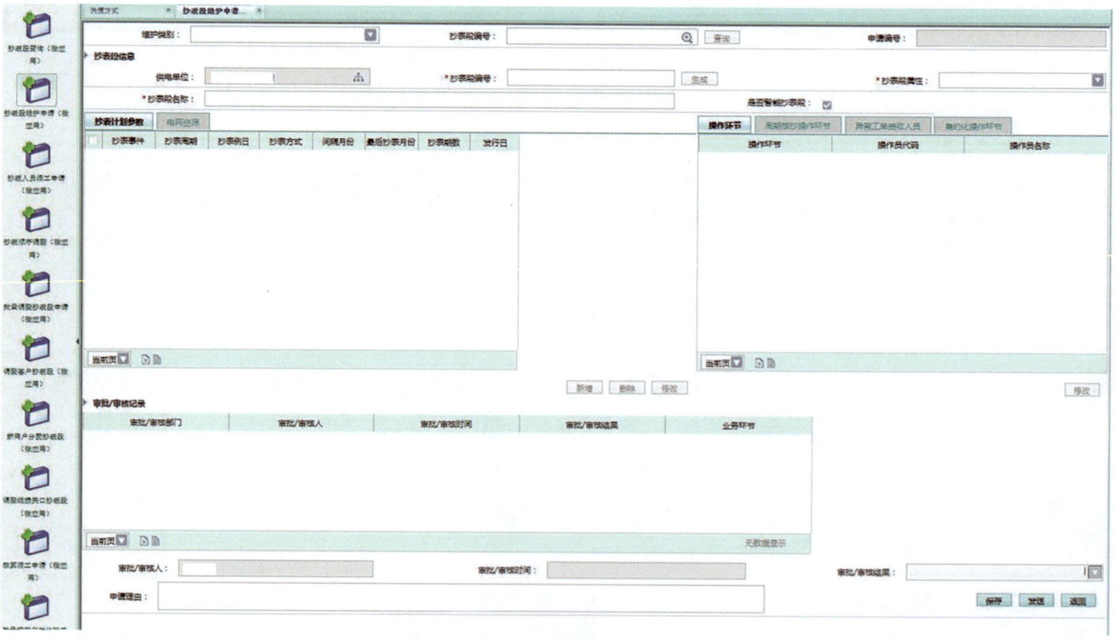

图 2-27　抄表段维护申请

（2）在【维护类别】中选择“新建”，填写【抄表段信息】，选择【供电单位】，选填【抄表段编号】【抄表段属性】和【抄表段名称】等参数信息，如图 2–28 所示。

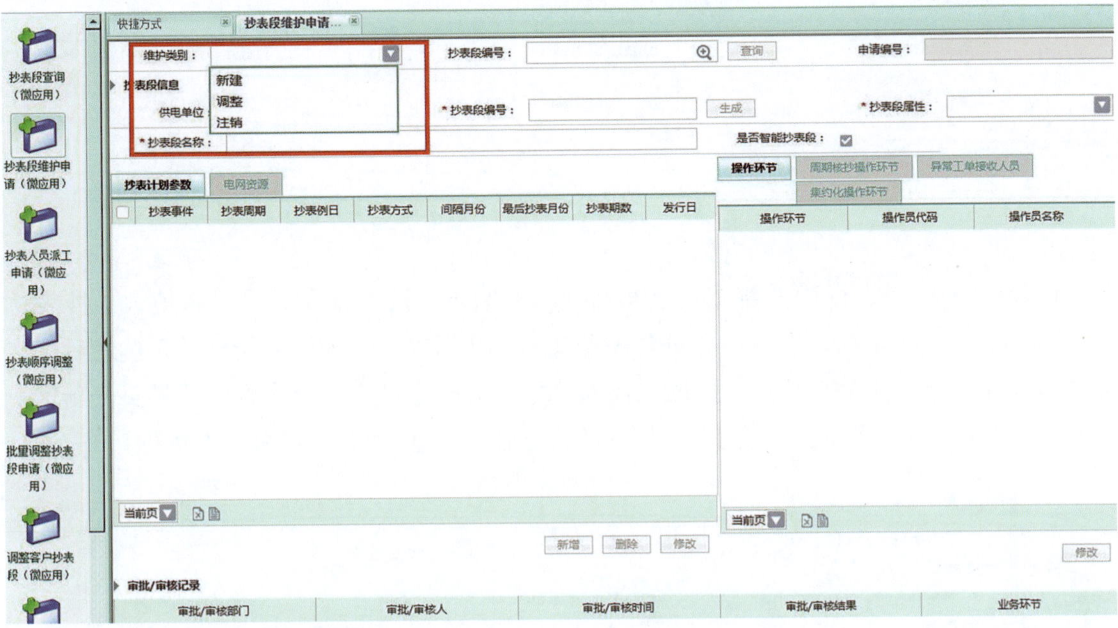

图 2–28 抄表段维护申请—参数信息选填

（3）填写【抄表计划参数】，如图 2–29 所示；点击【新增】按钮，弹出如图 2–30 所示的对话框。

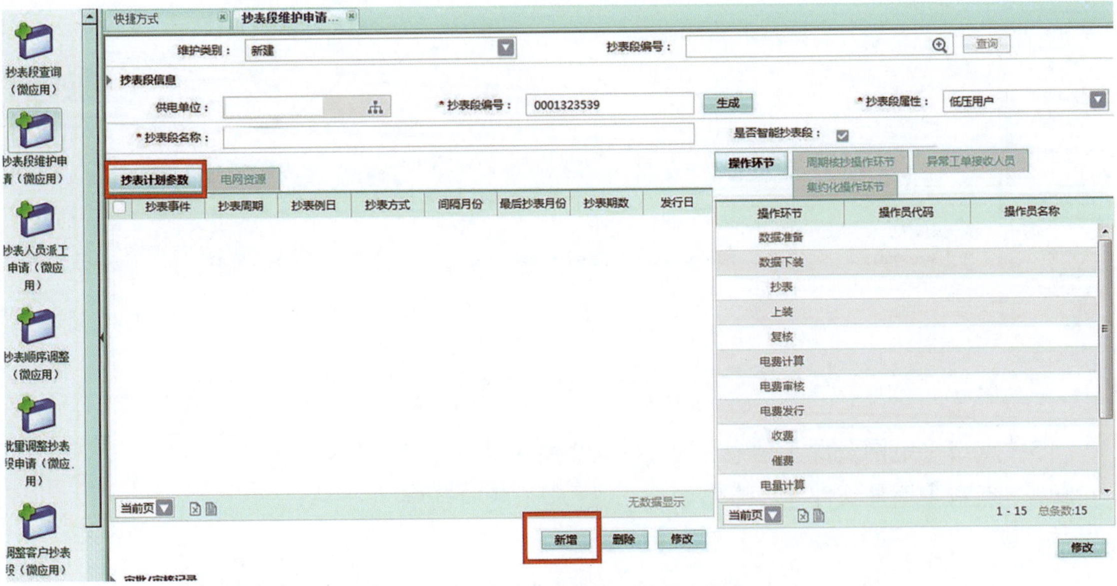

图 2–29 申请新增抄表计划参数窗口

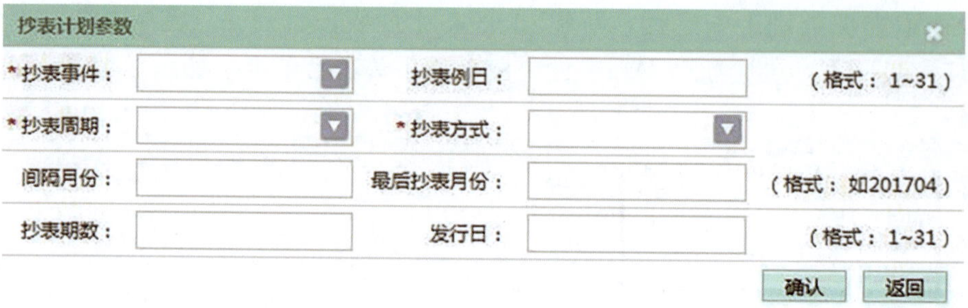

图 2-30　新增抄表计划参数对话框

（4）从下拉列表框中选择【抄表事件】【抄表周期】【抄表方式】，并填入【抄表例日】【间隔月份】【最后抄表月份】等各项参数值。数据输入完成，并检查其正确性后，点击【确认】按钮，则信息保存，同时关闭对话框，此时【抄表计划参数】标签页会新增一条记录，如图 2-31 所示；点击【返回】按钮，则信息不保存，同时关闭对话框。

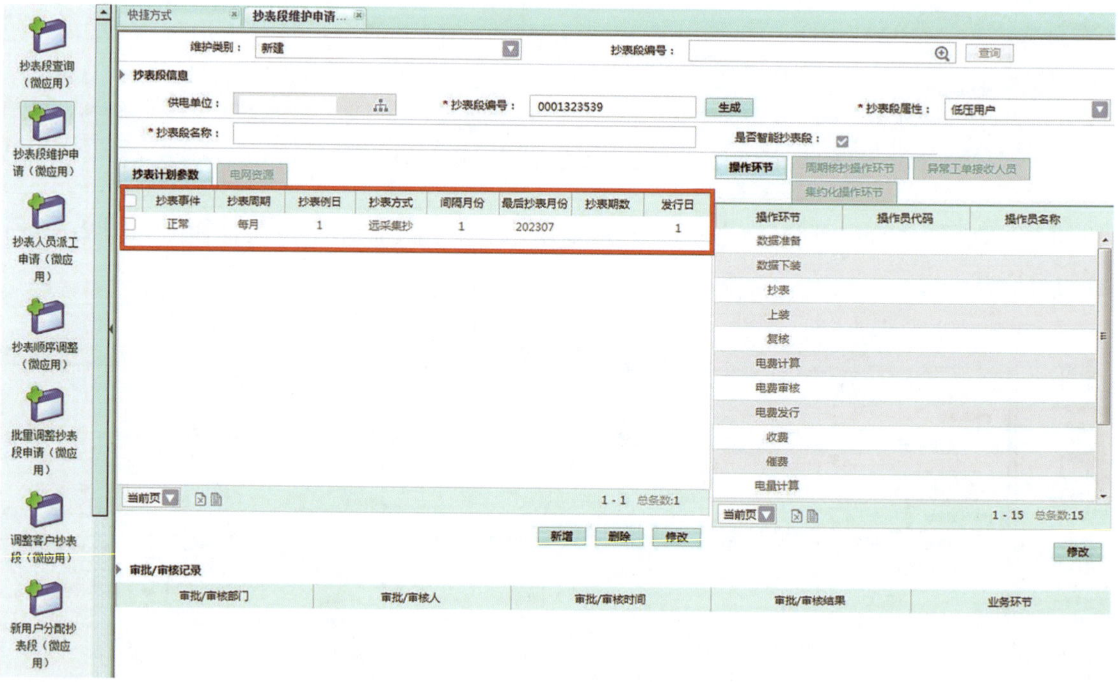

图 2-31　新增抄表计划参数展示对话框

（5）点击【电网资源】信息，如图 2-32 所示。

（6）点击【增加线路】，弹出如图 2-33 所示的对话框。

图 2-32　申请新增电网资源窗口

图 2-33　新增线路资源对话框

（7）选择【管理单位】，输入查询信息，点击【查询】按钮，出现满足查询条件的线路信息，选择对应的线路，点击【确定】按钮，则信息保存，同时关闭对话框，此时【电网资源】标签页会新增一条线路记录，如图 2-34 所示；点击【返回】按钮，则信息不保存，同时关闭对话框。

图 2-34　新增线路资源展示对话框

（8）在返回的【电网资源】标签页下点击【增加台区】，选择新增抄表段对应台区的电网资源，如图 2-35 所示。

图 2-35　新增台区资源对话框

（9）填写【操作环节】信息，点击【修改】，弹出如图 2-36 所示的对话框。

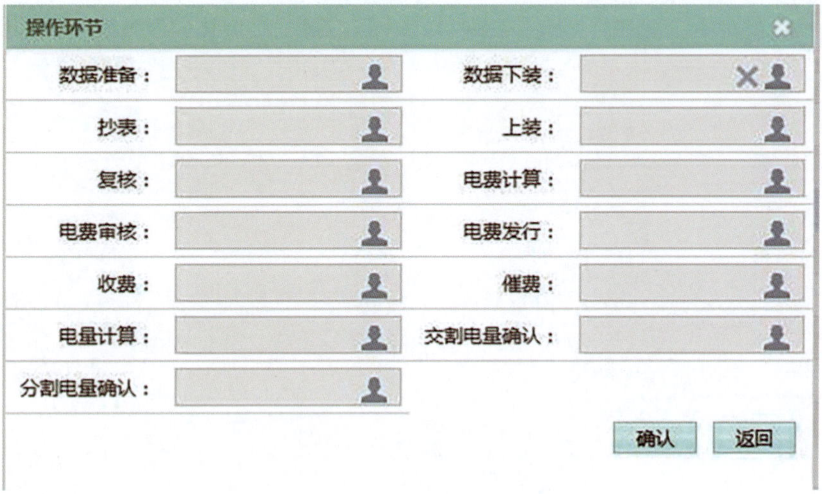

图 2-36　修改操作环节对话框

（10）点击【确认】按钮，修改后的信息被保存，同时关闭对话框；点击【返回】按钮，则修改后的信息不保存，同时关闭对话框。

（11）在【维护类别】中选择“注销”，输入要注销的抄表段编号。点击【保存】→【发送】按钮，则产生“申请编号”，同时发起抄表段维护申请流程。需注意：

1）抄表段编号必须唯一，不能重复。

2）同一个台区下的多个抄表段、抄表例日应该相同。

3）抄表例日必须在系统配置的抄表例日范围内。

（12）登录相应审批环节的工号，点击【抄表管理】→【抄核工作单】→【功能】→【待办工作单】，选中相应的工作单，依次完成核算人员维护、抄表段维护审批（多级）、抄表段维护审批（最后一级）环节。

二、抄表段分配

（一）功能描述

为新装用电客户、变更用电客户及关口计量点分配抄表段。页面显示未分配抄表段的用户或者计量点信息，需给用户或计量点信息分配目标抄表段。

（二）功能操作步骤

登录电力营销业务应用系统，点击【抄表管理】→【抄表段管理】→【新用户分配抄表段（微应用）】，如图 2-37 所示。

点击【用户信息】，输入目标抄表段编号（目标抄表段是用户将要被分配的抄表段），点击【保存】按钮，保存成功后用户被保存到目标抄表段中。

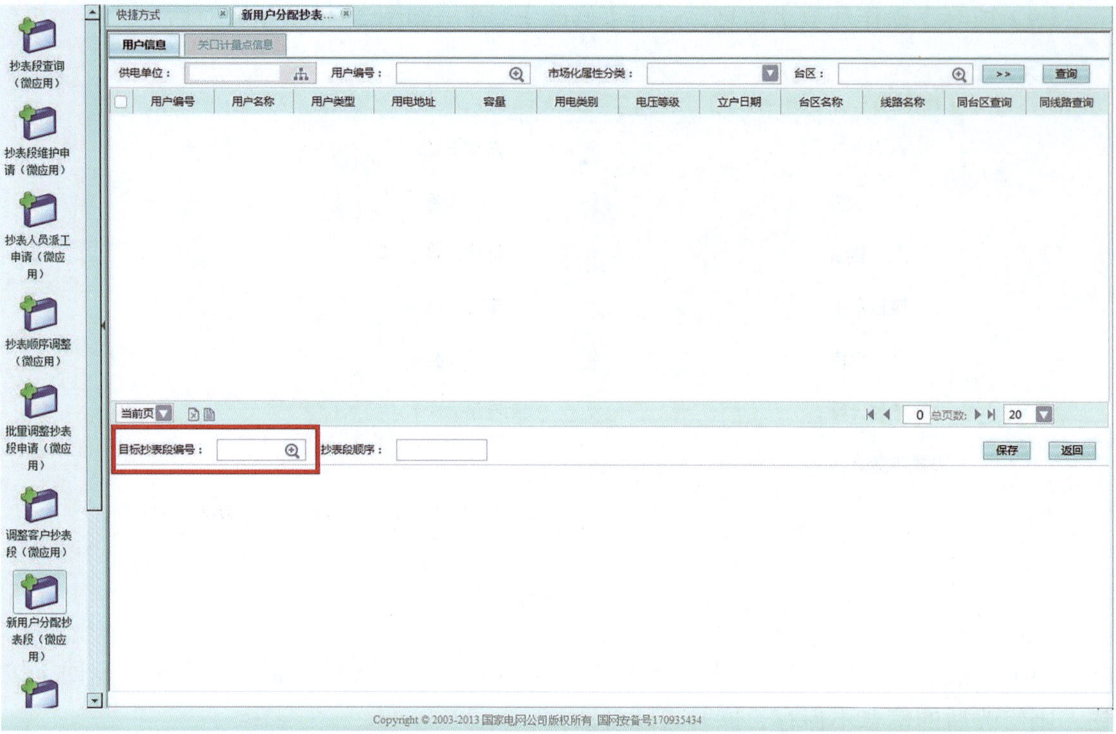

图 2-37　新用户分配抄表段页面

三、客户抄表段调整

（一）功能描述

提供调整用电客户所属抄表段的申请功能，调整客户抄表段流程如图 2-38 所示。

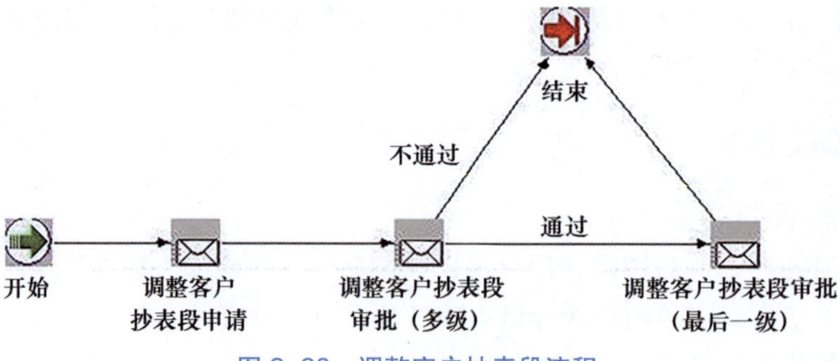

图 2-38　调整客户抄表段流程

（二）功能操作步骤

点击【抄表管理】→【抄表段管理】→【调整客户抄表段（微应用）】，如图 2-39 所示。

在【目标抄表段编号】处输入抄表段编号，点击【查询】按钮，可获得目标抄表段的用户列表。在【查询条件】中输入源抄表段的编号，点击【查询】按钮，可获得源抄表段的用户列表；输入用户编号，点击【定位】按钮，可获得需要调整抄表段的用户信息；点击 --> 按钮，可将被选中用户调整到目标抄表段。任意勾选需要调整抄表段的用户，点击 --> 按钮，也可将被选中用户调整到目标抄表段。点击【重置】按钮，可将被选中用户调整回源抄表段；点击【发送】按钮，提示申请成功，同时产生申请编号，转到调整抄表段审批（多级）环节。

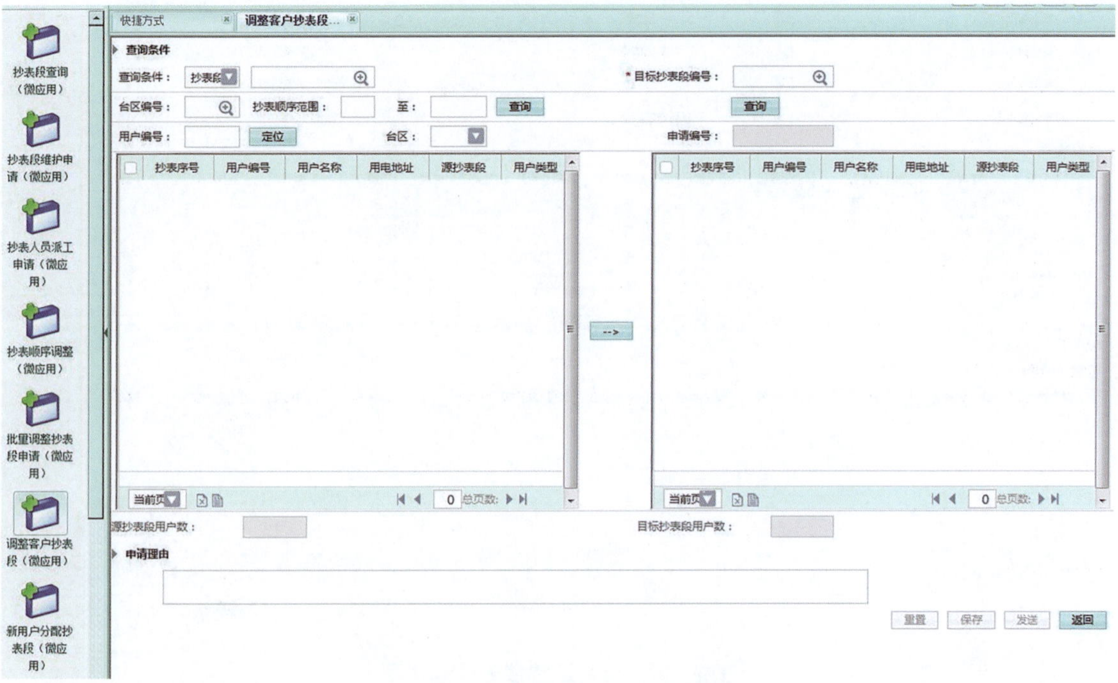

图 2-39　调整客户抄表段申请页面

登录电力营销业务应用系统，点击【抄表管理】→【抄核工作单】→【功能】→【待办工作单（微应用）】，选中待审批的抄表段，点击【处理】或者双击该工作单，转到调整客户抄表段审批窗口，选择【通过】，填写审核意见，点击【发送】按钮，提示转到调整客户抄表段审批（最后一级）环节。选中待审批的抄表段，点击【处理】或者双击该工作单，转到调整客户抄表段审批窗口，选择【通过】，填写审核意见，点击【发送】按钮，提示流程结束；选择【不通过】，填写审核意见，点击【发送】按钮，提示退回到上一环节，调整申请不生效。

四、抄表计划制定

（一）功能描述

根据管理单位、抄表段信息等检索条件生成相应的抄表计划。

（二）功能操作步骤

点击【抄表管理】→【抄表段管理】→【制定正常抄表计划（微应用）】，选填电费年月、单位等各项信息，点击【查询】按钮，选中抄表段信息中的一条或多条记录，点击【生成】按钮，生成对应电费年月的抄表计划，勾选一条或多条抄表计划信息，点击【发送】按钮，流程将发送到抄表数据准备环节，如图 2-40 所示。

图 2-40　制定正常抄表计划页面

模块四　费控管理

模块说明　本模块主要介绍费控管理相关操作，包括费控策略管理、费控人员及费控责任人管理、费控综合查询与分析等。

一、费控策略管理

（一）费控策略调整申请

1. 功能描述

发起调整费控策略流程，将非费控用户转变为费控用户、变更费控用户的费控方案或删除费控用户的费控方案信息。费控策略调整流程如图 2-41 所示。

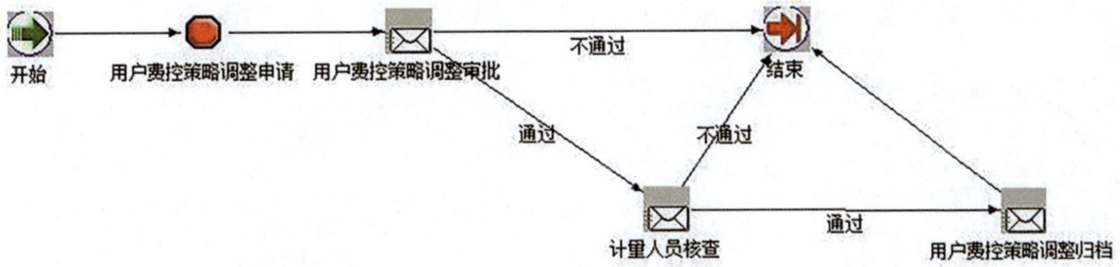

图 2-41　费控策略调整流程

2. 功能操作步骤

点击【费控管理】→【费控策略管理】→【费控策略调整申请】，以“新增”为例，如图 2-42 所示。

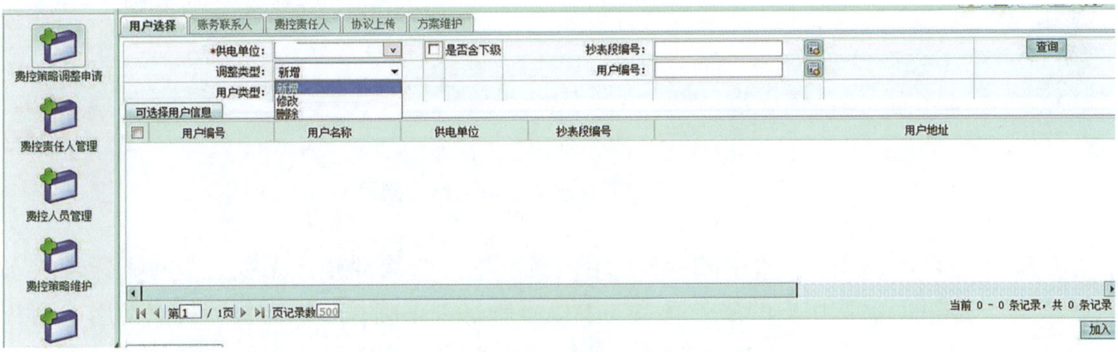

图 2-42　费控策略调整申请页面

（1）用户选择页面。输入用户编号或者抄表段编号进行查询，勾选“是否含下级”，选择要查询的用户，点击【加入】按钮，如图 2-43 所示。

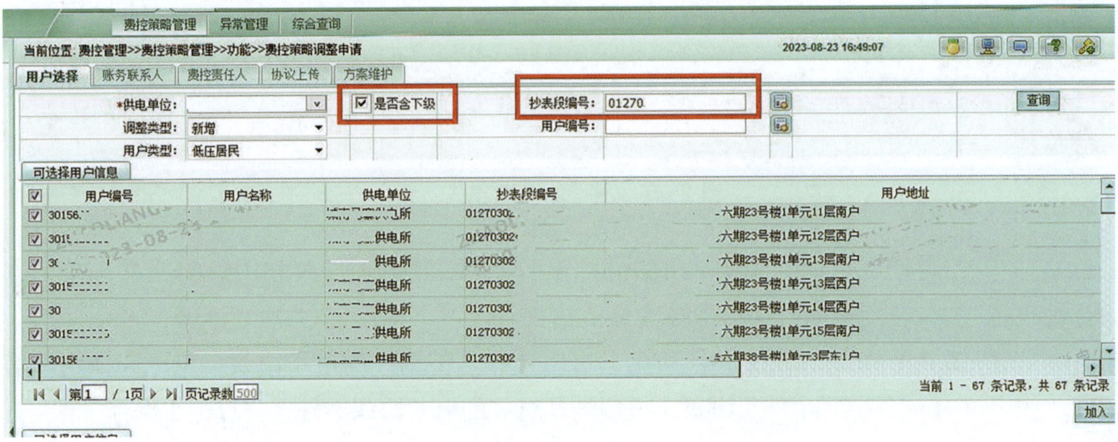

图 2-43　费控策略调整申请—用户选择页面

如果确定用户无误，则点击【保存】，生成工作单，如图 2–44 所示。

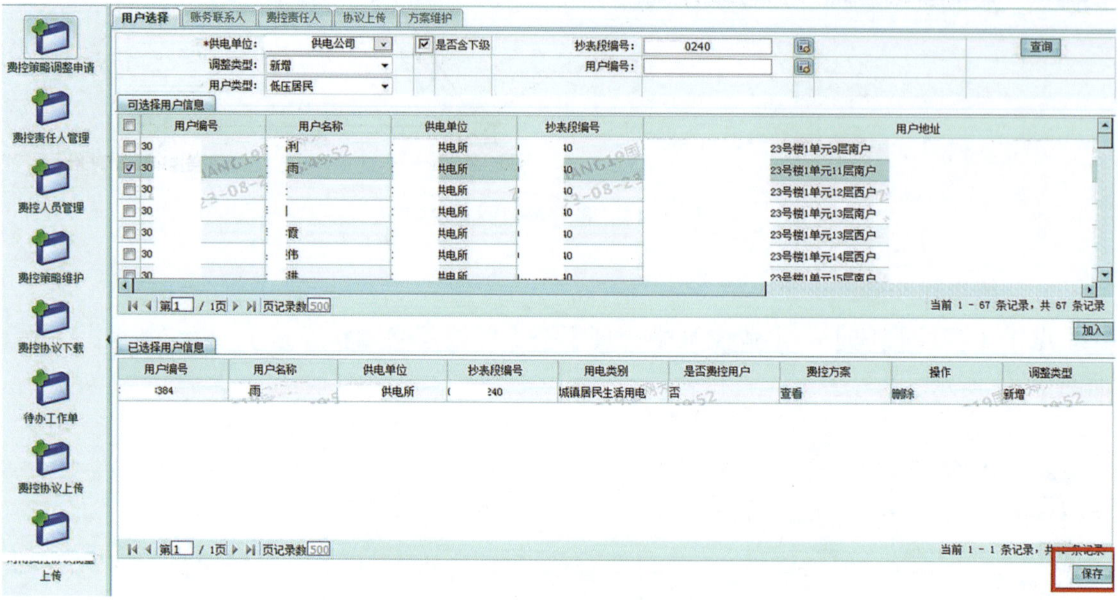

图 2–44　费控策略调整申请—已选择用户

（2）账务联系人页面。如图 2–45 所示，费控用户必须拥有优先级为 1 的账务联系人手机号码，该页面确认用户的账务联系人手机号码是否正确；如果需要，可以使用【电费收缴及营销账务管理】→【客户缴费管理】→【功能】→【账单订阅】功能进行修改。

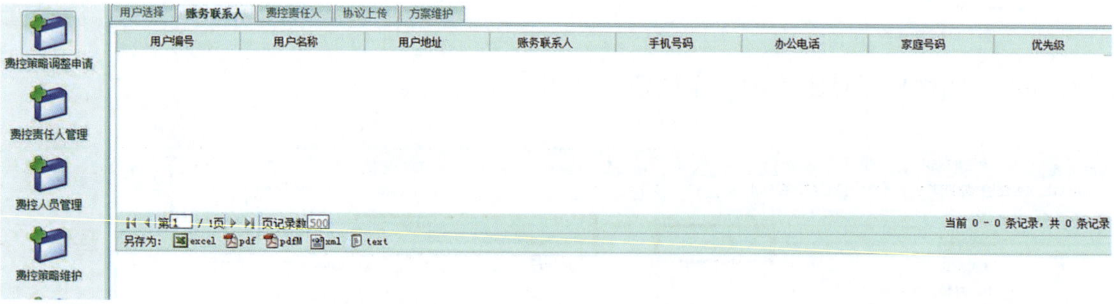

图 2–45　费控账务联系人页面

（3）费控责任人页面。如图 2–46 所示，可以关联费控责任人和用户的关系，在下方的费控联系人中进行查询，选择费控责任人后保存。

（4）协议上传页面。如图 2–47 所示，可以选择上传用户的电子协议信息。选择用户信息，使用下方【文件路径】的【浏览】按钮选择对应的电子协议文件，再点击【保存】即可。

（5）方案维护页面。如图 2–48 所示，点击【费控策略调整申请】→【方案维护】，进行对应的策略维护即可。

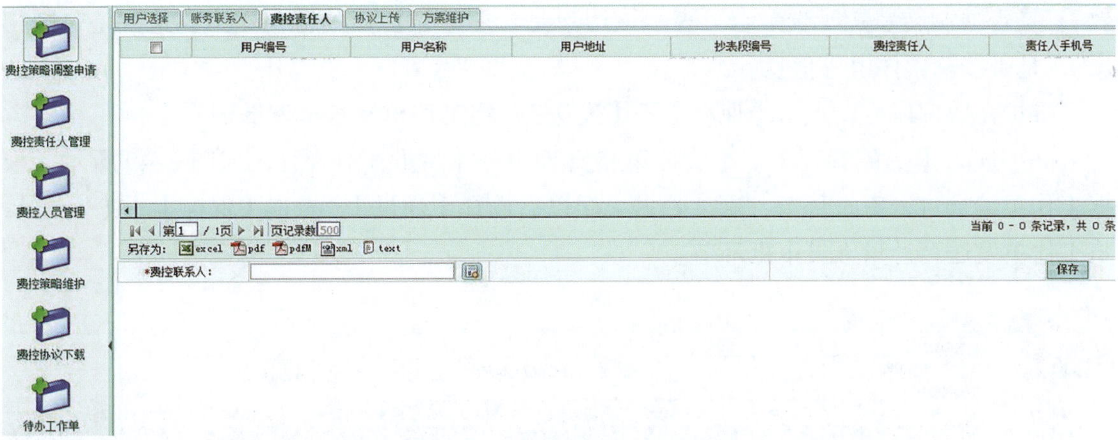

图 2-46　费控责任人页面

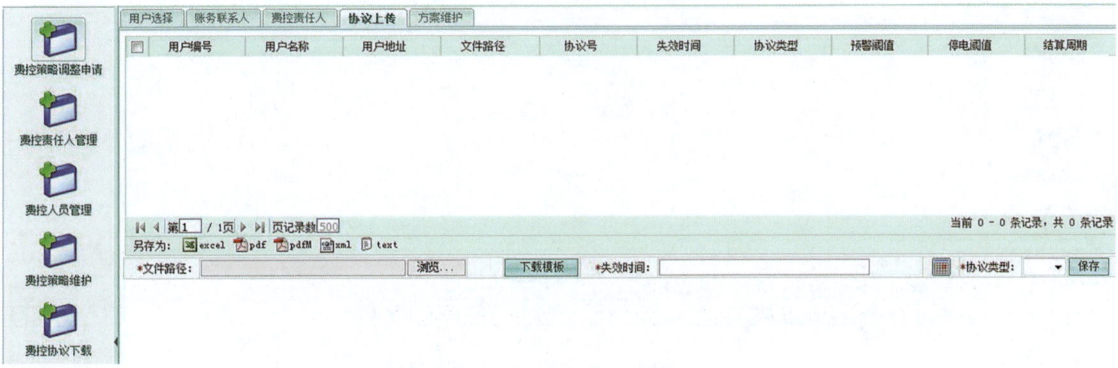

图 2-47　协议上传页面

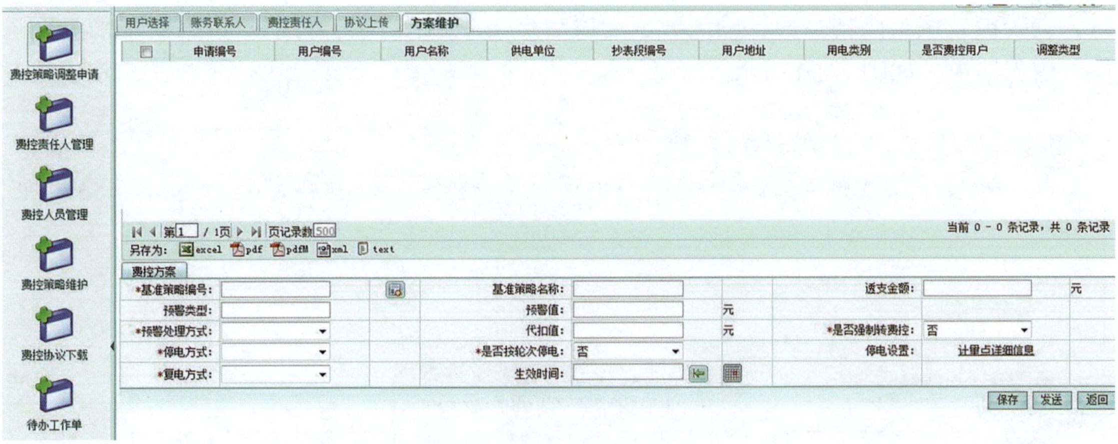

图 2-48　方案维护页面

根据实际情况，依次选择基准策略编号、预警处理方式、停电方式、复电方式、生效时间（生效时间为费控用户的正式使用时间，在此时间之后的预警、停电工作单才会生效）、是否强制转费控（选“否”表示该用户是自愿签订协议的费控用户，选“是”则相反）、是否按轮次停电等信息。

维护完数据以后，点击【保存】→【发送】，将工作单发送至审批环节。

（6）进入【费控管理】→【费控策略管理】→【待办工作单】，如图 2-49 所示。根据工作单编号进入审批环节，确认数据无误以后选择【通过】，点击【保存】→【发送】，将工作单发送至计量人员审批环节。

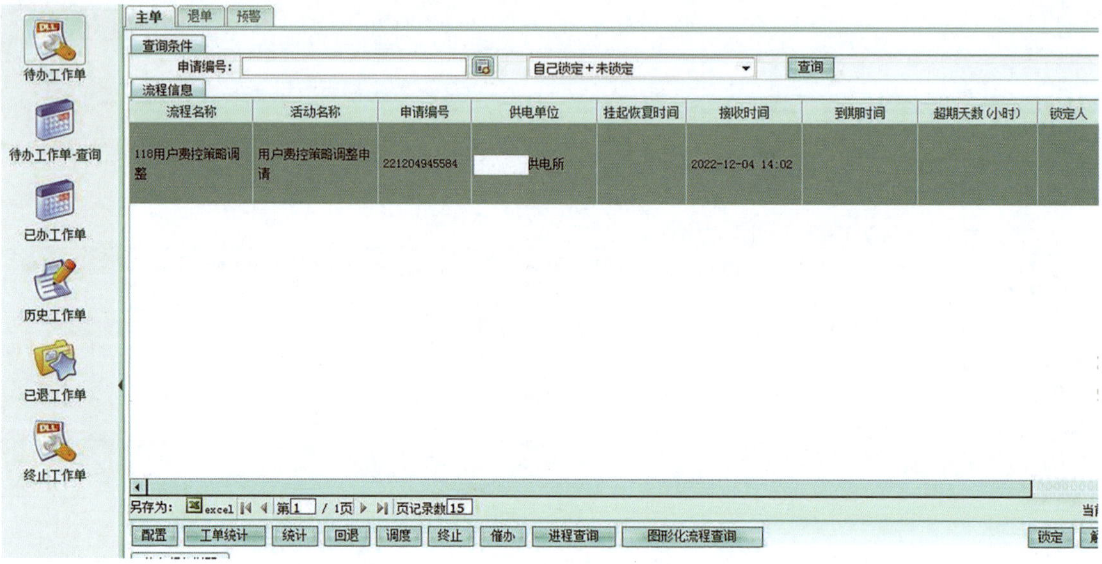

图 2-49　待办工作单—审批页面

（7）审批完成后，点击【发送】，将工作单发送至下一环节，计量人员确认通过后会进入费控模式调整归档页面，确认数据无误后点击【归档】，会将用户数据同步采集至主站，流程结束，如图 2-50 所示。

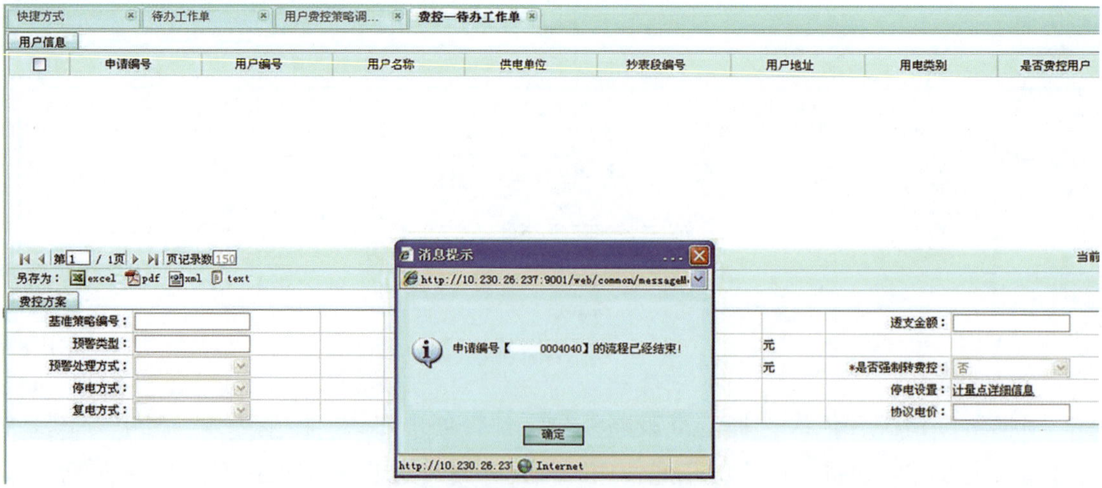

图 2-50　费控模式调整流程结束页面

与“新增”流程类似，调整类型选择“删除”，则是删除用户的费控档案信息，将费控用户改为非费控用户；调整类型选择“修改”，则是修改费控用户的费控方案，如预警、停复电方式等。用户可用余额小于 0 时，不允许删除费控。

（二）费控协议下载

点击【费控管理】→【费控策略管理】→【费控协议下载】，如图 2-51 所示，输入用户编号或抄表段编号，可下载查看已经上传的协议信息。

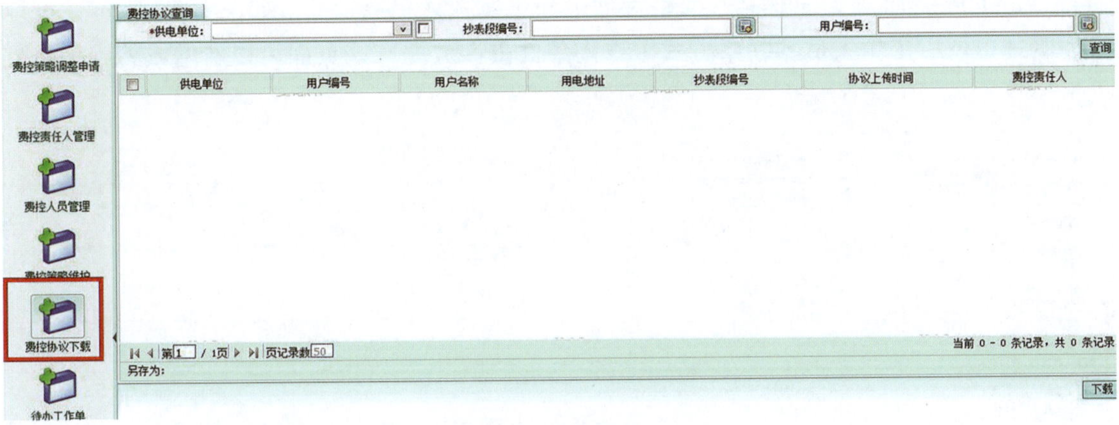

图 2-51　费控协议下载

（三）费控协议上传

点击【费控管理】→【费控策略管理】→【费控协议上传】，如图 2-52 所示。

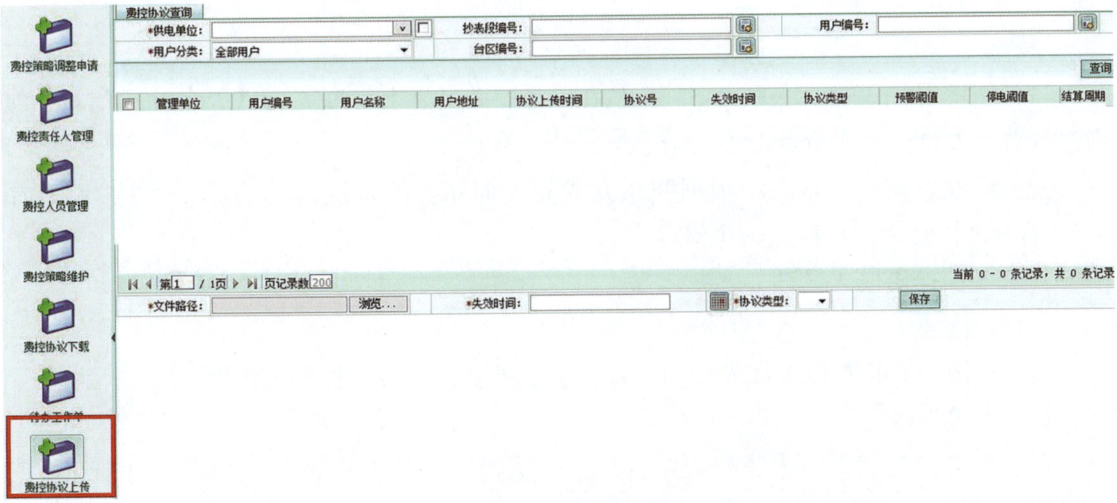

图 2-52　费控协议上传

根据供电单位、抄表段编号、用户编号等检索条件，选中相应的用户，点击下方【浏览】，选择用户对应的电子协议，点击【保存】，可完成费控协议上传。

二、费控人员及费控责任人管理

（一）费控人员管理

1. 功能描述

在系统中增加或者维护费控人员信息，以供在费控人员管理功能中进行用户关联选择。

2. 功能操作步骤

点击【费控管理】→【费控策略管理】→【费控人员管理】，如图 2-53 所示，可以根据管理单位、工作人员、联系方式等查询条件查询数据，该页面可以新增或者维护费控人员信息。

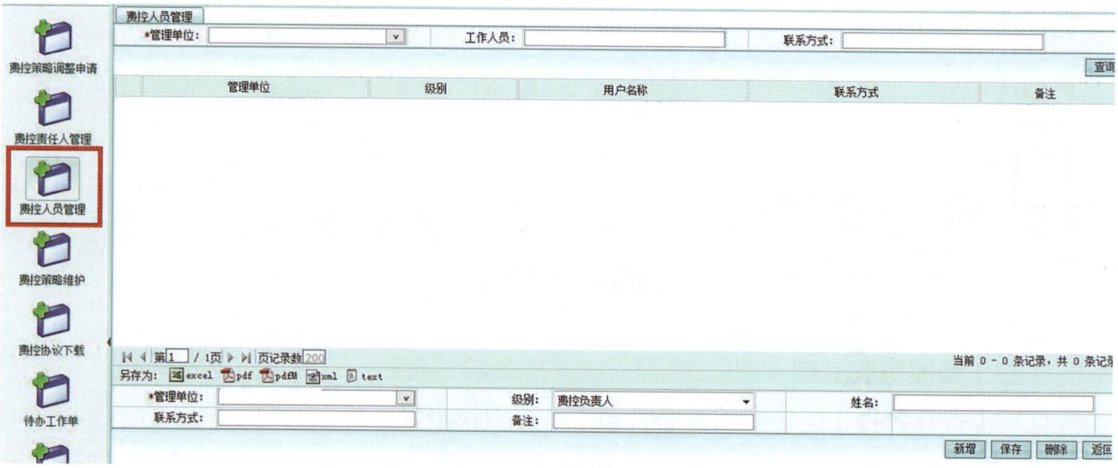

图 2-53　费控人员管理

（1）新增费控人员：在图 2-53 下方填写费控人员姓名、联系方式、备注等信息，级别选择费控人员，完成后点击【新增】。

（2）修改费控人员信息：根据联系方式先查询原有的费控人员信息，选中之后在图 2-53 下方进行修改，然后点击【保存】。

（二）费控责任人管理

1. 功能描述

为费控用户关联费控责任人，用于接收费控停复电失败的提醒短信。

2. 功能操作步骤

点击【费控管理】→【费控策略管理】→【费控责任人管理】，如图 2-54 所示，可以根据管理单位、费控责任人、用户编号等查询条件查询数据。

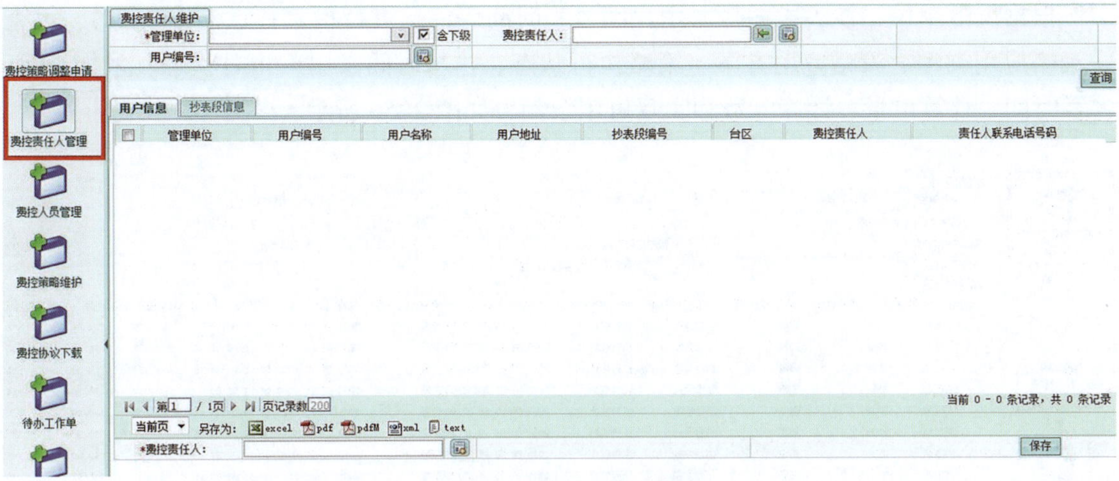

图 2-54 费控责任人管理

点击用户信息，输入用户编号，或者点击抄表段信息，输入抄表段编号，获得用户信息后，在图 2-54 下方的【费控责任人】选择框中选择对应的费控负责人员，点击【保存】，完成用户与费控责任人的关联。

三、费控综合查询与分析

（一）费控策略执行信息查询

1. 功能描述

查询停电、复电等费控策略执行的状态、时间等信息。

2. 功能操作步骤

点击【费控管理】→【综合查询】→【费控策略执行信息查询】，如图 2-55 所示。

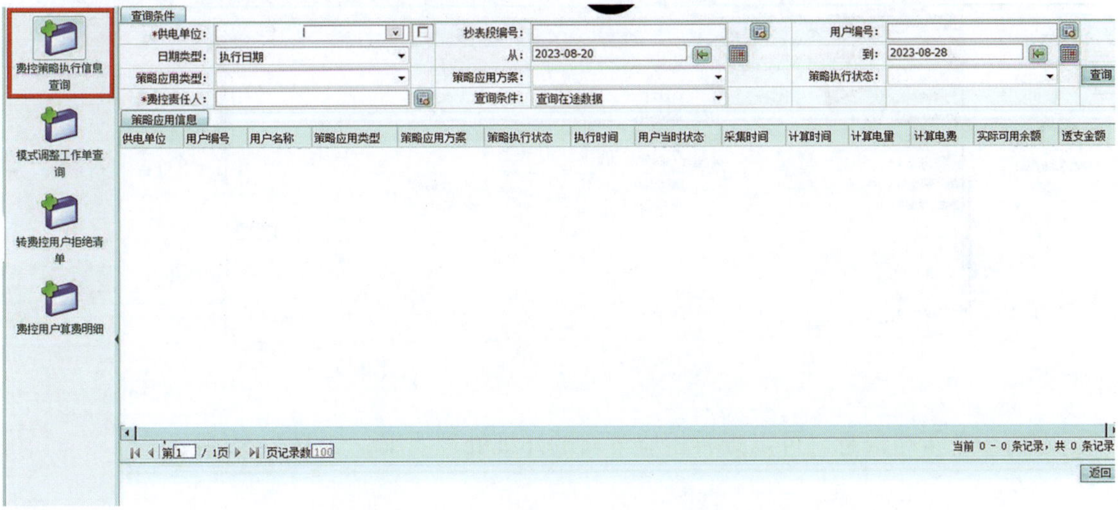

图 2-55 费控策略执行信息查询页面

根据供电单位、抄表段编号、用户编号、时间等信息进行检索，点击【查询】，可查看策略应用类型、策略应用方案、策略执行状态、执行时间、用户当时状态、采集时间、计算时间、计算电量、计算电费和实际可用余额，如图 2-56 所示。

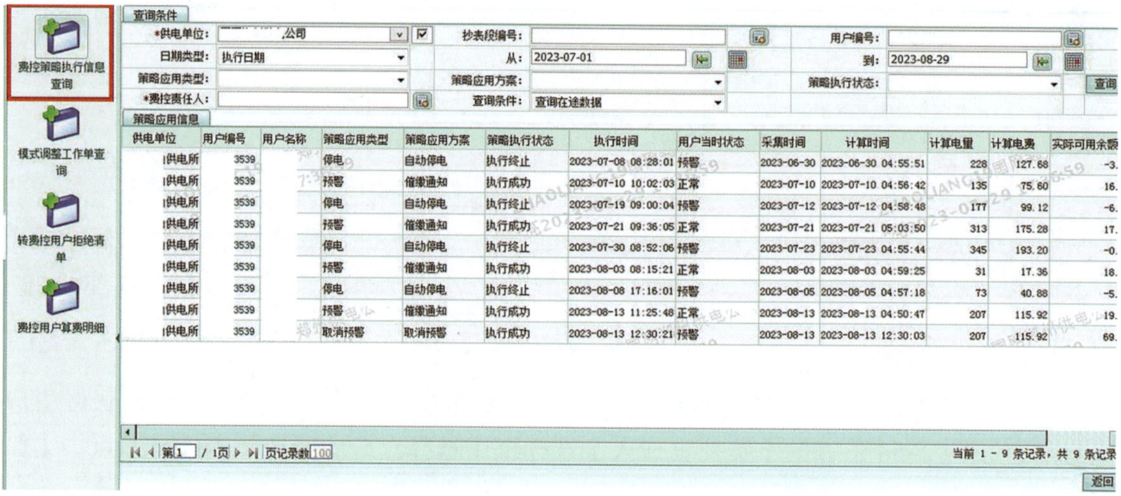

图 2-56　费控策略执行信息查询—策略应用信息

点击蓝色的用户编号数字，链接至用户基本信息页面，可以查看用户基本信息，如图 2-57 所示。

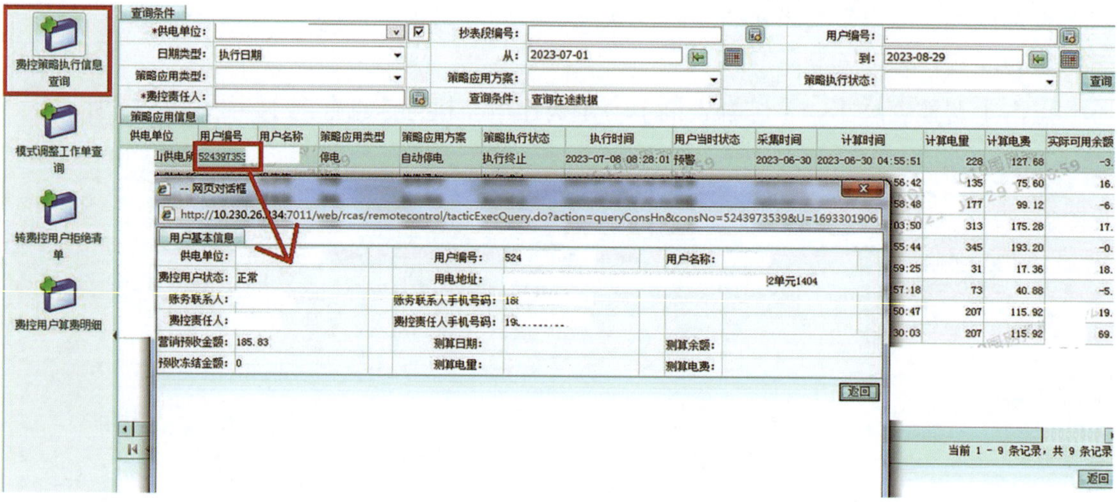

图 2-57　费控策略执行信息查询—用户基本信息

双击一条策略信息，可以查看相应策略的详细处理明细，如图 2-58 所示。

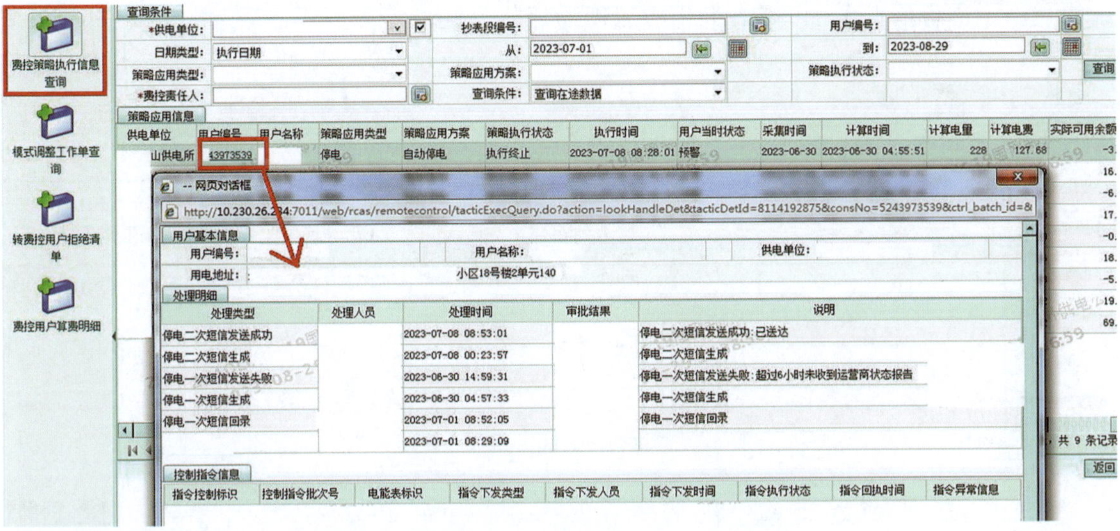

图 2-58　费控策略执行信息查询—处理明细

（二）模式调整工作单查询

1. 功能描述

根据用户编号查询用户对应的费控模式调整记录。

2. 功能操作步骤

点击【费控管理】→【综合查询】→【模式调整工作单查询】，如图 2-59 所示。

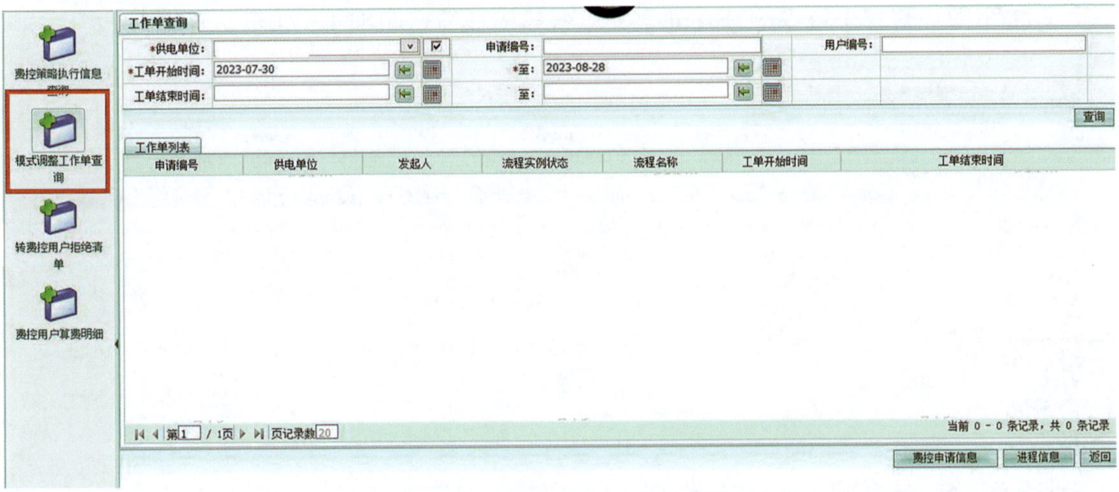

图 2-59　模式调整工作单查询页面

选择供电单位，输入申请编号、用户编号、时间等检索信息，点击【查询】，如图 2-60 所示。

点击【费控申请信息】，可以查询该用户对应工作单的记录，包括申请时设置的费控策略和停复电方式。

点击【进程信息】，可以查询相应流程的环节信息。

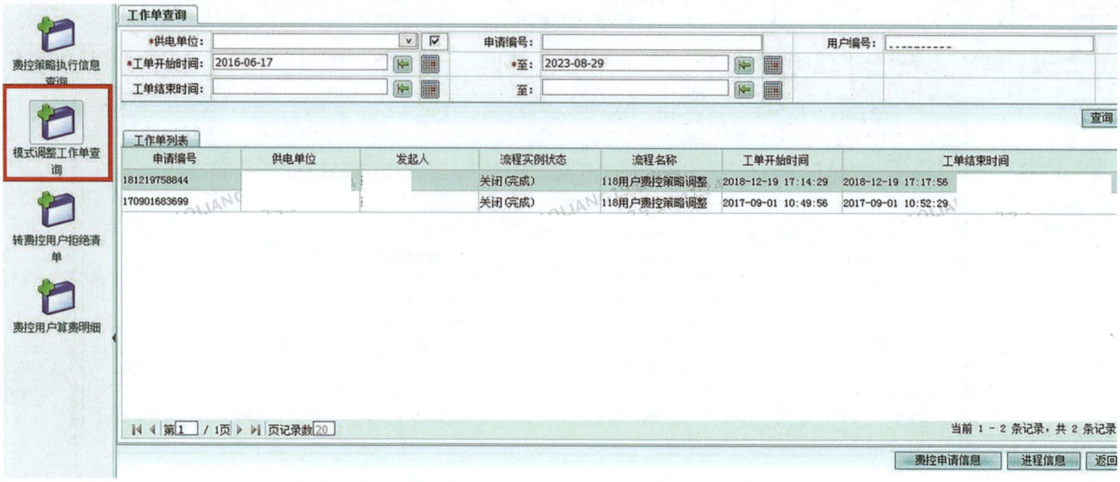

图 2-60　模式调整工作单查询页面—工作单列表

（三）费控用户算费明细

1. 功能描述

根据用户编号查询用户对应的测算电费具体信息，包括用户表底示数、电量、电费和测算余额等信息。

2. 功能操作步骤

点击【费控管理】→【综合查询】→【费控用户算费明细】，如图 2-61 所示。

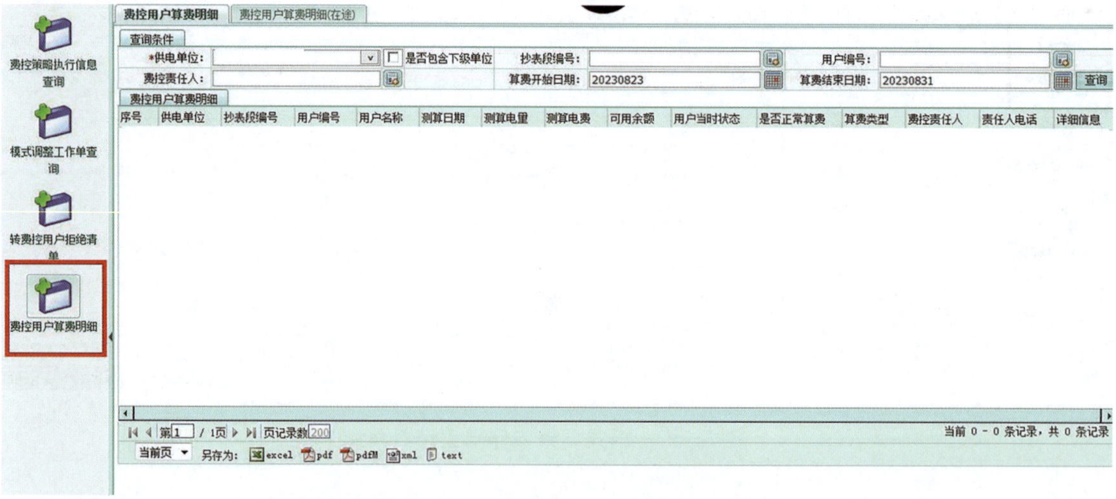

图 2-61　费控用户算费明细页面

选择供电单位（勾选包含下级单位）、抄表段编号、用户编号、费控责任人等检索条件，点击【查询】，如图 2-62 所示。

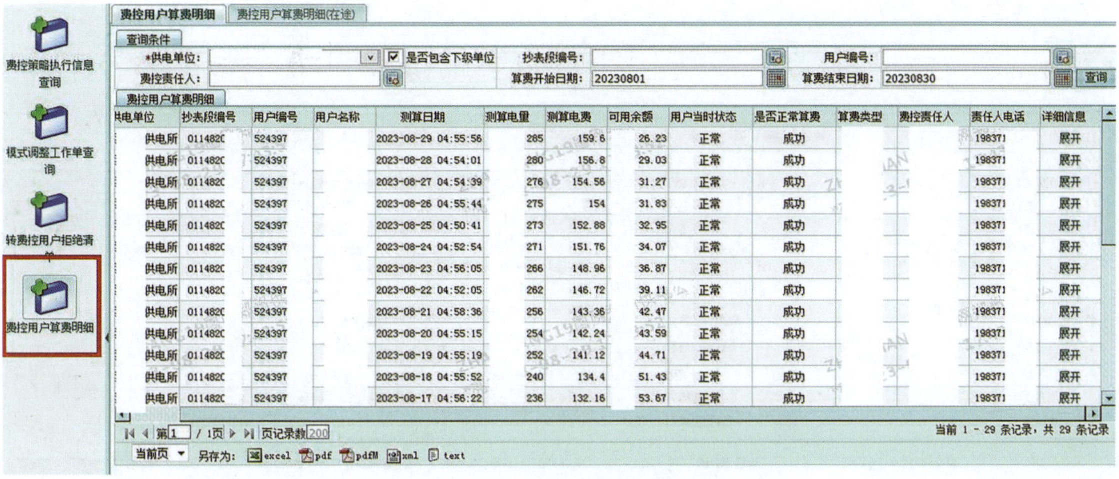

图 2-62　费控用户算费明细查询

选中其中一条点击【展开】，可以看到用户的算费明细，包括用户编号、用户名称、用电地址、供电单位、抄表段编号、用户类型、是否正常算费、测算时间、合计电量、合计电费和测算余额信息。

模块五　计量点管理

模块说明　本模块主要用于计量点台账查询、设计方案审查通知登记等。

一、计量点台账查询

（一）功能描述

查询计量点名称、容量、电压等级等台账信息。

（二）功能操作步骤

（1）点击【计量点管理】→【台账管理】→【功能】→【计量点台账查询】，如图 2–63 所示。

（2）输入要查询的用户编号或用户名称、计量点编号、计量点分类、电压等级、计量方式、计量装置分类等查询条件，点击【查询】，如图 2–64 所示。

（3）选择要查询的计量点信息记录，点击【确定】，如图 2–65 所示。在计量点页面，可以查询计量点的申请日期、投运日期、接线方式、计量方式、供电单位、抄表段名称、台区名称、线路名称、用户编号、用电地址、计量点状态、电能计量装置分类等详细信息。

图 2-63　计量点台账查询页面

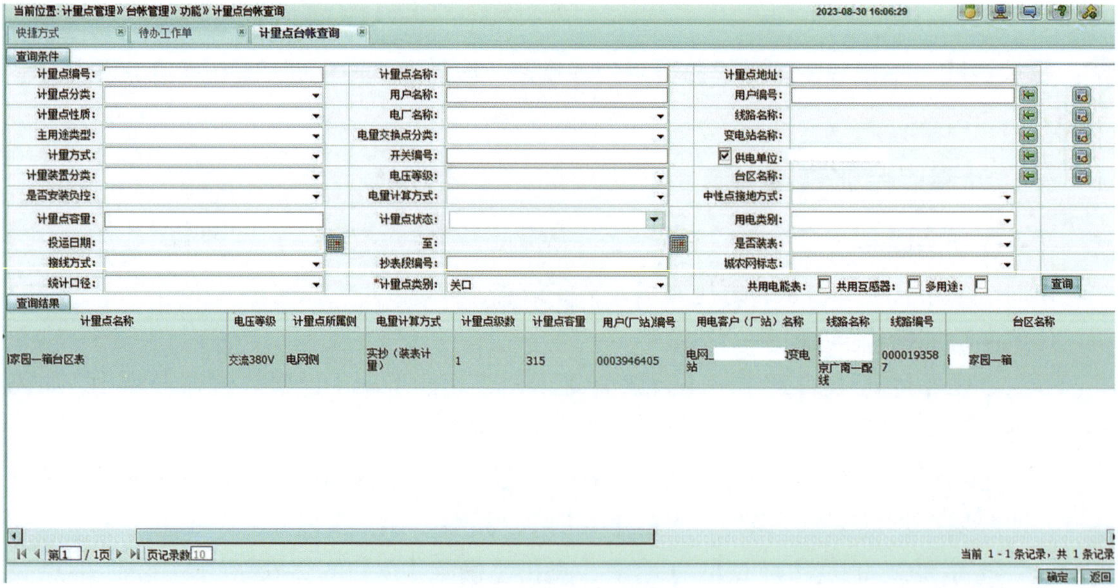

图 2-64　计量点台账查询结果

图 2-65　计量点台账查询—计量点页面

（4）在运行电能表页面，可以查询资产编号、出厂编号、安装日期、安装位置、综合倍率、供电单位、抄表日期、上次校验日期等运行电能表的详细信息，如图 2-66 所示。

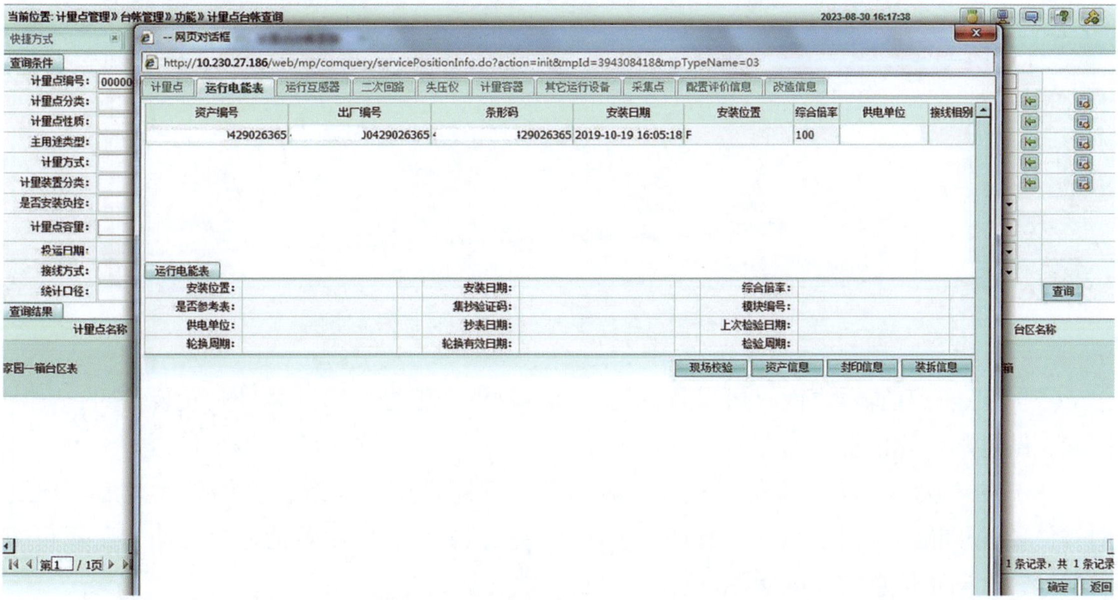

图 2-66　计量点台账查询—运行电能表页面

（5）点击【封印信息】，可以查询封印编号、封印类别、处理标志、处理时间、处理部门、处理人、施封位置、有效标识、完好标志、更换原因等电能表封印信息，如图2–67所示。

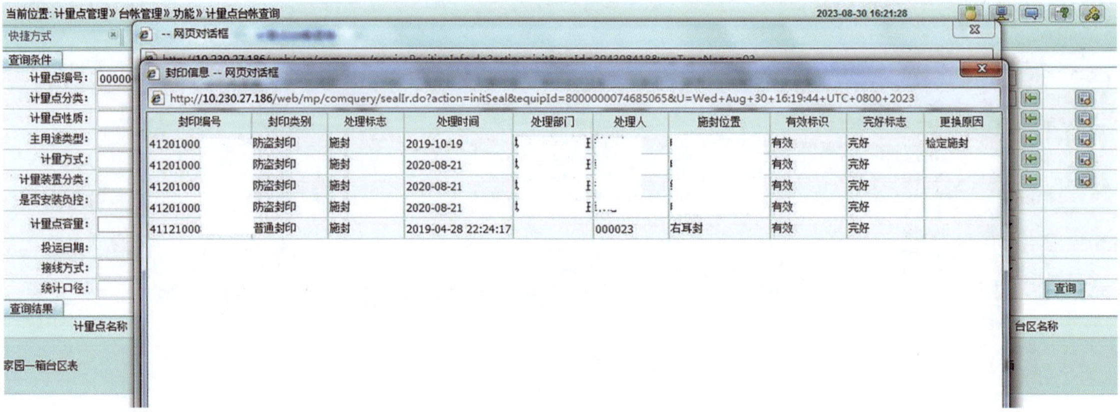

图2–67 计量点台账查询—电能表封印信息页面

（6）点击【装拆信息】，可以查询装拆类别、装拆日期、装拆人员、装拆部门、装拆单位、装拆原因、容器类别等电能表装拆信息，如图2–68所示。

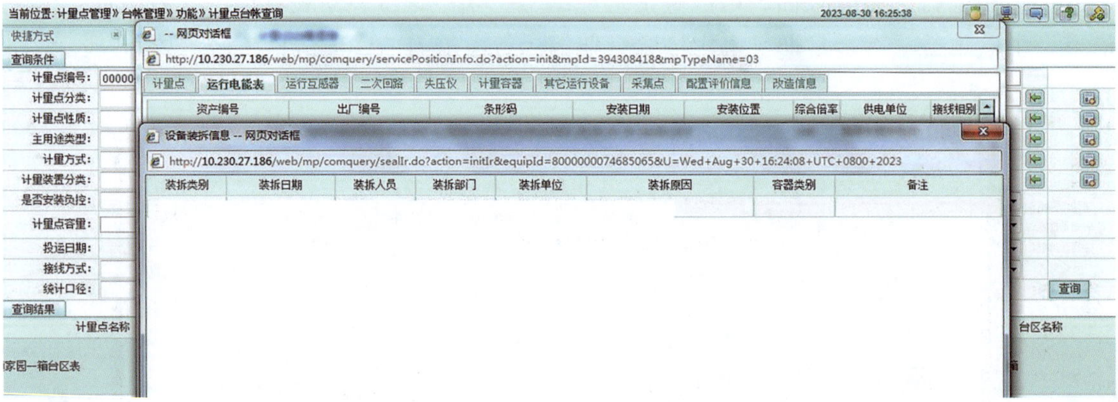

图2–68 计量点台账查询—电能表装拆信息页面

（7）在运行互感器页面，可以查询运行互感器资产编号、出厂编号、安装日期、安装位置、供电单位等信息，如图2–69所示。

（8）在二次回路页面，可以查询回路名称、回路类别、导线长度、导线截面、导线型号、导线规格、上次负荷测试日期、上次压降测试日期、二次负荷检验周期、压降测试周期等二次回路信息，如图2–70所示。

（9）在采集点页面，可以查询采集点名称、采集点类型、采集点状态、采集点地址、GPS经度、GPS纬度等采集点信息，如图2–71所示。

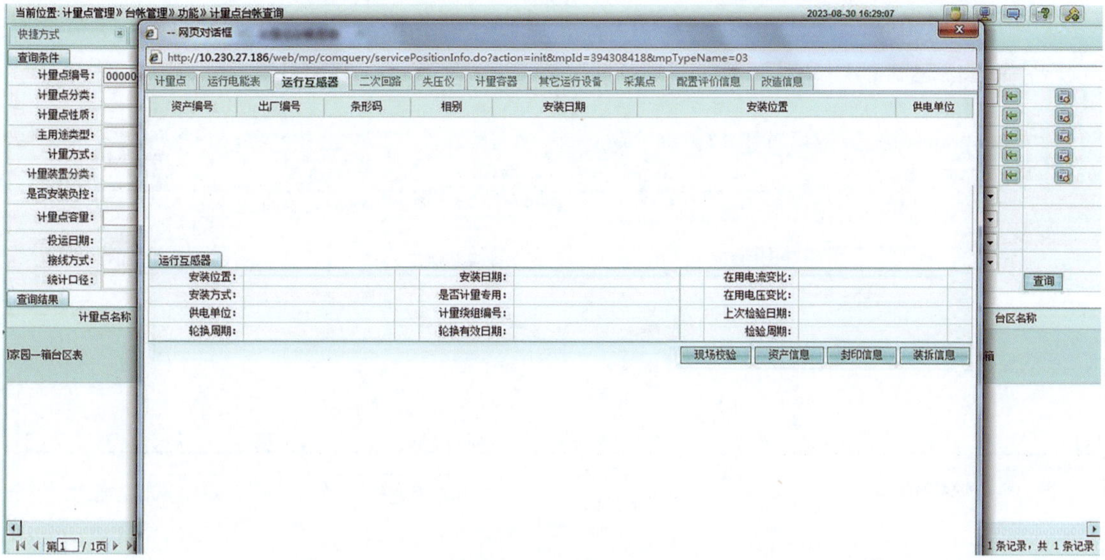

图 2-69　计量点台账查询—运行互感器页面

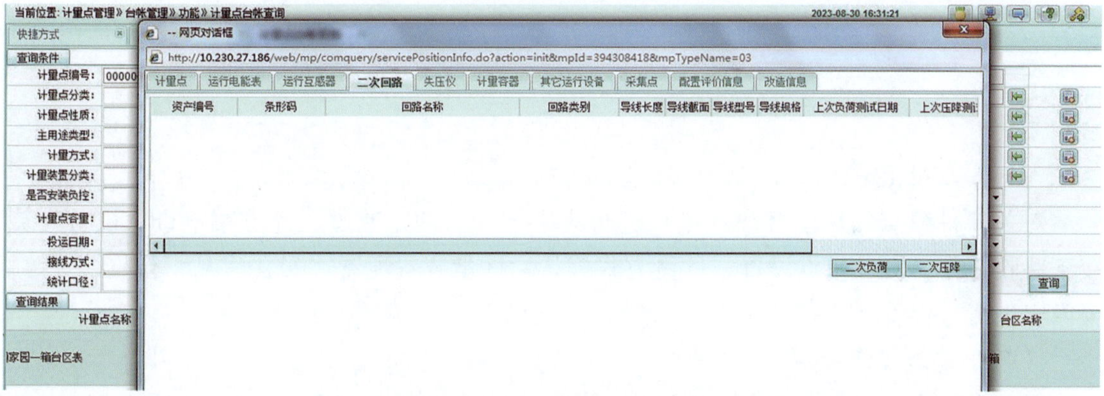

图 2-70　计量点台账查询—二次回路页面

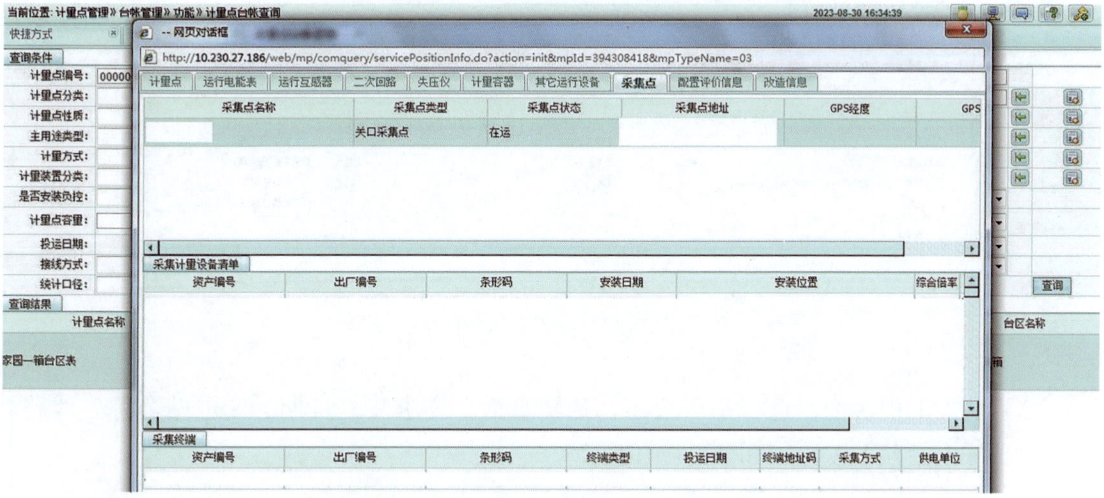

图 2-71　计量点台账查询—采集点页面

（10）在改造信息页面，可以查询改造项目、计划改造日期、需改造原因、计划来源、备注等改造信息，如图 2–72 所示。

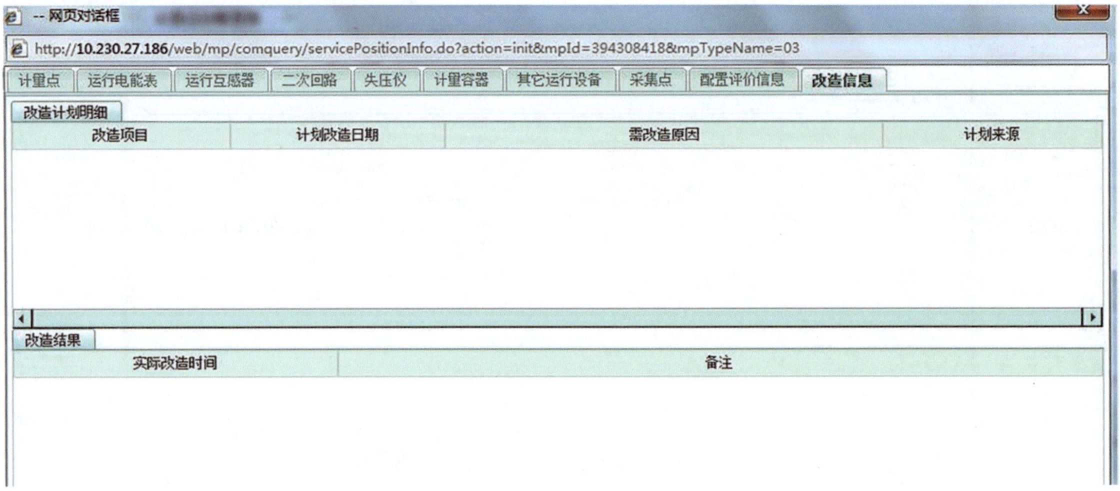

图 2–72　计量点台账查询—改造信息页面

二、设计方案审查通知登记

（一）功能描述

对关口计量点和用电客户计量点进行集中统一管理，通过设计方案审查、设备安装、竣工验收工作，对计量点设置、计量方式确认、计量装置配置、安装情况、验收结果等相关内容进行过程管理。

（二）功能操作步骤

（1）点击【计量点管理】→【投运前管理】→【设计方案审查通知登记】，如图 2–73 所示。

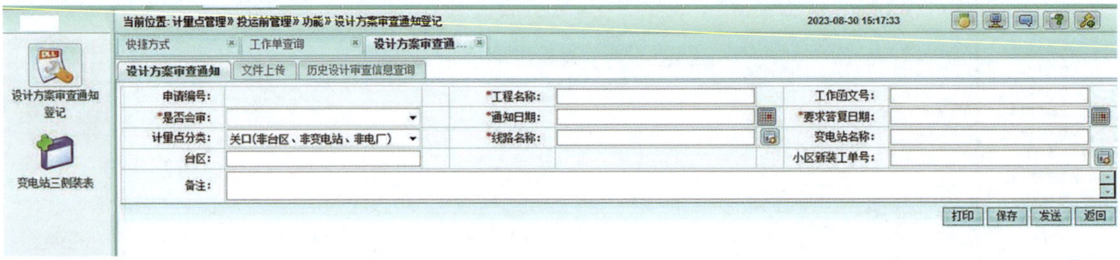

图 2–73　设计方案审查登记

（2）输入工程名称，选择是否会审、通知日期、要求答复日期、变电站名称、线路名称等，点击【保存】按钮，如图 2–74 所示。

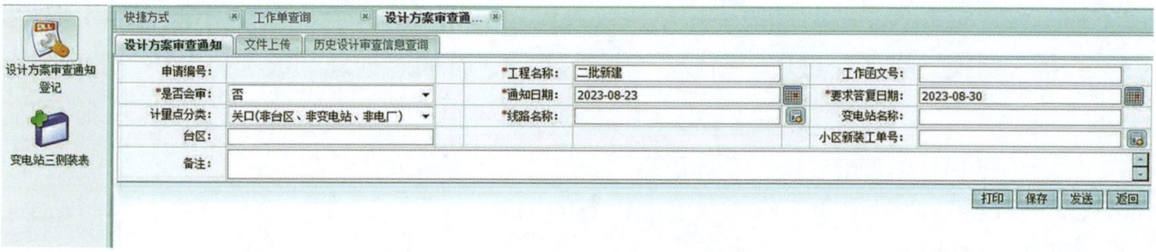

图 2-74　设计方案审查通知

（3）确认无误后，点击【发送】按钮，系统提示发送到下一环节，如图 2-75 所示。

图 2-75　发送成功

模块六　业扩相关

模块说明　本模块主要介绍业扩相关的理论知识，重点介绍过户流程的相关操作。

一、业扩相关知识

新装增容与变更用电合称业务扩充，也称“业扩报装”，简称“业扩”，指从受理客户用电申请到向客户正式供电的全过程。

（1）新装用电是指客户因用电需要初次向供电企业申请报装的用电业务。

（2）增容用电是指客户因增加用电设备向供电企业申请增加用电容量的用电业务。

（3）变更用电是指改变供用双方事先约定的用电事宜的行为。变更用电须由用户提出申请，按规定办理手续，修改供用电协议或供用电合同的约定。变更用电包括减容、暂停、暂拆、暂换、更名、过户、销户、分户、并户、移表、迁址、改类、改压、改变供电方式等内容。

1）减容指减少合同约定的用电容量。

2）暂停指暂时停止全部或部分受电设备的用电。

3）暂拆指暂时停止用电并拆表。

4）暂换指临时更换大容量变压器。

5）更名或过户指改变用户名称。

6）销户指合同到期终止用电。

7）分户指一户划分为两户及以上的用户。

8）并户指两户及以上用户合并为一户。

9）移表指移动用电计量装置安装位置。

10）迁址指迁移受电装置用电地址。

11）改类指改变用电类别。

12）改压指改变供电电压等级。

二、过户流程

（一）功能描述

供电部门依据《供电营业规则》有关过户的条款规定，和国家电网有限公司统一发布的服务承诺要求，在一定的时限内，由于客户产权关系的变更，为客户办理过户申请，现场勘查核实客户的用电地址、用电容量、用电类别未发生变更后，依法与新客户签订供用电合同，注销原客户供用电合同，同时完成新客户档案的建立及原客户档案的注销。过户包含业务受理、现场勘查、业务审批、合同审批、合同签订、合同归档、信息归档、资料归档等工作内容。

过户业务流程如图 2–76 所示。

（二）功能操作步骤

（1）业务受理。登录豫电助手，在待办任务页面确认受理，如图 2–77 所示。申请信息收资完善如图 2–78 所示。

（2）勘查派工。勘查派工人员根据实际情况对工作单安排勘查人员，如图 2–79 所示。

（3）现场勘查。按照现场任务分配情况进行现场勘查，根据客户的用电申请信息到现场核实客户的客户名称、用电地址、用电容量、用电类别等客户信息，形成勘查意见。

（4）安装信息录入。过户现场安装工作结束后，将现场安装信息录入系统并保存，登录电力营销业务应用系统，点击【工作任务 / 待办工作单】，选择处理该工作单。

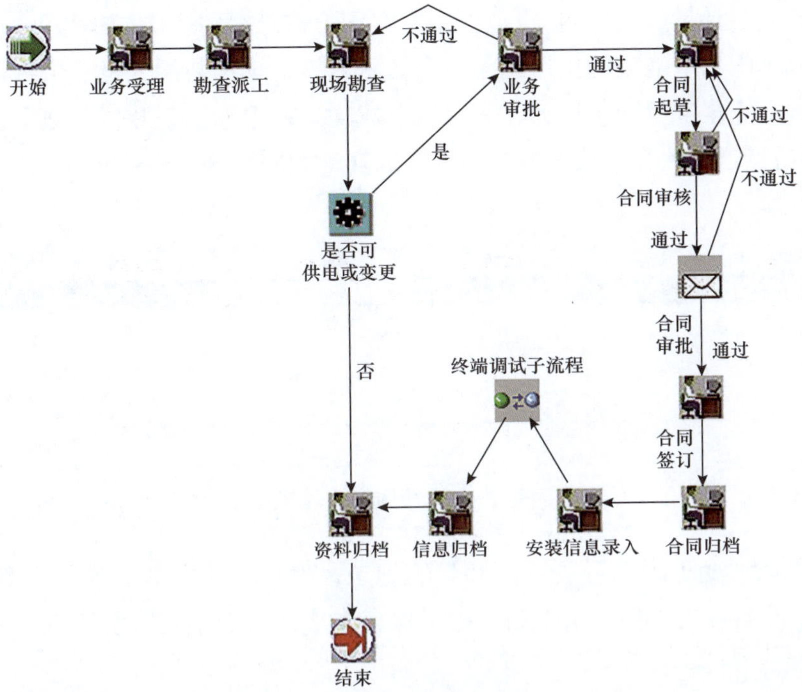

图 2-76　过户业务流程

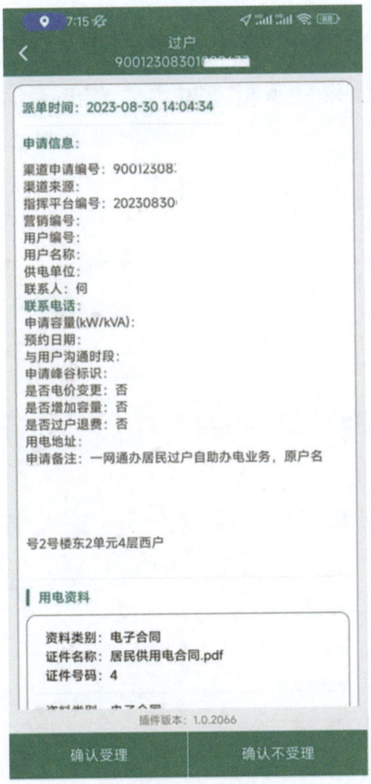

图 2-77　确认受理

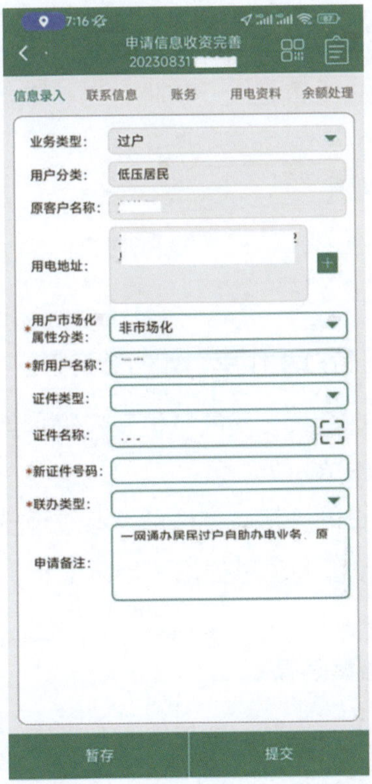

图 2-78　申请信息收资完善

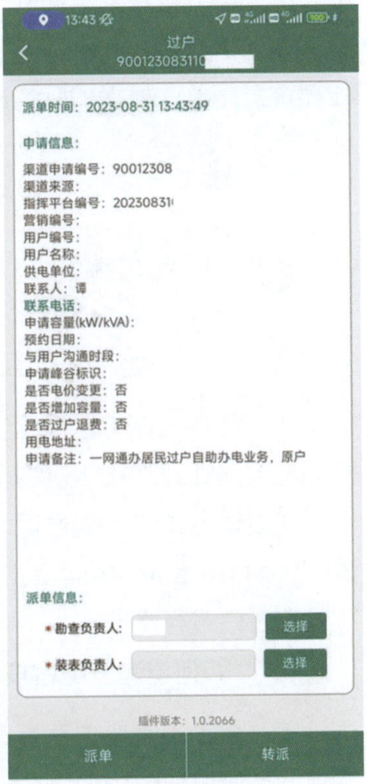

图 2-79　勘查派工

选中一条安装计量点的资料，【电能表方案】下信息栏的“出厂编号”“资产编号”文本框中自动显示配出电能表的出厂编号、资产编号等，选择装拆人员、装拆日期、安装位置等，然后点击【全部保存】按钮，提示保存成功。在【电能表装拆示数】处，输入“装出示数”，然后点击【保存】按钮，提示保存成功，如图 2–80 所示。

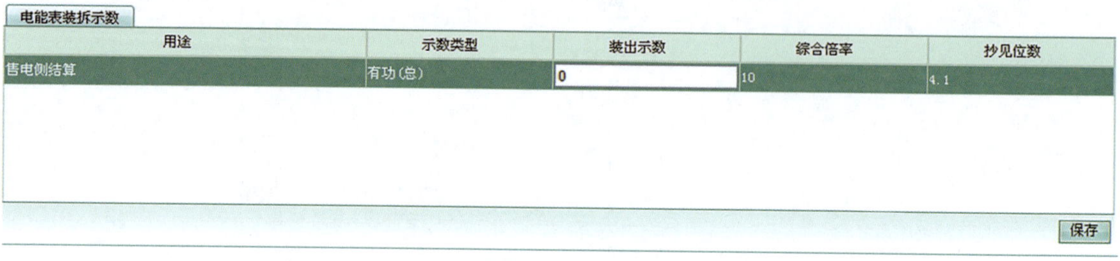
电能表装拆示数

用途	示数类型	装出示数	综合倍率	抄见位数
售电侧结算	有功(总)	0	10	4.1

保存

图 2–80　安装信息录入

选中第二条“变更说明”为“新装”的记录，然后在【电能表装拆示数】处，输入“装出示数”，然后点击【保存】按钮，提示保存成功；点击【发送】按钮，提示工作单发送成功。

（5）终端调试。登录电力用户用电信息采集系统，在【待办工作单】中找到该工作单，进行用电信息采集调试。

（6）信息归档。登录电力营销业务应用系统，点击【工作任务 / 待办工作单】，选择处理该工作单，根据实际情况输入审批人、审批日期、审批结果、审批意见等，点击【信息归档】。

思考与练习

1　工作任务中，什么是待办工作单，如何查询？

答：待办工作单是根据当前登录人员的单位及权限、组织机构及流程模板，列出的需要当前人员处理及被回退的工作单。

通过输入工作单编号可以查询到相应工作单，系统也支持申请编号模糊查询，输入申请编号后 4、5 位即可。工作单查询也可根据“自己锁定”“别人锁定”“自己发起”等不同的条件进行筛选。

2　如何查询发电客户档案信息？

答：点击【客户档案管理】→【客户信息统一视图】→【查询发电客户】，通过对应的查询条件可获得用户信息列表，点击列表中的用户编号，可对用户信息进行查看。

3 抄表段维护申请包括哪些内容?

答：抄表段维护申请包括抄表段新建、调整和注销。

4 如何新增费控人员?

答：点击【费控管理】→【费控策略管理】→【费控人员管理】，如图 2-53 所示，可以根据管理单位、工作人员、联系方式等查询条件查询数据，该页面可以新增或者维护费控人员姓名、联系方式、备注等信息，级别可选择费控人员。

5 在计量点台账查询的计量点页面，可以查看哪些信息?

答：在计量点页面，可以查询计量点的申请日期、投运日期、接线方式、计量方式、供电单位、抄表段名称、台区名称、线路名称、用户编号、用电地址、计量点状态、电能计量装置分类等详细信息。

6 什么是变更用电?

答：变更用电是指改变供用双方事先约定的用电事宜的行为。变更用电须由用户提出申请，按规定办理手续，修改供用电协议或供用电合同的约定。变更用电包括减容、暂停、暂拆、暂换、更名、过户、销户、分户、并户、移表、迁址、改类、改压、改变供电方式等内容。

第三章
电力用户用电信息采集系统

模块一　系统概述

模块说明　本模块主要介绍电力用户用电信息采集系统及其登录方式、页面布局和基本操作，包括系统访问、系统登录与注销、页面布局及常用功能。

一、系统总体介绍

电力用户用电信息采集系统是对电力用户的用电信息进行采集、处理和实时监控的系统，可实现在线监测、数据采集、信息交互、电能质量监测、负荷监控管理、线损分析和需求侧管理等功能。电力用户用电信息采集系统有力地促进了智能量测技术的发展，提升了电网智能化水平。通过该系统采集的各类数据已经在电费回收、用电检查、配网运行监测以及故障抢修等多个供电所业务应用中发挥了重要的数据支撑作用，也为供电所创新服务方式、实施客户多元化互动项目提供了基础数据保障。

二、系统登录与页面布局

（一）系统登录

电力用户用电信息采集系统是 B/S 结构的 Web 应用系统，以浏览器方式运行。电力用户用电信息采集系统网址：http://20.58.14.156/eas/。

在【用户名】中输入用户名称，在【密码】中输入用户密码，点击【登录】，如果显示系统主页面，则表明登录成功，如图 3-1 所示。

在主页面右上角点击【退出】，则退出当前操作员，显示系统登录页面，表明注销成功。

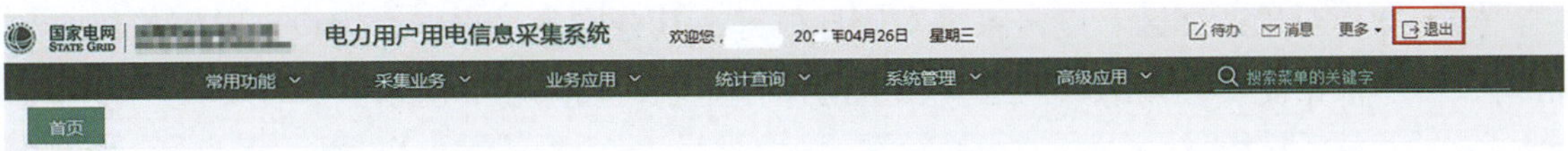

图 3-1　电力用户用电信息采集系统主页面

（二）页面布局

（1）菜单区。系统菜单区分为 6 个模块，分别为常用功能、采集业务、业务应用、统计查询、系统管理和高级应用。

一级菜单区结构如图 3–2 所示。

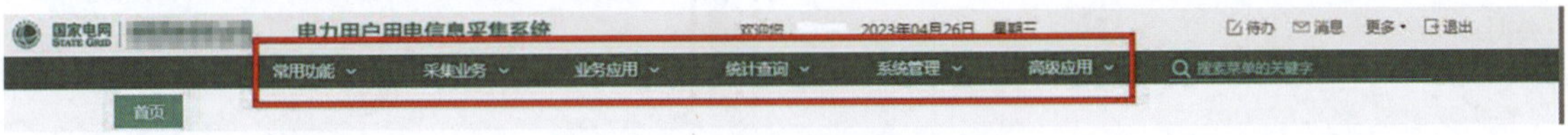

图 3–2　一级菜单区结构

二级菜单区结构如图 3–3 所示。

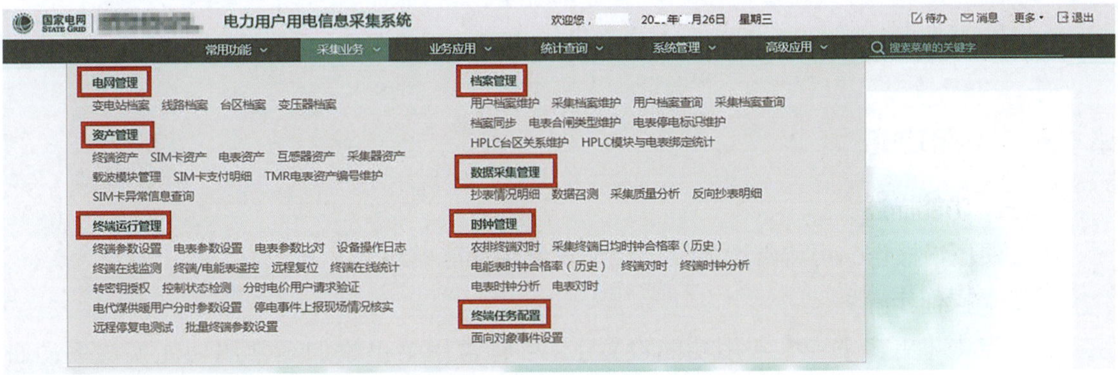

图 3–3　二级菜单区结构

三级菜单区结构如图 3–4 所示。

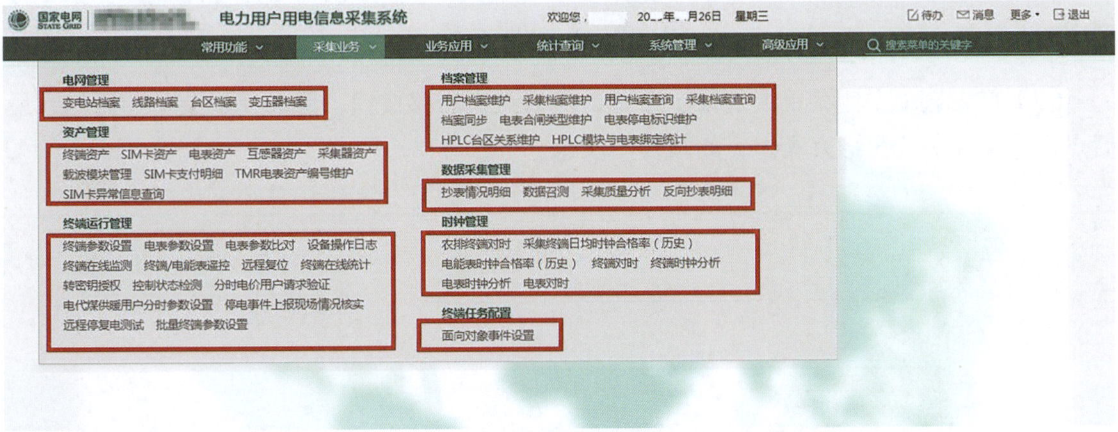

图 3–4　三级菜单区结构

（2）操作对象选择区。点击系统右侧导航键，其分别为采集点、用户、电网、行业和群组，可以根据需要查询的数据选择相应的操作对象，如图 3–5 所示。

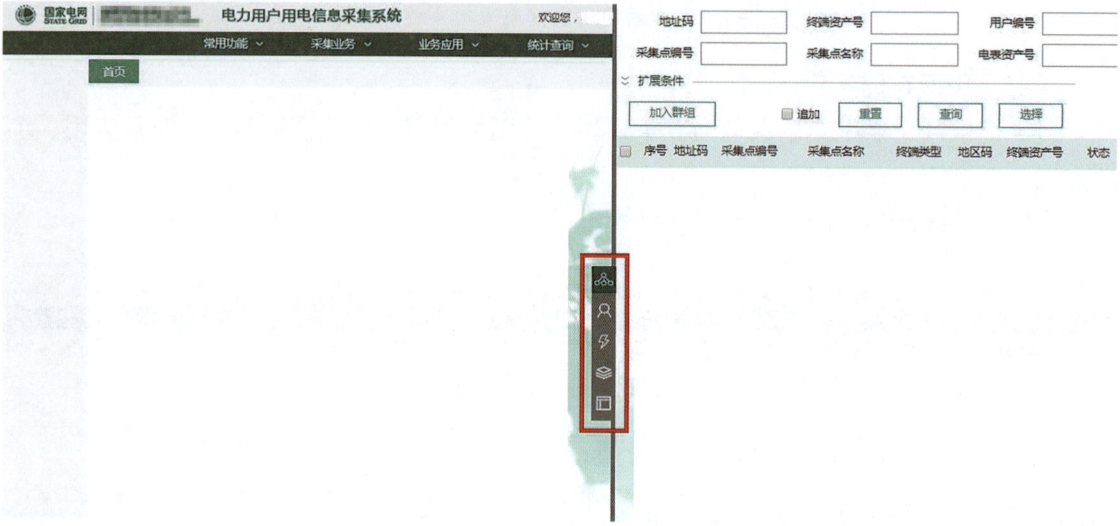

图 3–5　操作对象选择区

三、常用功能

（一）功能描述

为方便用户操作，可将常用的菜单添加至常用功能模块。

（二）操作步骤

（1）点击【更多】→【常用功能设置】，可将常用菜单添加至常用功能模块下，如图 3–6 所示。

图 3–6　常用功能设置

（2）首先选中左侧菜单区的某个菜单，然后点击右移按钮，即可完成菜单的添加，最后点击【保存】按钮结束操作，如图 3–7 所示。

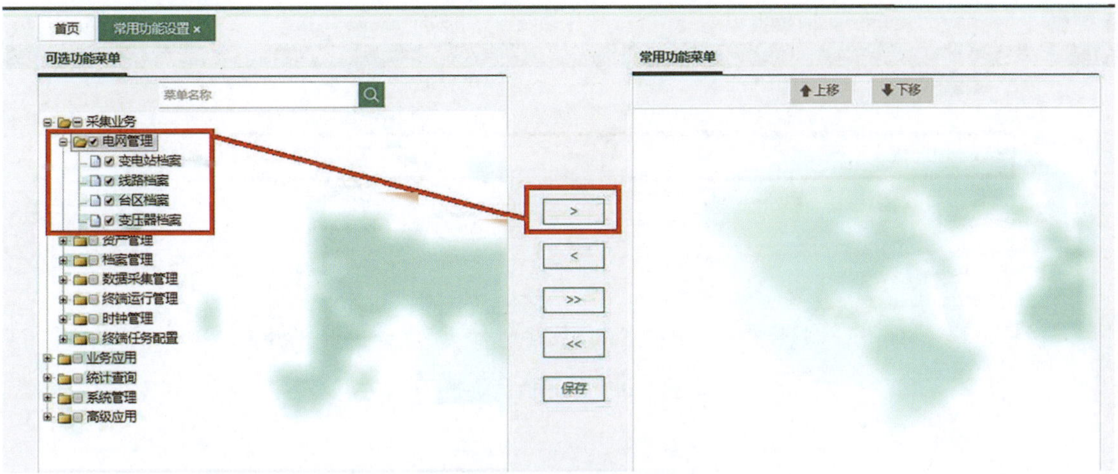

图 3-7　常用功能设置页面

模块二　采集业务

模块说明　本模块主要用于档案管理、终端运行管理、数据采集管理和时钟管理等。

一、档案管理

（一）用户档案维护

1. 功能描述

根据供电单位、用户编号、用户名称、用电地址、抄表段编号、电表资产号、台区名称等对用户信息进行查询、新增、修改、删除等操作。

2. 功能操作步骤

选择【采集业务】→【档案管理】→【用户档案维护】，通过对应的查询条件，可获得用户信息列表，点击列表中的用户编号，可对用户信息进行查看，如图 3–8 所示。

根据查询列表中的用户编号，如需要修改资料信息，可点击尾部的编辑修改图标，修改好后点击【保存】即可，如图 3–9 所示。

点击页面左上角的新建图标，弹出新增用户信息页面，可进行用户信息的新建，如图 3–10 所示。

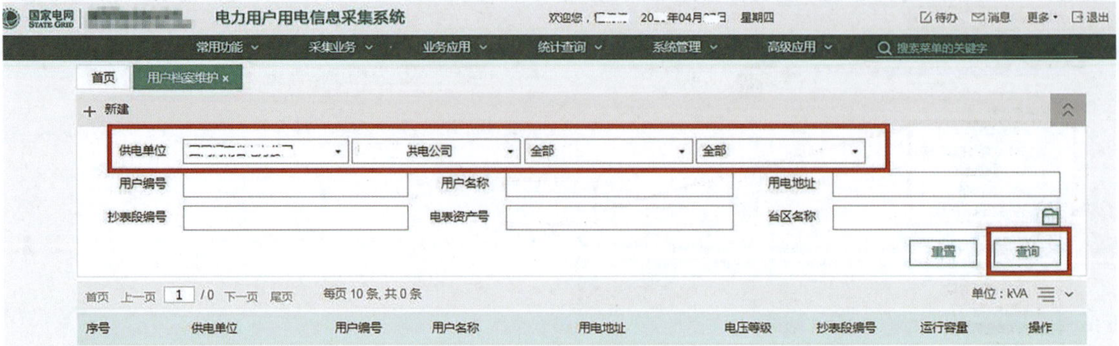

图 3-8 用户档案维护

图 3-9 用户档案维护—资料修改

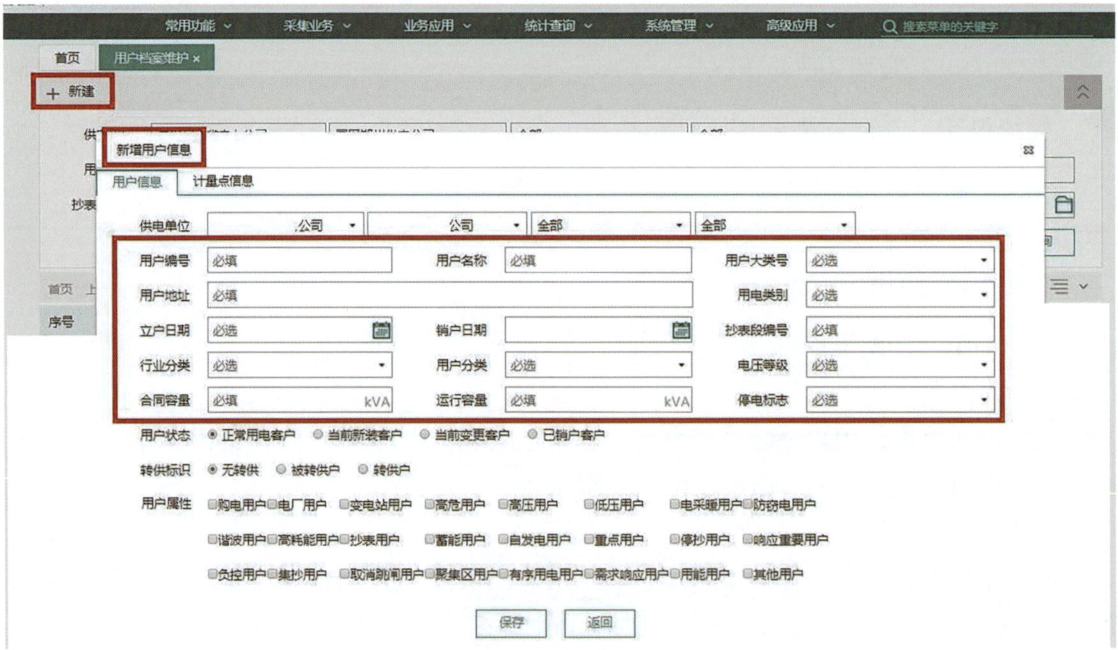

图 3-10 用户档案维护—新增用户信息

根据需要编辑的条件，可对用户信息进行填充，处理完成后点击【保存】即可。

（二）档案同步

1. 功能描述

与电力营销业务应用系统实现客户档案、设备档案、参数档案的手工及自动同步。

2. 功能操作步骤

选择【采集业务】→【档案管理】→【档案同步】，根据供电单位、同步对象，输入需要同步的编号进行档案同步并下发参数，如图 3–11 所示。

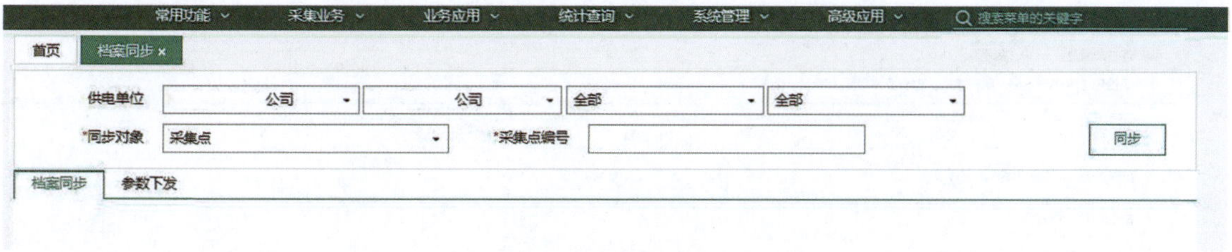

图 3–11　档案同步

二、终端运行管理

（一）终端在线监测

1. 功能描述

根据实时在线率、实时在线明细、无档案终端、前置机在线率等情况明细，查询监测终端在线情况。

2. 功能操作步骤

选择【采集业务】→【终端运行管理】→【终端在线监测】，根据供电单位等查询条件，可在实时在线率、实时在线明细等标签页查看相应的明细，如图 3–12 所示。

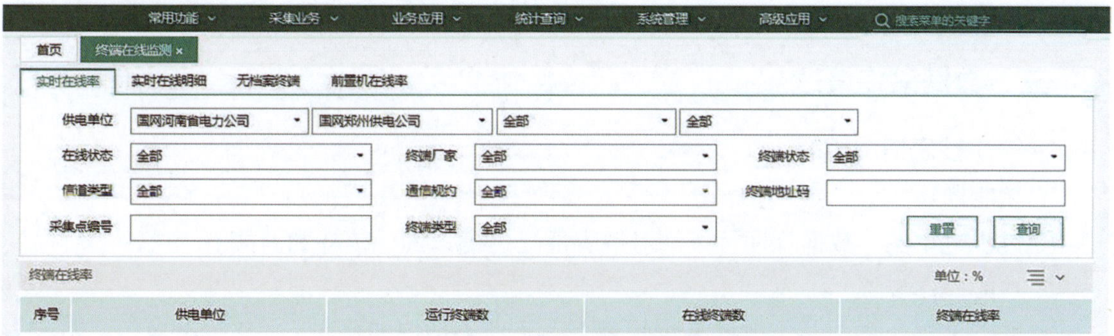

图 3–12　终端在线监测

（二）终端 / 电能表遥控

1. 功能描述

根据采集点信息查询终端 / 电能表，进行遥控跳合闸操作等。

2. 功能操作步骤

选择【采集业务】→【终端运行管理】→【终端 / 电能表遥控】，点击右侧导航键，选择相应终端条件，点击【查询】，选择相应的采集点，在终端遥控跳合闸页面进行下发遥控、跳合闸状态召测、开关状态召测等操作。通过电能表跳闸标签页，可对相应电能表进行允许合闸、立即合闸、召测分/合状态、预警、取消预警、召测预警状态、保电投入、保电解除等操作，如图 3-13 所示。

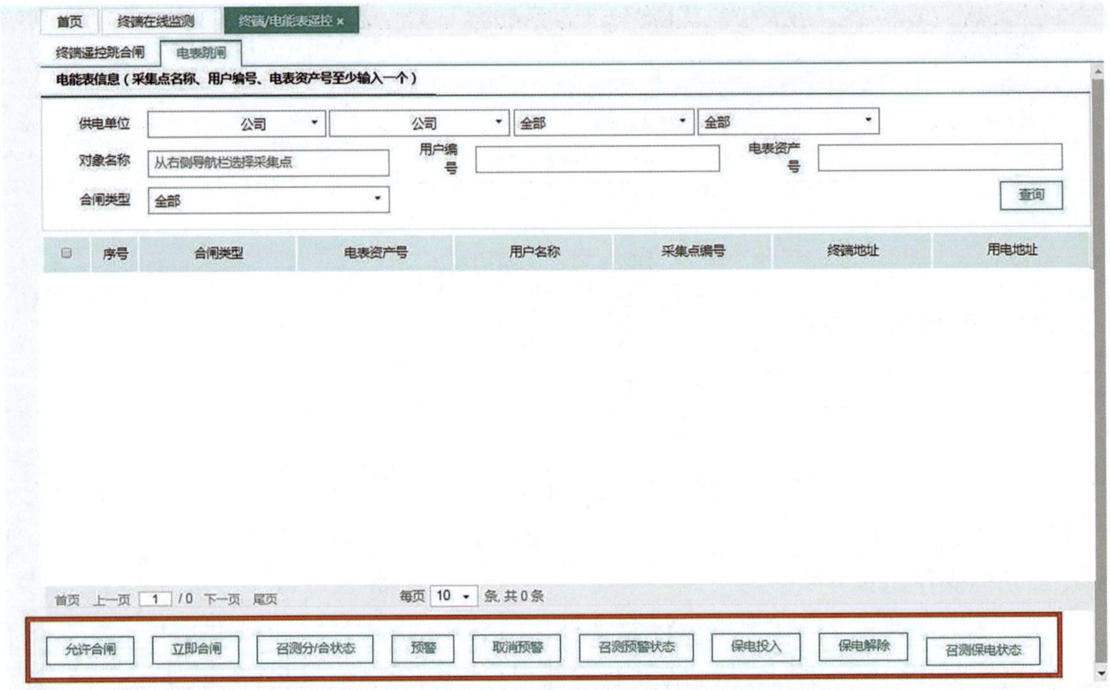

图 3-13　终端/电能表遥控

三、数据采集管理

（一）抄表情况明细

1. 功能描述

通过供电单位、数据日期等条件对抄表情况进行查询、统计和召测。

2. 功能操作步骤

选择【采集业务】→【数据采集管理】→【抄表情况明细】，选择供电单位、数据日期进行查询，可查看并动态监控抄表及补抄情况，数据从 6:00 开始约每两小时更新一次，如图 3-14 所示。

点击汇总列表中的失败数，可超链接至电表明细标签页，可以查看明细并对其进行召测，如图 3-15 所示。

图 3-14　抄表情况明细

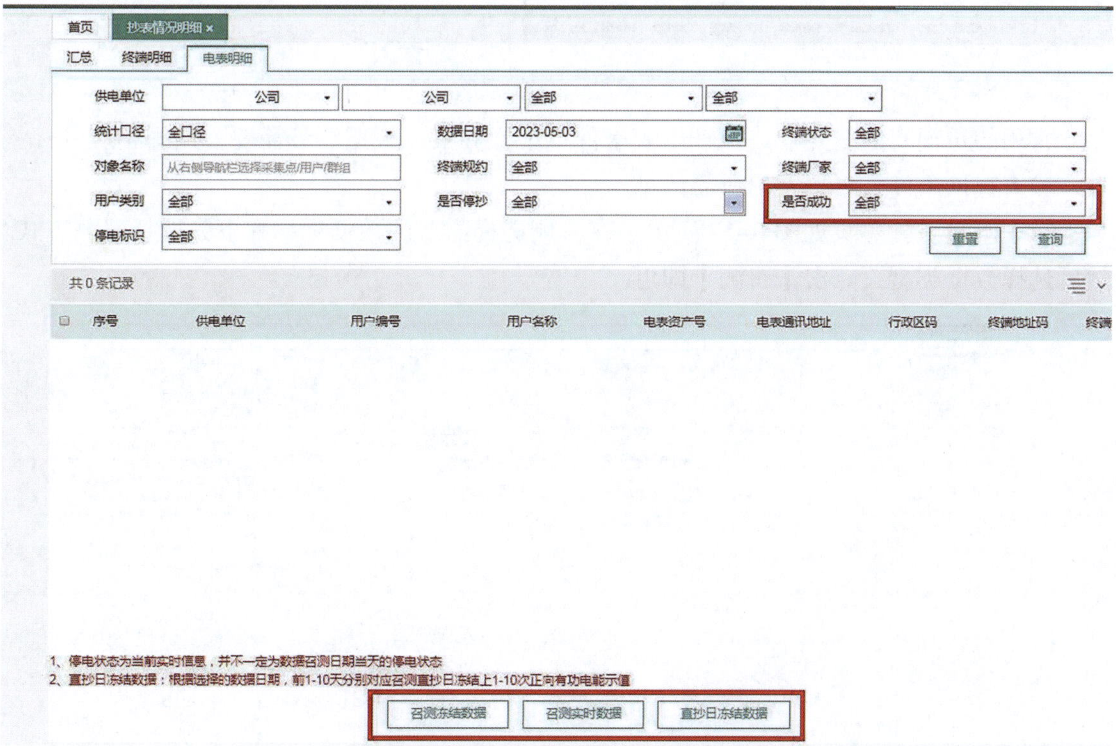

图 3-15　抄表情况明细—电表明细

（二）数据召测

1. 功能描述

通过采集点、资产号、用户编号、电源等信息，召测数据项或事件信息，数据项的召测支持直抄和预抄。

2. 功能操作步骤

选择【采集业务】→【数据采集管理】→【数据召测】，点击右侧导航键，选择相应查询条件，点击【查询】并选中，如图 3–16 所示。

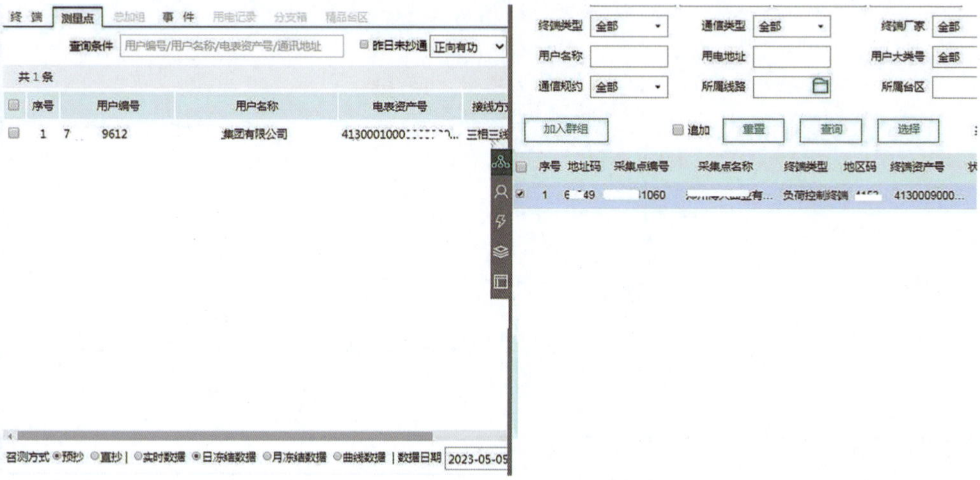

图 3–16　数据召测

常用的页面有测量点、终端和电表事件三个标签页，根据业务需要，选择相应的标签页，输入查询条件，可检索出所需信息。

（1）测量点标签页如图 3–17 所示，在右侧选择需要的数据项，在下方选择召测方式，然后选择数据类型，点击【召测】即可。

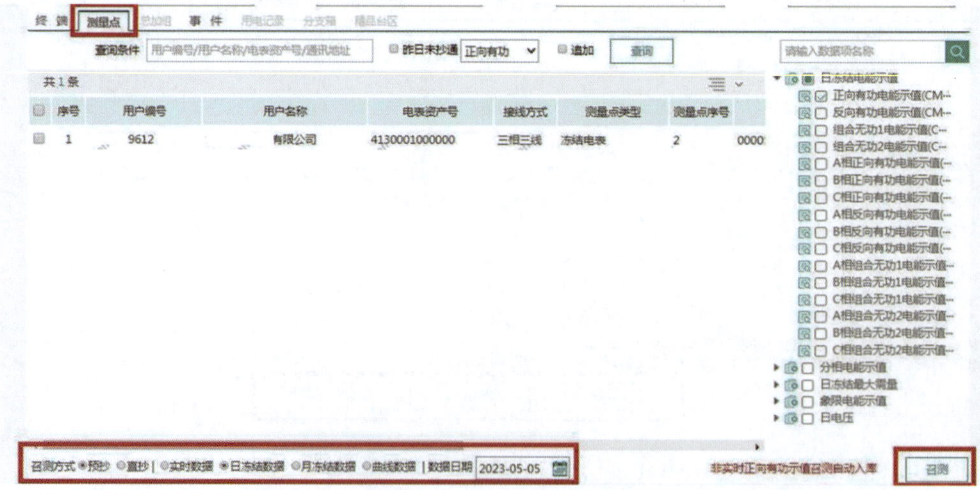

图 3–17　数据召测—测量点

召测结果页面如图 3–18 所示，支持召测信息导出。

图 3–18　测量点数据召测结果

（2）终端标签页如图 3–19 所示，在左侧勾选需要的事件类型，点击【召测】即可。

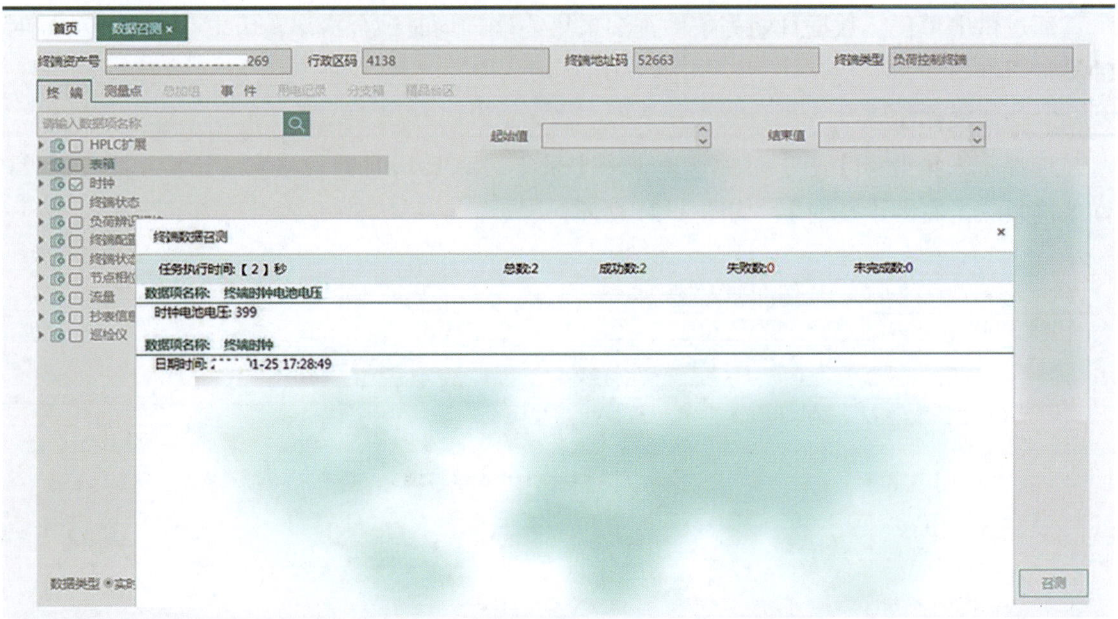

图 3–19　数据召测—事件

（3）电表事件标签页如图3-20所示，在右侧勾选需要的事件类型，点击【召测】即可。

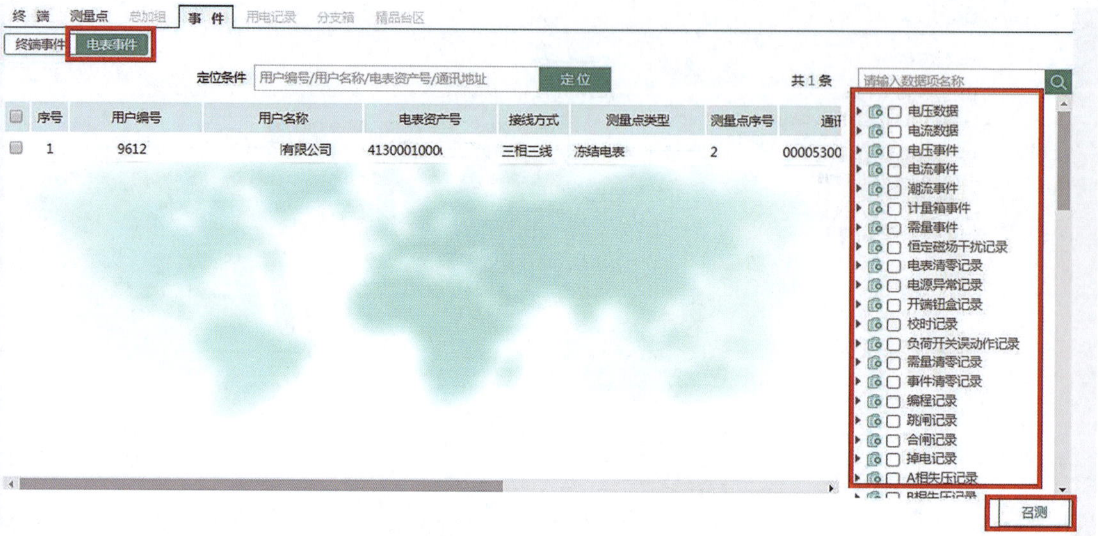

图3-20　数据召测—电表事件

四、时钟管理

（一）采集终端日均时钟合格率（历史）

1. 功能描述

通过供电单位、数据日期等条件查询采集终端日均时钟合格率（历史）和采集终端时钟异常明细。

2. 功能操作步骤

选择【采集业务】→【时钟管理】→【采集终端日均时钟合格率（历史）】，选择查询条件，点击右侧【查询】，如图3-21所示。

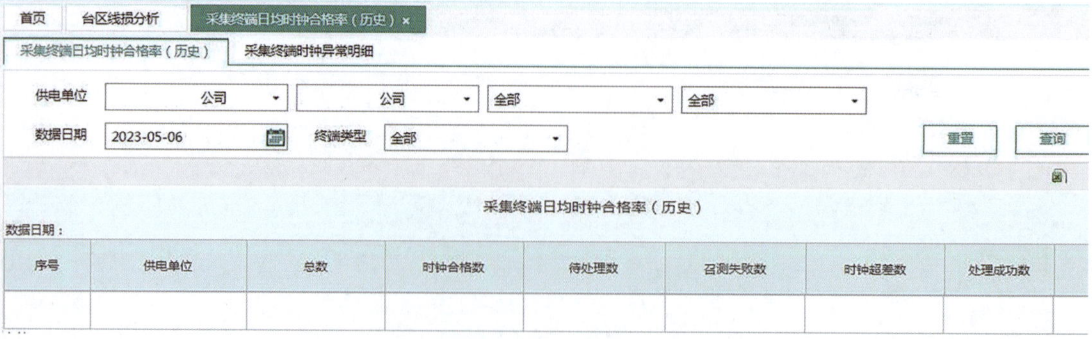

图3-21　采集终端日均时钟合格率（历史）

时钟合格数：专用变压器市场化用户终端时钟偏差不大于 10s 为合格；其他终端时钟偏差不大于 1min 为合格。

通过点击时钟超差数字或者选择采集终端时钟异常明细标签页，可超链接至采集终端时钟异常明细，如图 3–22 所示。时钟超差是指时钟偏差超过规定的范围。

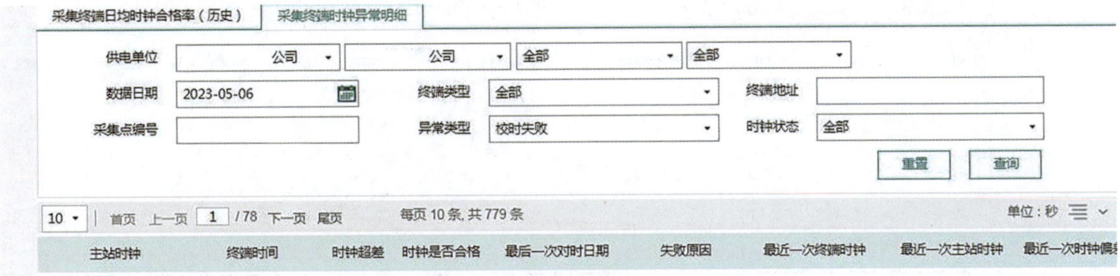

图 3–22　采集终端时钟异常明细

（二）电能表时钟合格率（历史）

1. 功能描述

通过供电单位、数据日期等条件查询电能表时钟合格率（历史）和电能表时钟异常明细。

2. 功能操作步骤

选择【采集业务】→【时钟管理】→【电能表时钟合格率（历史）】，选择查询条件，点击右侧【查询】，如图 3–23 所示。

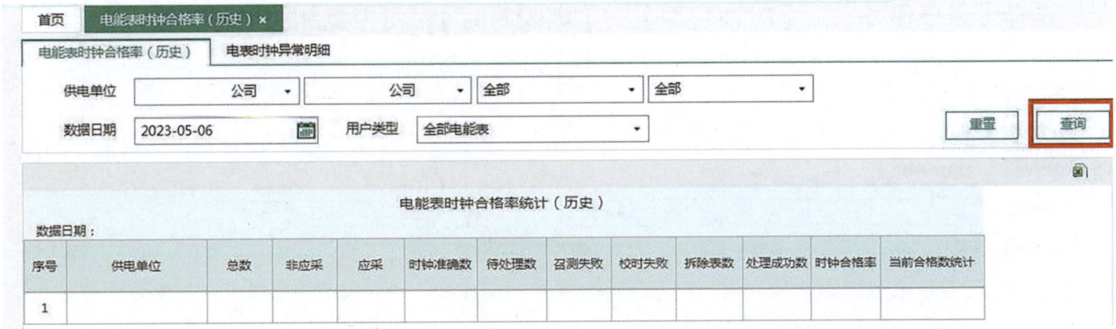

图 3–23　电能表时钟合格率（历史）

时钟准确是指时钟偏差在规定的范围内（市场化用户电能表时钟偏差小于 1min 为合格；其他电能表时钟偏差小于 5min 为合格）。

通过点击校时失败数字或者选择电能表时钟异常明细标签页，可超链接至电能表时钟异常明细。选中相应电能表，可点击下方【时钟巡检】或【推送闭环】，如图 3–24 所示。

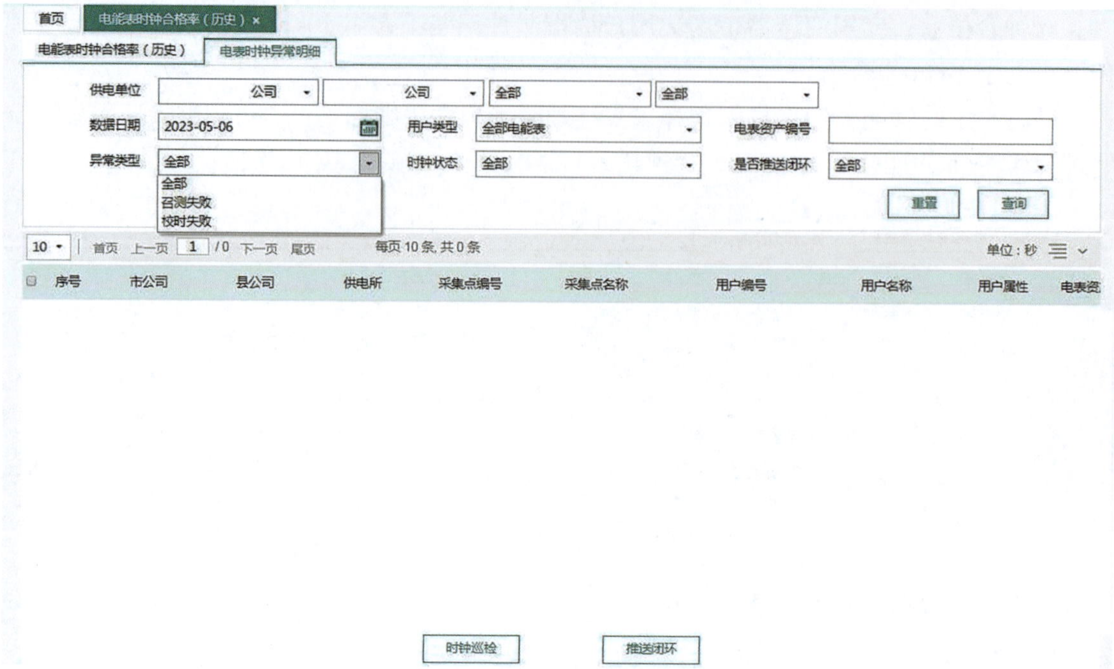

图 3-24 电能表时钟异常明细

（三）电表对时

1. 功能描述

通过供电单位、电表类别、对时规约进行相应电表时间明细的查询。

2. 功能操作步骤

选择【采集业务】→【时钟管理】→【电表对时】，可根据相关条件（供电单位、电表类别、对时规约）查询相应电表时钟统计，如图 3-25 所示。

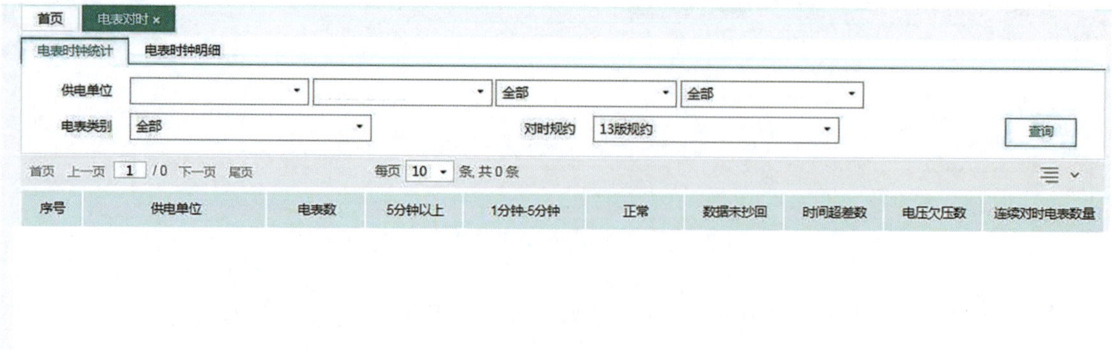

图 3-25 电表对时

选择电表时钟明细标签页可查看相应明细，如图 3-26 所示。

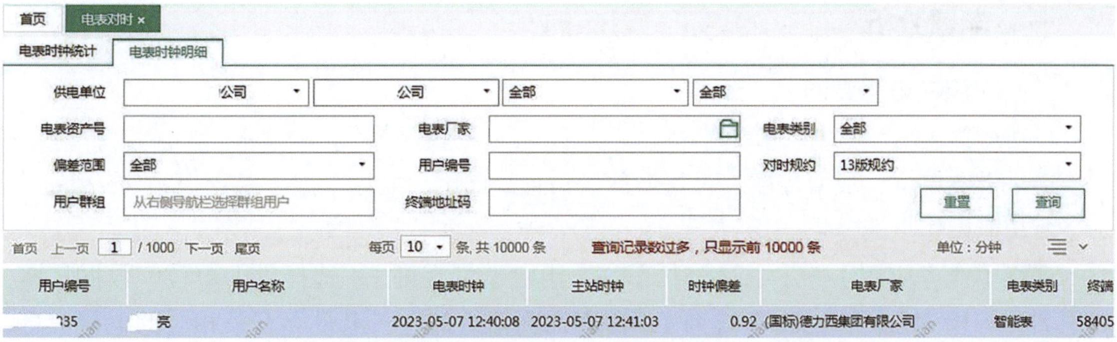

图 3-26　电表对时—电表时钟明细

选中电能表，可对电能表进行召测时钟、时钟下发和规约维护，如图 3-27 所示。

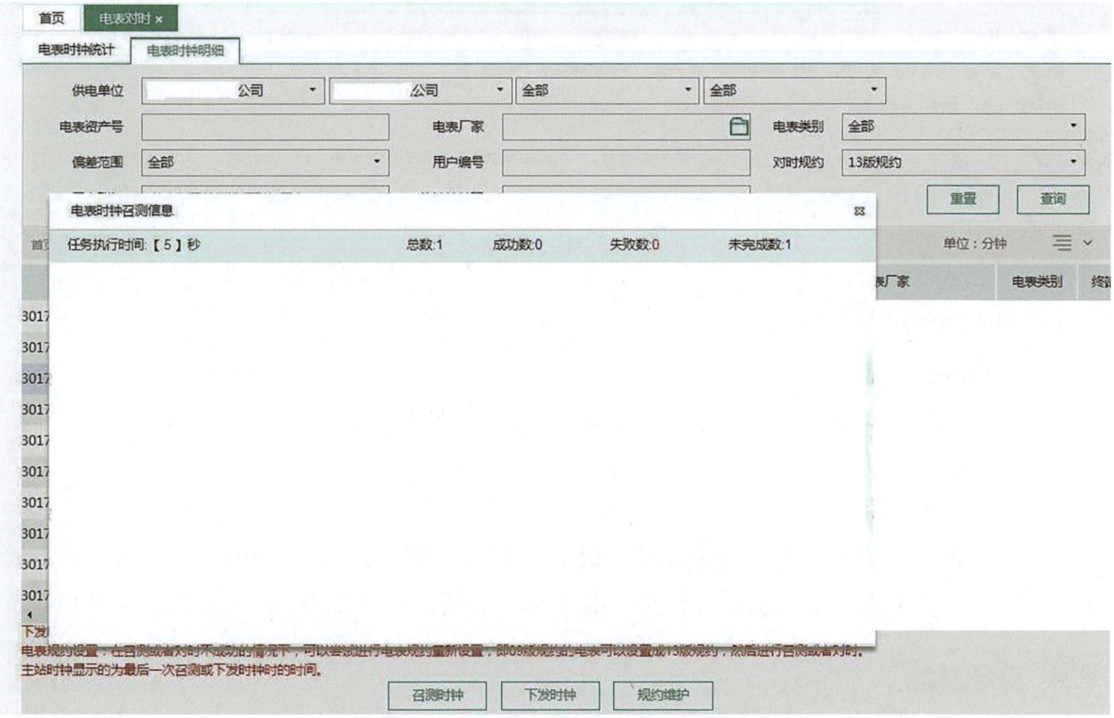

图 3-27　电表对时—电表时钟召测信息

模块三　业务应用

模块说明　本模块主要用于电量分析、电能质量查询、计量装置在线监测、台区线损和费控管理等。

一、电量分析

（一）用户电量查询

1. 功能描述

通过供电单位、数据日期、对象名称等信息查询用户电量数据。

2. 功能操作步骤

选择【业务应用】→【电量分析】→【用户电量查询】，选择供电单位、数据日期、对象名称等检索条件，点击【查询】，可查询到用户信息、电量类型及相应的电量信息，可多维度查看、分析用户电量数据，如图 3–28 所示。

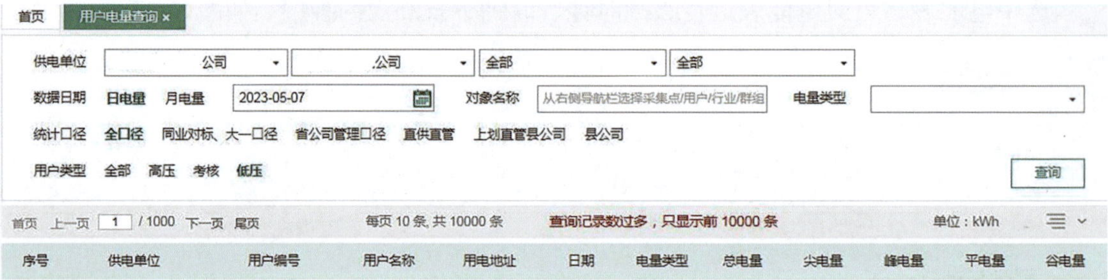

图 3–28　用户电量查询

（二）时段用电分析

1. 功能描述

通过供电单位、统计月份、用户类型、统计口径等信息查询统计每月用户尖、峰、平、谷各时段用电的占比情况。

2. 功能操作步骤

选择【业务应用】→【电量分析】→【时段用电分析】，选择供电单位、统计月份等检索条件，点击【查询】，可显示数据明细和费率电量占比的图形分析，如图 3–29 所示。

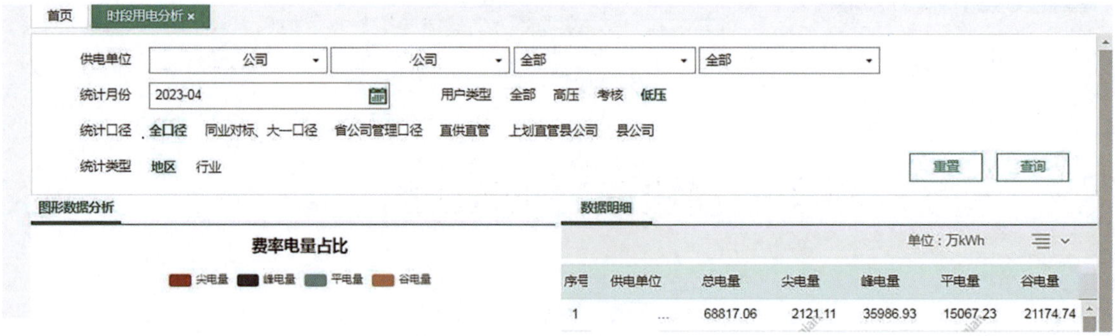

图 3–29　时段用电分析

二、电能质量查询

（一）功能描述

通过供电单位、停（上）电时间、等级标志采集点名称等信息，查询相应的终端停（上）电数据。

（二）功能操作步骤

选择【业务应用】→【电能质量】→【终端停上电数据查询】，选择供电单位、停（上）电时间、等级标志、采集点名称等信息，点击【查询】，如图 3–30 所示。

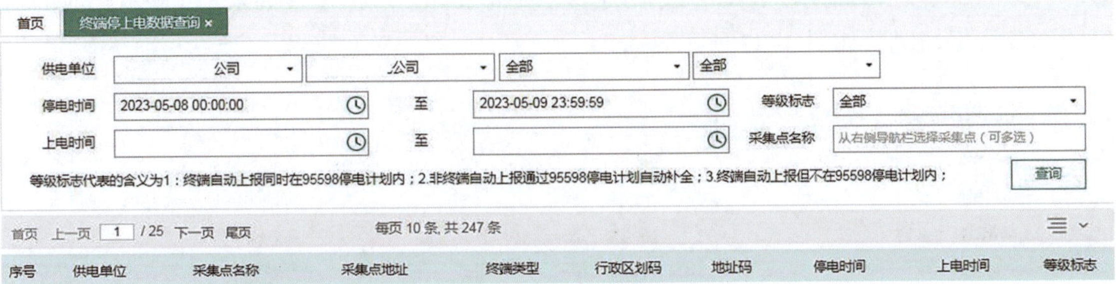

图 3–30 终端停上电数据查询

等级标志的含义为：1—终端自动上报，同时在 95598 停电计划内；2—非终端自动上报，通过 95598 停电计划自动补全；3—终端自动上报，但不在 95598 停电计划内。

三、计量装置在线监测

（一）功能描述

可通过对异常信息的条件查询，过滤不同类型的异常信息，进行明细查看和处理。

（二）功能操作步骤

选择【业务应用】→【计量装置在线监测】→【单一异常分析】，选择供电单位、数据日期等信息，点击【查询】，可显示各类异常诊断信息，点击相应的异常类型可显示其明细，如图 3–31 所示。

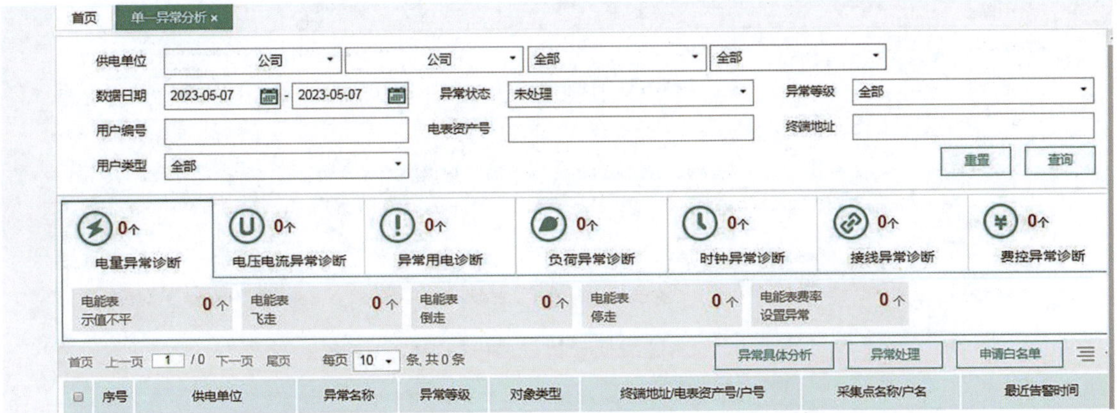

图 3–31 单一异常分析

四、台区线损

（一）线损分析

1. 功能描述

根据供电单位、台区名称、统计周期、日期、台区编号等信息，查看、监控、分析考核单元的台区线损情况。

2. 功能操作步骤

选择【业务应用】→【台区线损】→【线损分析】→【台区线损分析】，选择供电单位、台区名称、统计周期、日期、线损类型等查询条件，点击【查询】，可显示相应的台区明细及线损情况，如图 3-32 所示。

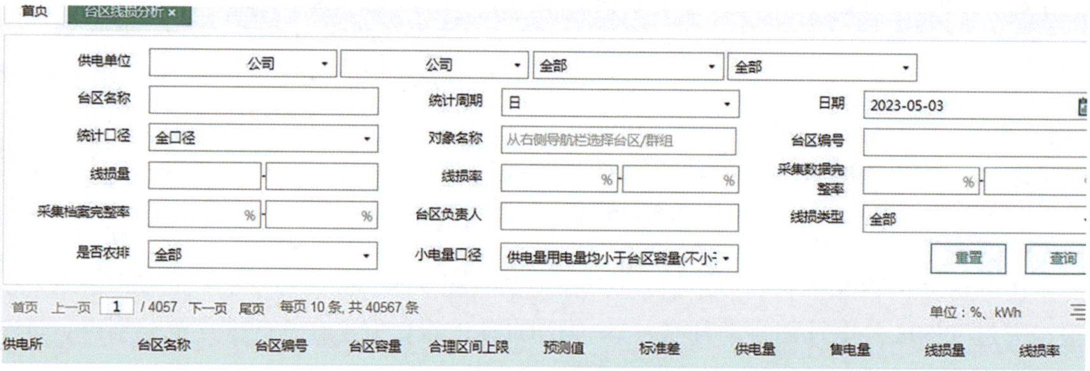

图 3-32　台区线损分析

点击台区名称，可查看该台区下具体的用户用电信息明细，包括电表资产号、终端地址、电表电量等信息，帮助分析台区线损情况，如图 3-33 所示。

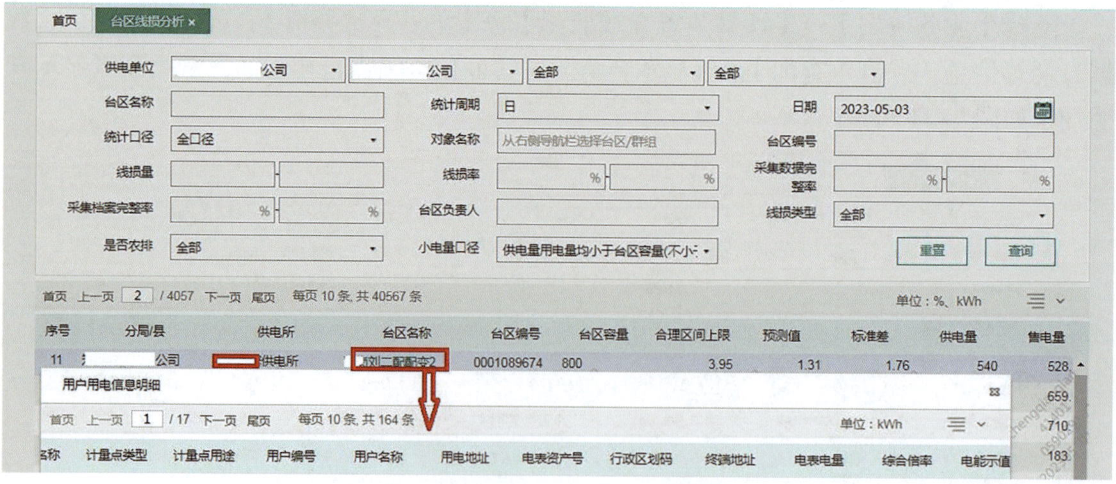

图 3-33　台区线损分析—用户用电信息明细

（二）数据核查

1. 功能描述

按照供电单位、采集点编号、终端地址等信息查看采集点下对应台区的信息。

2. 功能操作步骤

选择【业务应用】→【台区线损】→【数据核查】→【采集点多台区核查】，选择供电单位，输入采集点编号、终端地址等检索条件，点击【查询】，如图 3–34 所示。

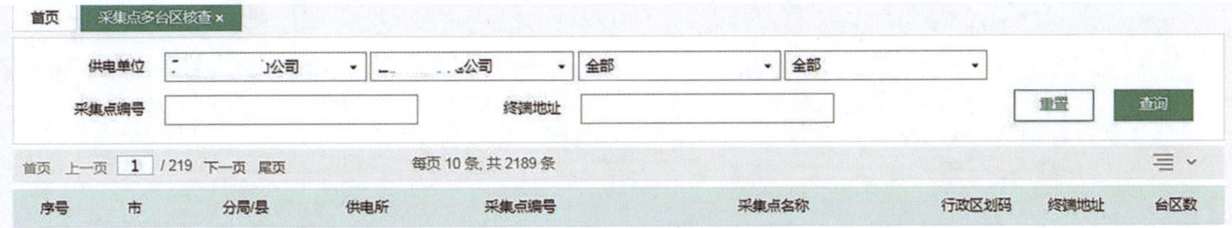

图 3–34　采集点多台区核查

点击台区数，可查看采集点所对应的台区信息及用户明细，如图 3–35 所示。

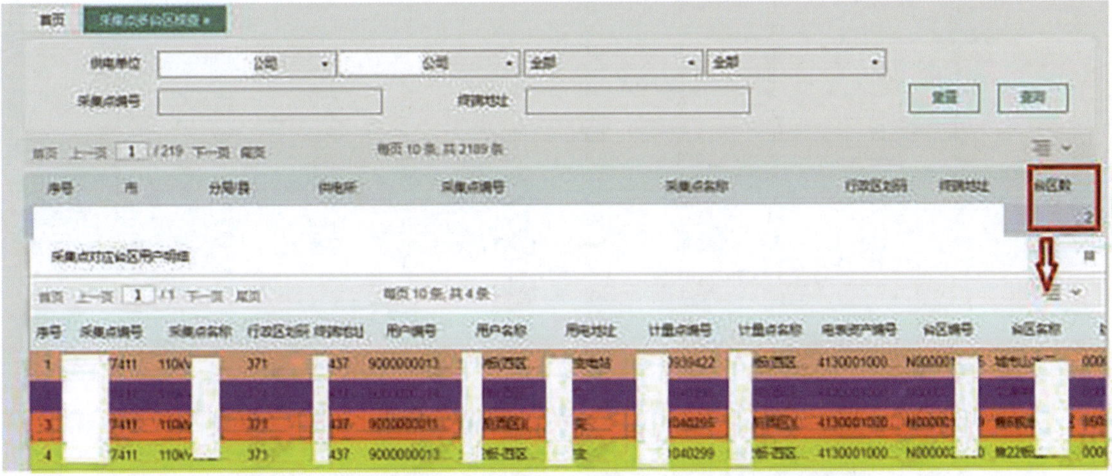

图 3–35　采集点多台区核查—采集点对应台区用户明细

（三）线损统计

1. 日线损监测

（1）功能描述。根据供电单位、统计周期、日期等，监控、查看每日线损指标统计情况，包括台区日线损率分布情况（分区段进行统计，分别为线损率小于 –1%、线损率为 –1%~0%、线损率为 0%~4%、线损率为 4%~6%、线损率为 6%~10%、线损率大于 10%），各线损类型（高损、负损、合格、优良、不可计算台区）数量及占比，当日线损准确计算台区和月均准确计算台区。

（2）功能操作步骤。选择【业务应用】→【台区线损】→【线损统计】→【日线损监测】，选择供电单位、统计周期等查询条件，拉动下方滚动条，可以查询、监测日线损情况。点击蓝色数字，可展示相应的台区信息明细及台区详细的线损情况（供电量、线损率等），如图 3–36 所示。

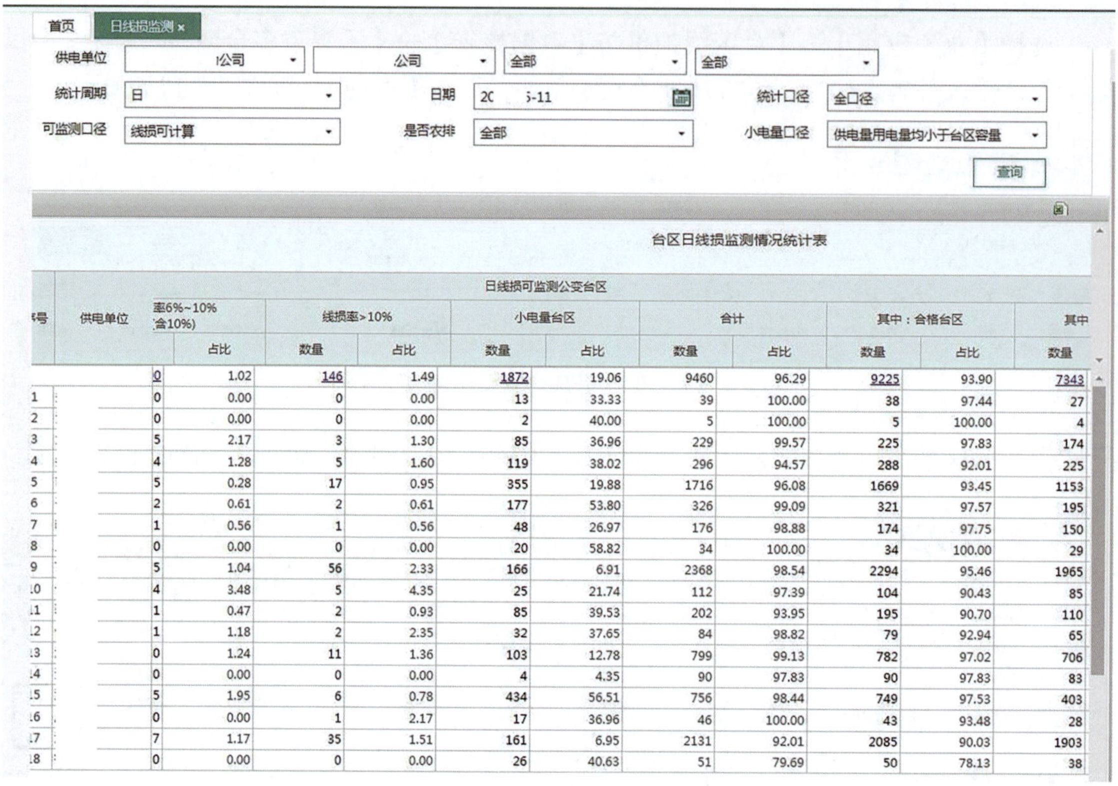

号	供电单位	日线损可监测公变台区										
		率6%~10%(含10%)		线损率>10%		小电量台区		合计		其中：合格台区		其中
			占比	数量	占比	数量	占比	数量	占比	数量	占比	数量
		0	1.02	146	1.49	1872	19.06	9460	96.29	9225	93.90	7343
1		0	0.00	0	0.00	13	33.33	39	100.00	38	97.44	27
2		0	0.00	0	0.00	2	40.00	5	100.00	5	100.00	4
3		5	2.17	3	1.30	85	36.96	229	99.57	225	97.83	174
4		4	1.28	5	1.60	119	38.02	296	94.57	288	92.01	225
5		5	0.28	17	0.95	355	19.88	1716	96.08	1669	93.45	1153
6		2	0.61	2	0.61	177	53.80	326	99.09	321	97.57	195
7		1	0.56	1	0.56	48	26.97	176	98.88	174	97.75	150
8		0	0.00	0	0.00	20	58.82	34	100.00	34	100.00	29
9		5	1.04	56	2.33	166	6.91	2368	98.54	2294	95.46	1965
10		4	3.48	5	4.35	25	21.74	112	97.39	104	90.43	85
11		1	0.47	2	0.93	85	39.53	202	93.95	195	90.70	110
12		1	1.18	2	2.35	32	37.65	84	98.82	79	92.94	65
13		0	1.24	11	1.36	103	12.78	799	99.13	782	97.02	706
14		0	0.00	0	0.00	4	4.35	90	97.83	90	97.83	83
15		5	1.95	6	0.78	434	56.51	756	98.44	749	97.53	403
16		0	0.00	1	2.17	17	36.96	46	100.00	43	93.48	28
17		7	1.17	35	1.51	161	6.95	2131	92.01	2085	90.03	1903
18		0	0.00	0	0.00	26	40.63	51	79.69	50	78.13	38

图 3–36　日线损监测

2. 月度台区线损指标

（1）功能描述。可查看月度线损情况，共有四个标签页，分别为台区线损率、台区线损明细、月度线损指标、台区线损率分布表，如图 3–37 所示。

（2）功能操作步骤。选择【业务应用】→【台区线损】→【线损统计】→【月度台区线损指标】，选择供电单位、日期等，点击【查询】。

1）台区线损率：显示月度线损率情况。

2）台区线损明细：显示台区明细及各台区的月度线损率情况。点击绿色的台区编号，可显示台区下计量点及各计量点的电量信息，如图 3–38 所示。

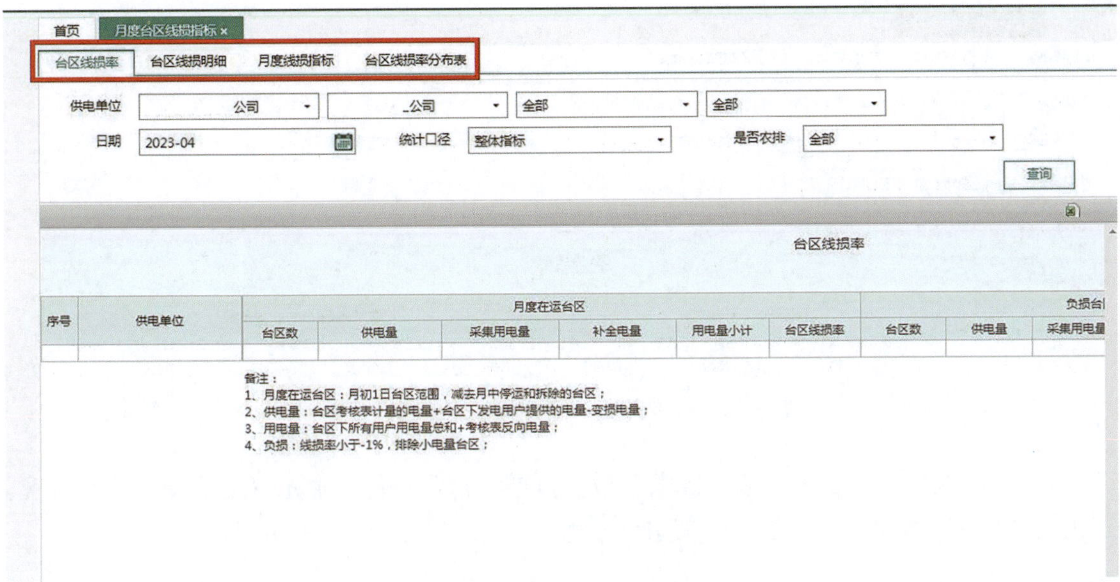

图 3-37　月度台区线损指标

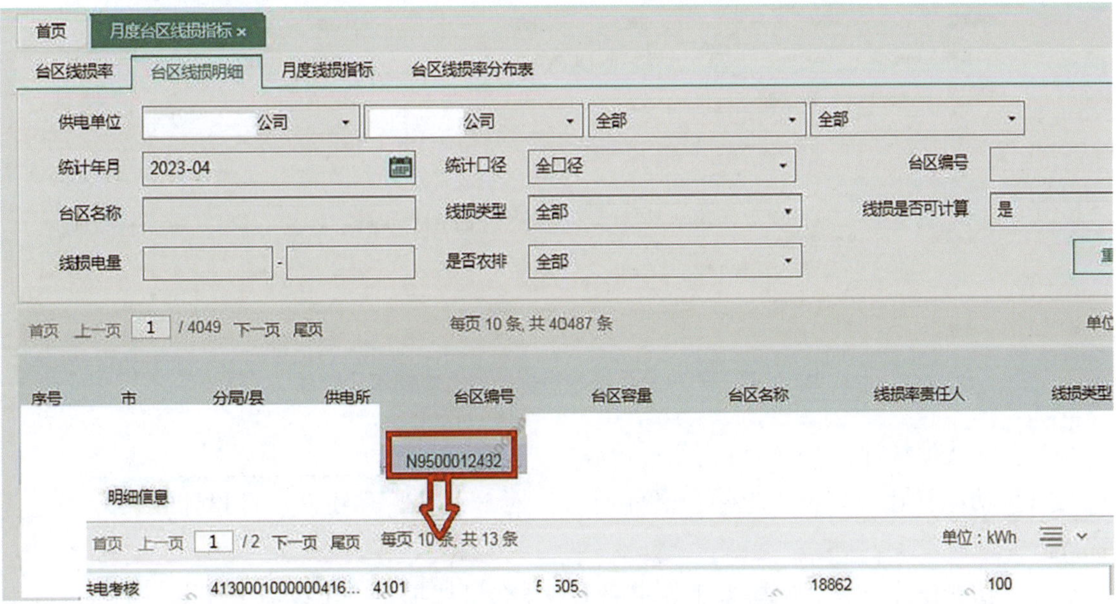

图 3-38　月度台区线损指标—台区线损明细

3）月度线损指标：显示月度台区优良率、合格率及准确计算情况统计。点击蓝色数字，可查看相应的台区明细及月度线损情况，如图 3-39 所示。

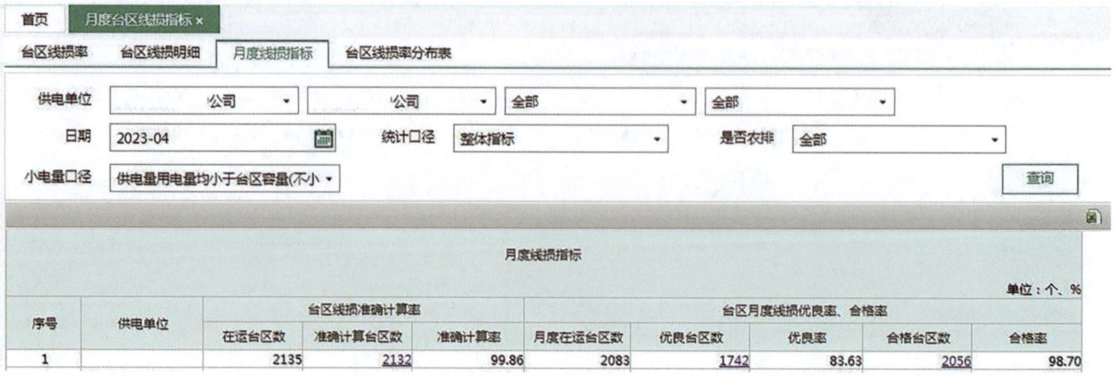

图 3-39　月度台区线损指标—月度线损指标

4）台区线损率分布表：输入供电单位、日期等检索条件，显示月度线损率分布情况。点击蓝色数字，可查看相应的台区明细及线损率分布情况，如图 3-40 所示。

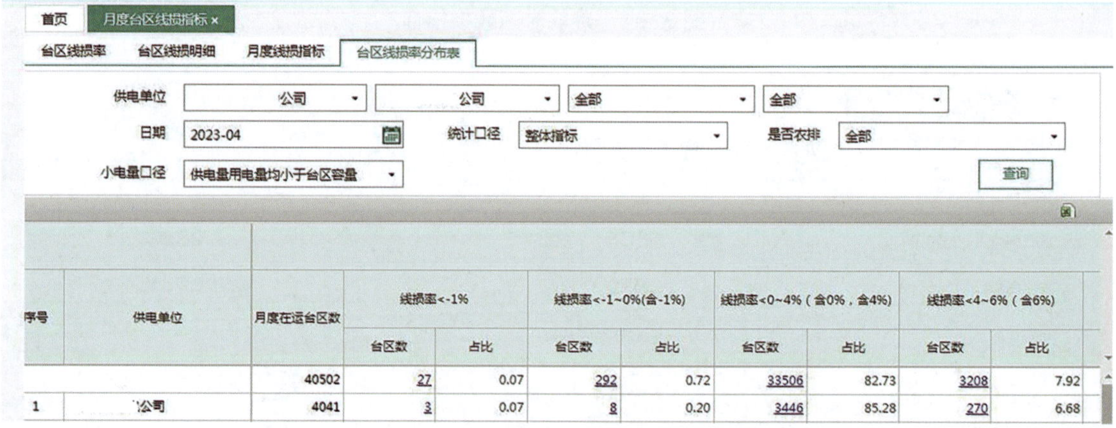

图 3-40　月度台区线损指标—台区线损率分布表

3. 台区线损统计

（1）功能描述。根据供电单位和年月等，对日线损、月线损、月累计线损分别进行统计。

（2）功能操作步骤。选择【业务应用】→【台区线损】→【线损统计】→【台区线损统计】，选择供电单位、年月等、台区编号等查询条件，点击【查询】。

1）日线损统计：展示查询单位或台区每日的供电量、售电量、线损率情况，并以图形化展示，如图 3-41 所示。

2）月线损统计：展示查询单位或台区每月的供电量、售电量、线损率情况，并以图形化展示，如图 3-42 所示。

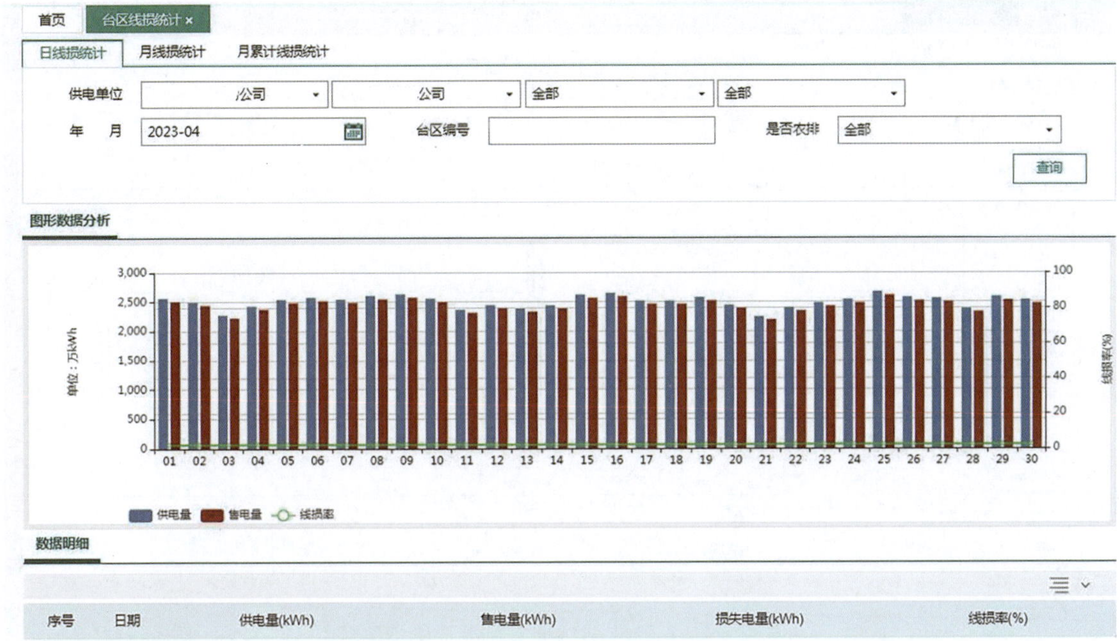

图 3-41　台区线损统计—日线损统计

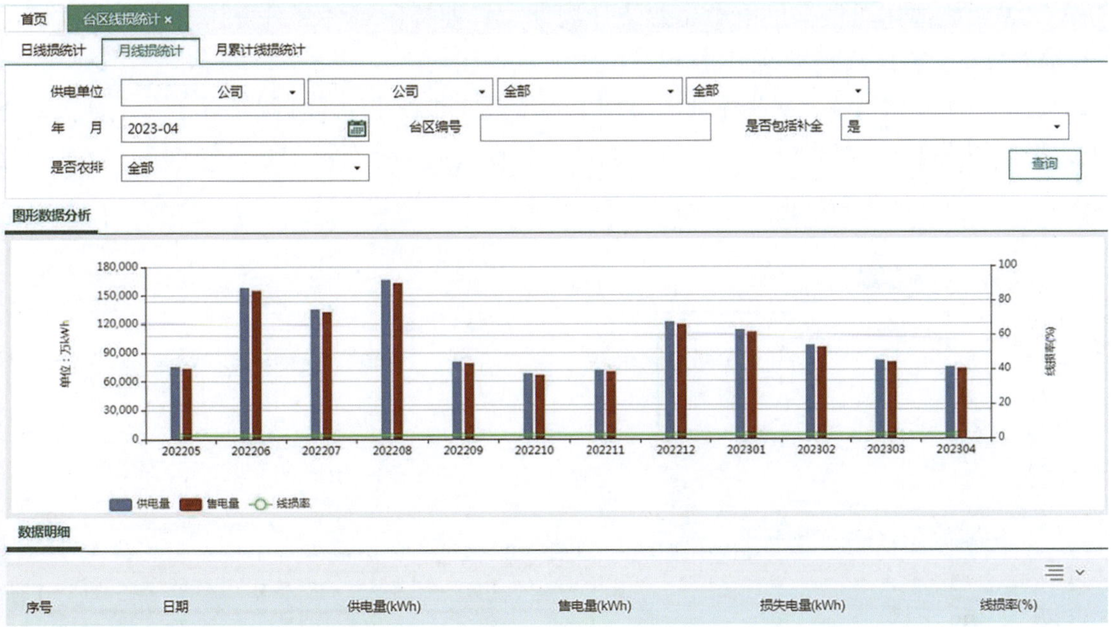

图 3-42　台区线损统计—月线损统计

3）月累计线损统计：展示月累计供电量、售电量、线损率情况统计，如图 3-43 所示。

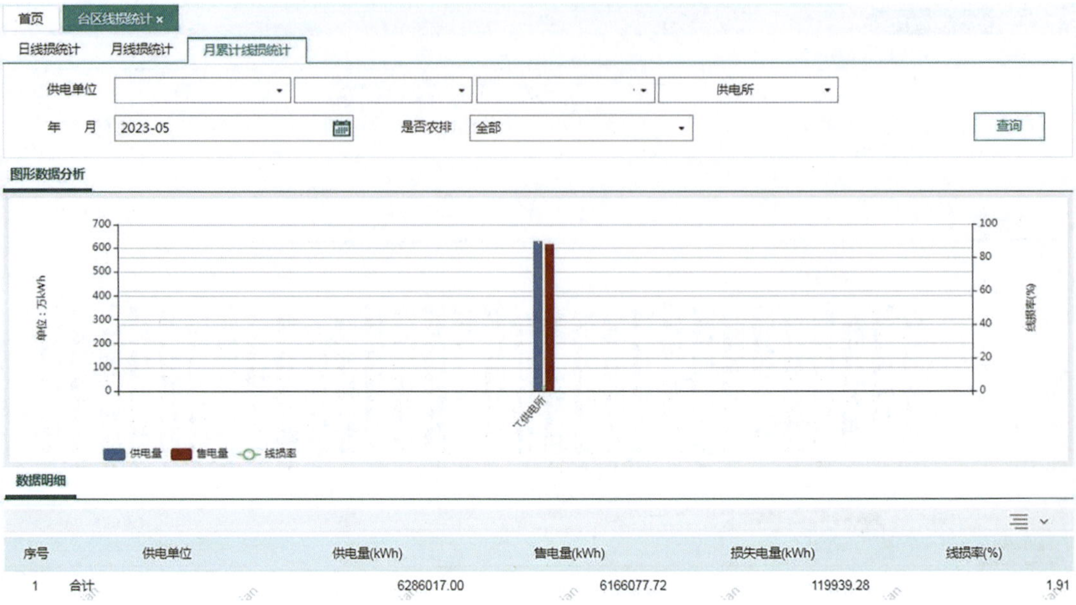

图 3-43 台区线损统计—月累计线损统计

4. 台区责任人线损监测表

（1）功能描述。根据供电单位、统计周期、日期等，对各台区责任人的日线损情况（线损率分布、台区线损类型）进行统计。

（2）功能操作步骤。选择【业务应用】→【台区线损】→【线损统计】→【台区责任人线损监测表】，选择供电单位、统计周期、日期等查询条件，点击【查询】，点击蓝色数字，可展示相应的台区明细及线损情况，如图 3-44 所示。

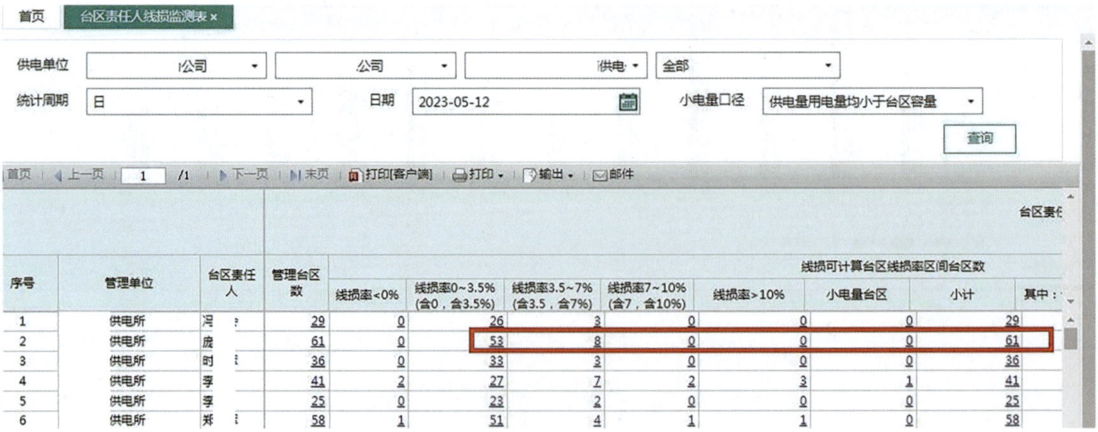

图 3-44 台区线损统计—台区责任人线损监测表

（四）一台区一指标管理

1. 功能描述

对系统未自动赋值的台区提出赋值建议，对系统赋值有异议的台区进行赋值申诉。

2. 功能操作步骤

点击【业务应用】→【台区线损】→【一台区一指标管理】→【赋值操作】，进入赋值操作标签页，选择供电单位、日期等，点击【查询】，如图 3-45 所示。

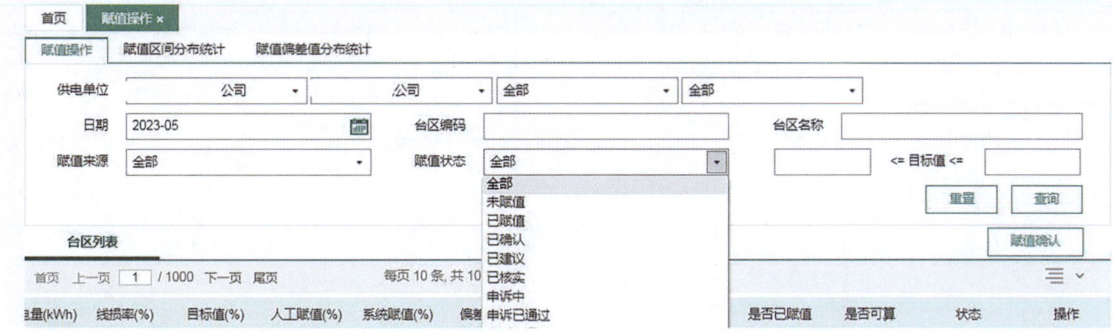

图 3-45　赋值操作

对赋值有异议时，可选中具体台区明细并点击【赋值申述】按钮进行赋值申述。

对系统未赋值的台区，点击【赋值建议】可进行人工赋值，如图 3-46 所示；输入建议值，填写建议说明和上传佐证材料，然后点击【确定】，由台区经理完成赋值建议，如图 3-47 所示。

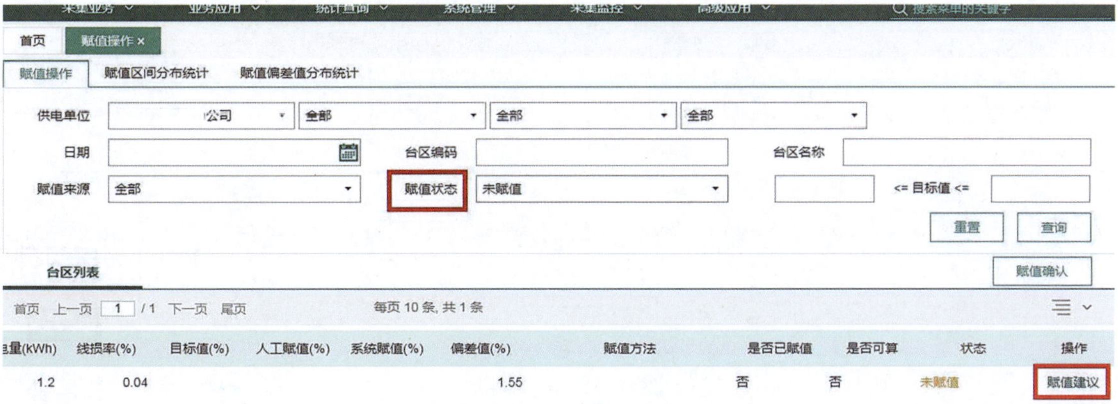

图 3-46　赋值建议

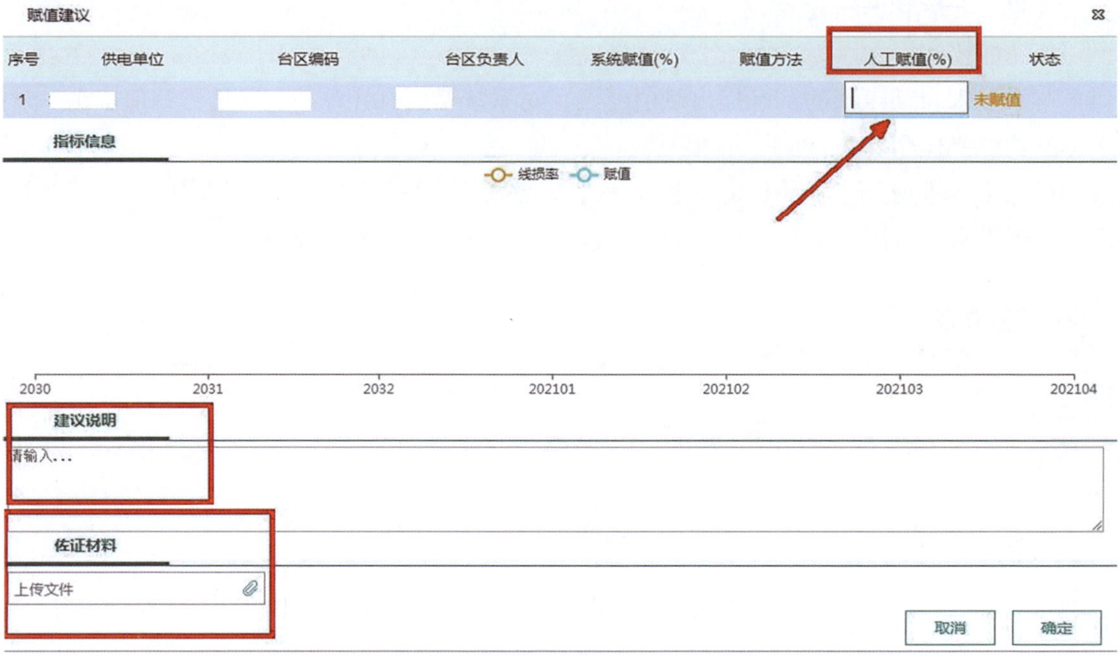

图 3-47　赋值建议—人工赋值

下一步为审批环节，点击【申诉审核】→【赋值核实】，如图 3-48 所示。

图 3-48　申诉审核

进入赋值核实页面，核实无误后点击【确定】即可，如图 3-49 所示。

图 3-49　赋值核实

五、费控管理

（一）费控执行成功率

1. 功能描述

根据供电单位、工单日期，统计费控工单情况（工单总数、执行成功工单数、执行失败工单数、回录成功工单数、费控执行成功率）等统计信息及明细数据。

2. 功能操作步骤

选择【业务应用】→【费控管理】→【费控报表】→【费控执行成功率】，根据通过供电单位、工单日期等检索条件查询费控工单执行的统计信息，如图 3-50 所示。

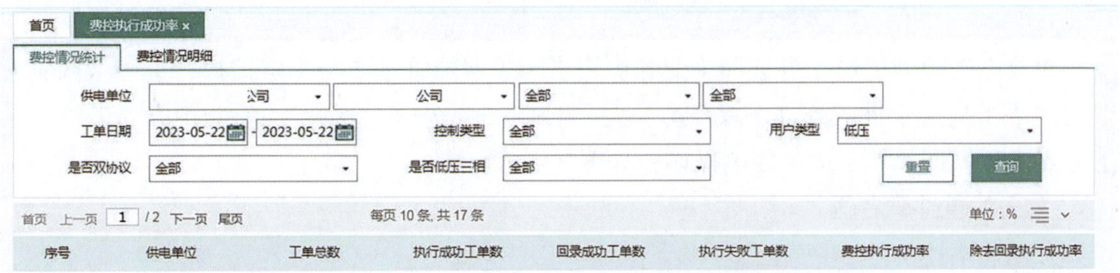

图 3-50　费控执行成功率—费控情况统计

选择费控情况明细标签页，可查看相应的明细，对费控工单进行分析，如图 3-51 所示。

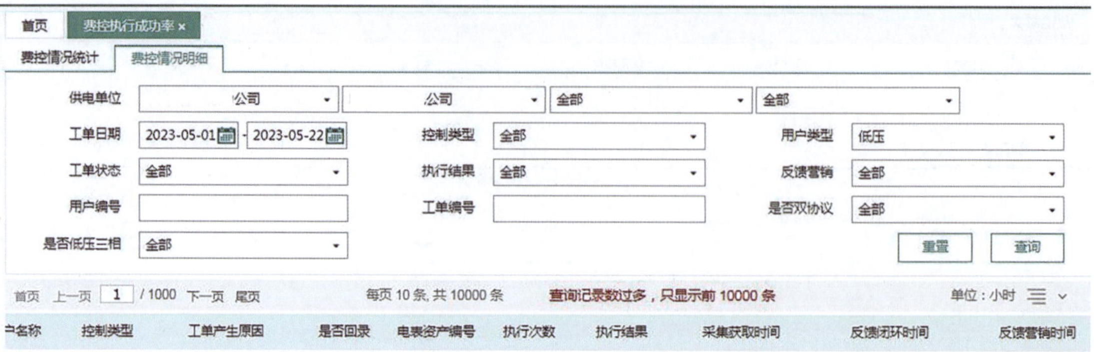

图 3-51　费控执行成功率—费控情况明细

（二）远程费控执行情况

1. 功能描述

根据供电单位、工单日期等信息，统计执行成功、执行失败、执行中、待执行工单数及明细。

2. 功能操作步骤

选择【业务应用】→【费控管理】→【费控统计】→【远程费控执行情况】，根据供电单位、工单日期等检索条件查询费控工单执行的统计信息。选择费控情况明细标签页，可查看相应明细及工单执行的详细信息，如图 3–52 所示。

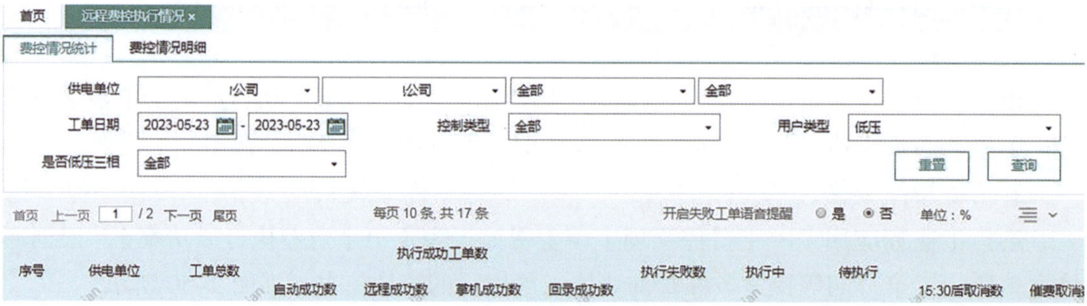

图 3-52　费控执行情况统计

对复电失败的工单，可选择【业务应用】→【费控管理】→【费控执行】→【低压失败工单手工处理】进行处理。操作方法是：控制类型选择“复电”，勾选相应的工单，在下方点击【立即执行】进行复电操作，如图 3–53 所示。

（三）通过率治理

1. 功能描述

通过设备消缺，向现场电能表（不含专用变压器）发送保电解除指令，现场解除成功则验证未成功明细中该电能表的完成消缺情况（同时验证成功累计数相应增加）。

图 3-53　低压失败工单手工处理

2. 功能操作步骤

选择【业务应用】→【费控管理】→【费控执行】→【通过率治理】，根据供电单位、用户编号、电表资产号、连续失败次数等检索条件进行查询，选中需要进行消缺的记录，点击页面下方的【设备消缺】，如图 3-54 所示。设备消缺操作的记录可以在操作日志页面进行查询。

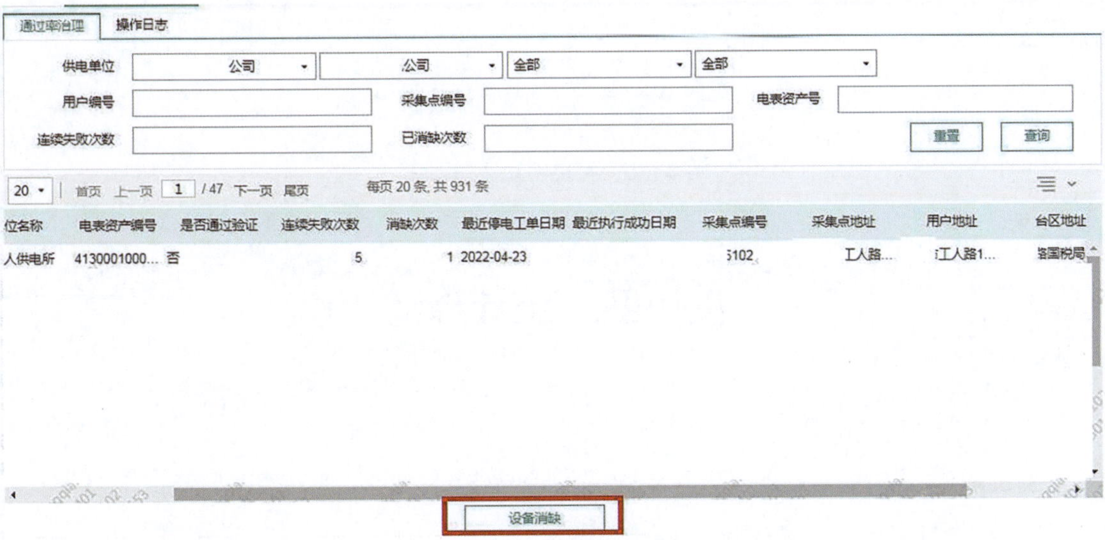

图 3-54　通过率治理

（四）费控手动通知闭环

1. 功能描述

没有自动推送到闭环系统中的工单，在该功能页面手动通知闭环系统进行处理。

2. 功能操作步骤

选择【业务应用】→【费控管理】→【费控执行】→【费控手动通知闭环】，根据供电单位、控制类型、工单时间等条件查询失败工单信息。选中费控失败工单后，点击【追加到列表】，工单信息即出现在执行列表中；在执行列表中的工单，根据需要，可以进行删除，也可以点击【通知闭环】将工单信息推送至闭环系统，如图 3–55 所示。

图 3–55　费控手动通知闭环

模块四　统计查询

模块说明　本模块主要用于采集数据管理与查询、运行情况管理与查询以及报表管理等。

一、采集数据管理与查询

（一）电流数据查询

1. 功能描述

根据供电单位、数据日期、测量点类型、用户大类、对象名称、抄表段编号、电表资产号等条件对电流数据进行查询。

2. 功能操作步骤

选择【统计查询】→【采集数据查询】→【电流数据查询】，可通过供电单位、数据日期、测量点类型查询日电流信息，如图 3-56 所示。

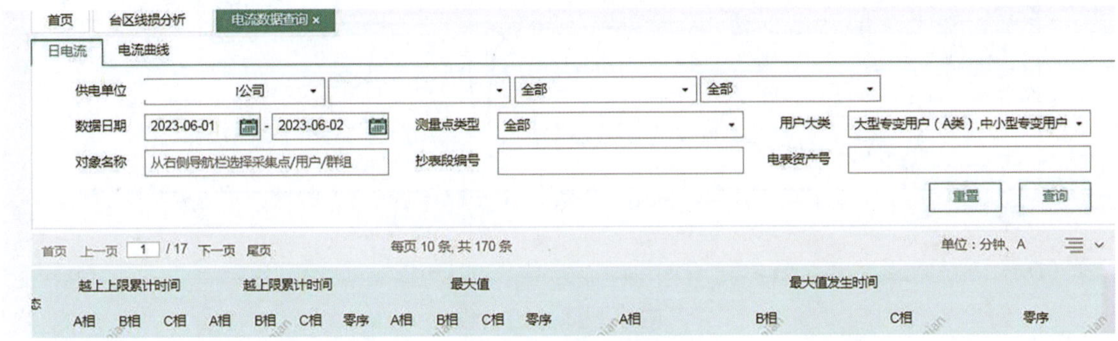

图 3-56　电流数据查询

点击页面左侧的用户编号，可查看用户信息明细（基本信息、计量点信息）；点击电流曲线标签页，根据供电单位、数据日期等检索条件进行查询，可查看电流数据，如图 3-57 所示。

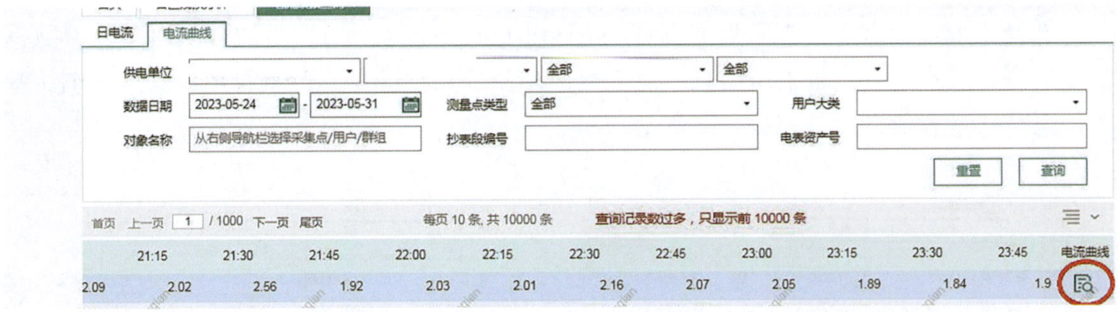

图 3-57　电流数据

点击右侧电流曲线图标，可以查看相应用户的电流曲线，如图 3-58 所示。

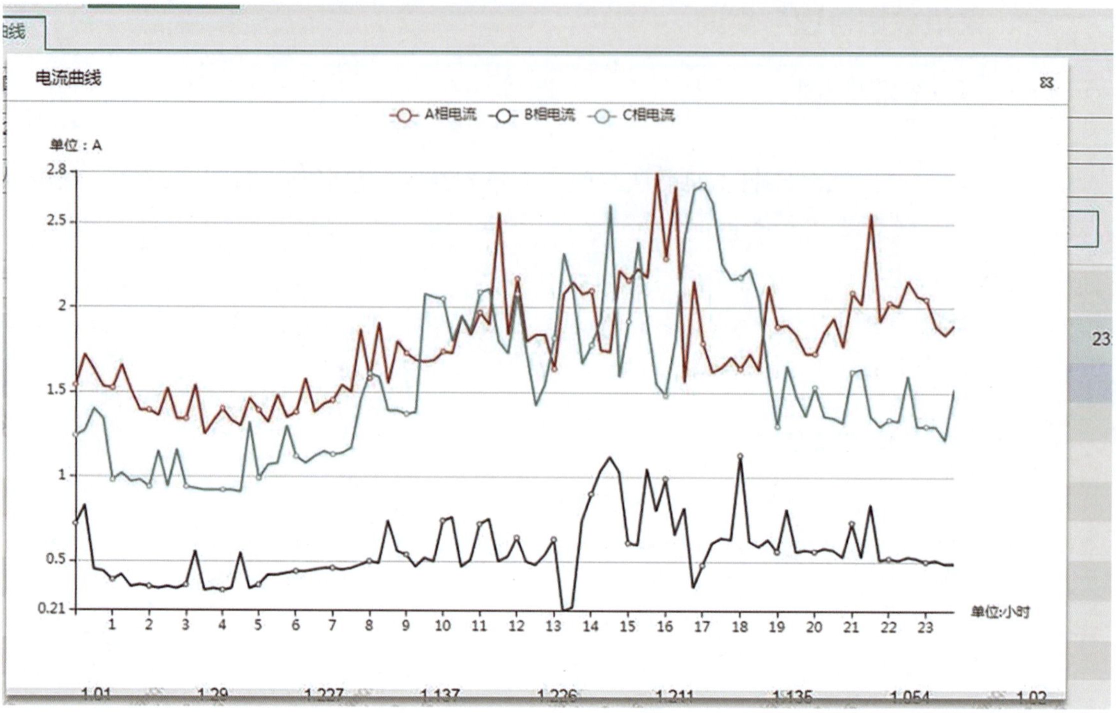

图 3-58　电流曲线

（二）电压数据查询

1. 功能描述

根据供电单位、数据日期、测量点类型、用户大类、对象名称、抄表段编号、电表资产号等条件对电压数据进行查询。

2. 功能操作步骤

选择【统计查询】→【采集数据查询】→【电压数据查询】，可通过供电单位、数据日期、测量点类型查询日电压信息，点击页面左侧的用户编号，可查看用户信息明细（基本信息、计量点信息），如图 3–59 所示。

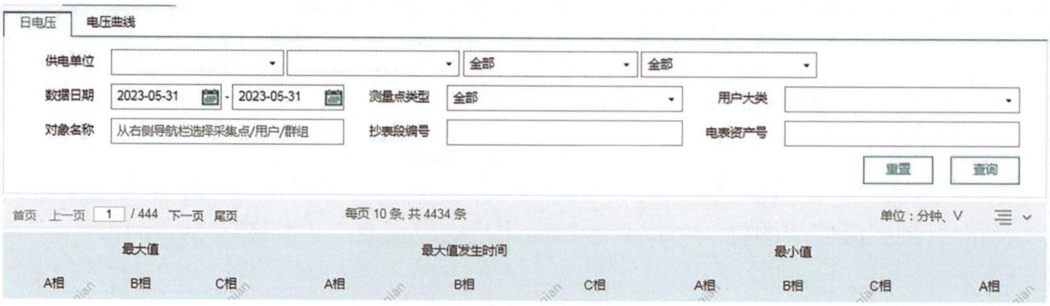

图 3-59　电压数据查询

（三）基础数据查询

1. 功能描述

通过查询条件（供电单位、数据日期、对象名称、抄表段编号、电表资产号、数据状态、用户大类、抄表方式等）查看基础数据明细。

2. 功能操作步骤

选择【统计查询】→【采集数据查询】→【基础数据查询】，选填供电单位、数据日期查询条件，点击【查询】，如图 3-60 所示。

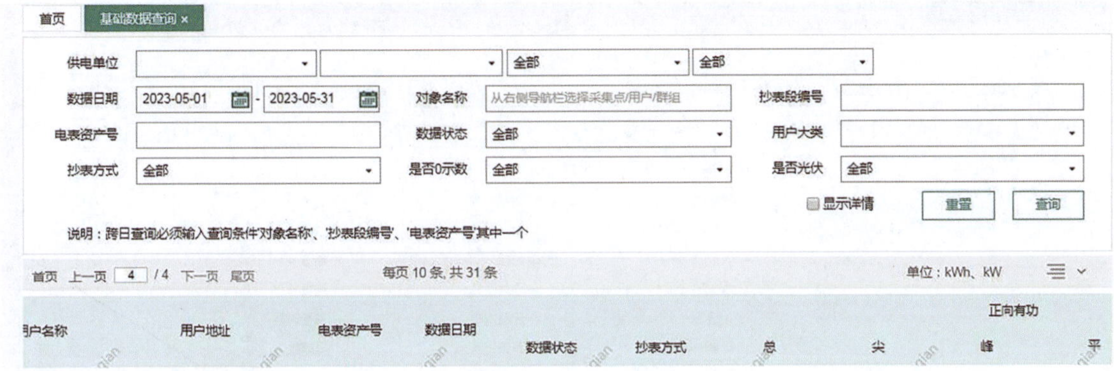

图 3-60　基础数据查询

输入电表资产号，可查看曲线数据中的电流、电压、功率、功率因数、示值，如图 3-61 所示。

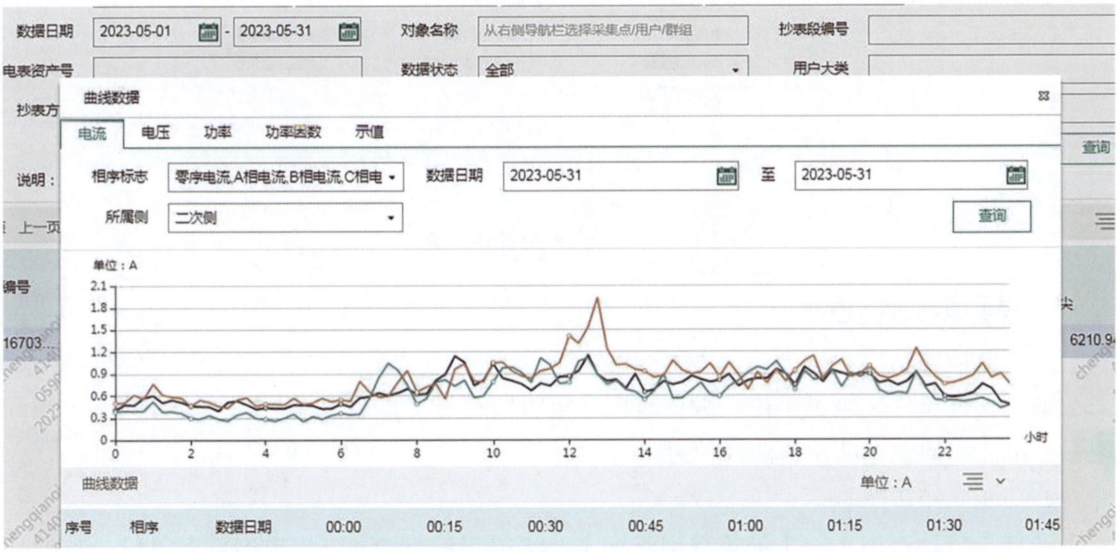

图 3-61　基础数据查询—曲线数据

（四）电表全事件查询

1. 功能描述

通过查询条件（供电单位、事件日期、事件类型、电表资产号、对象信息等）查询相应电表全事件。

2. 功能操作步骤

选择【统计查询】→【采集数据查询】→【电表全事件查询】，根据供电单位、事件日期等检索条件，选择需要查看的事件类型，可查看相应明细，如图 3-62 所示。

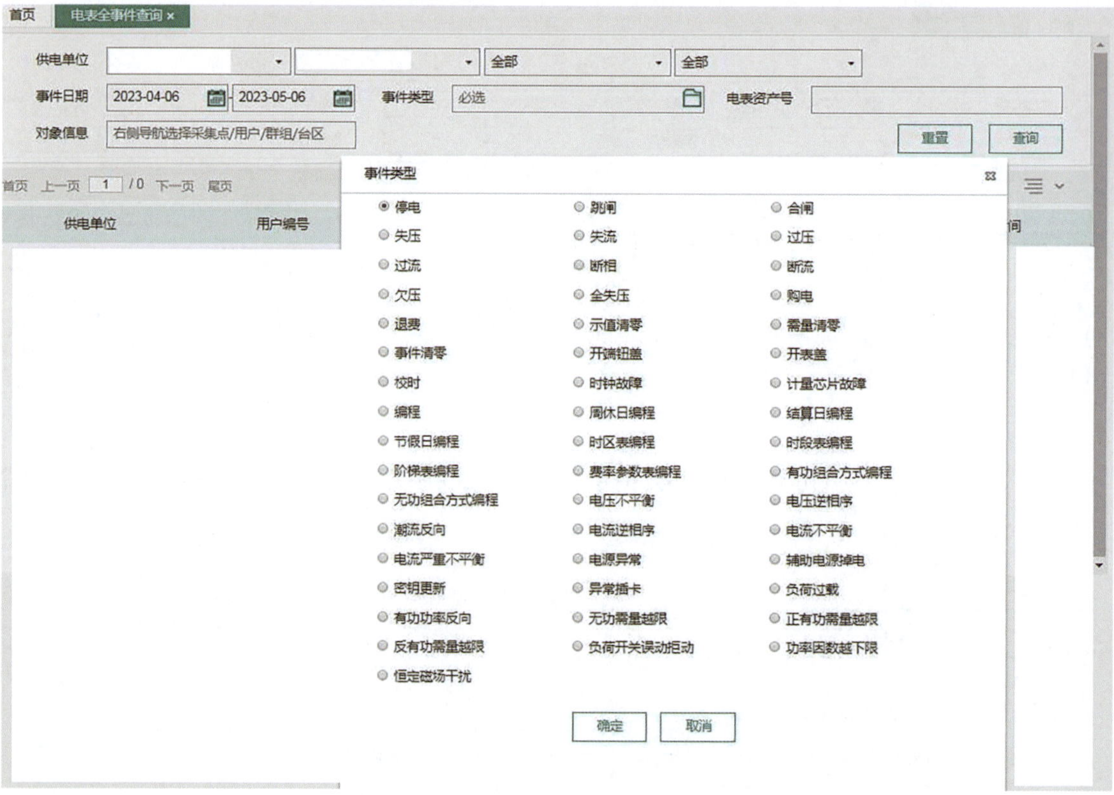

图 3-62　电表全数据查询

（五）电量数据查询

1. 功能描述

通过查询条件（供电单位、数据日期、电表资产号、抄表段编号、抄表方式等）查询电量、电能示值及电能示值曲线信息。

2. 功能操作步骤

选择【统计查询】→【采集数据查询】→【电量数据查询】，根据供电单位、数据日期、抄表方式等检索条件，可查询日冻结电能示值、日电量、电能示值曲线，如图 3-63 所示。

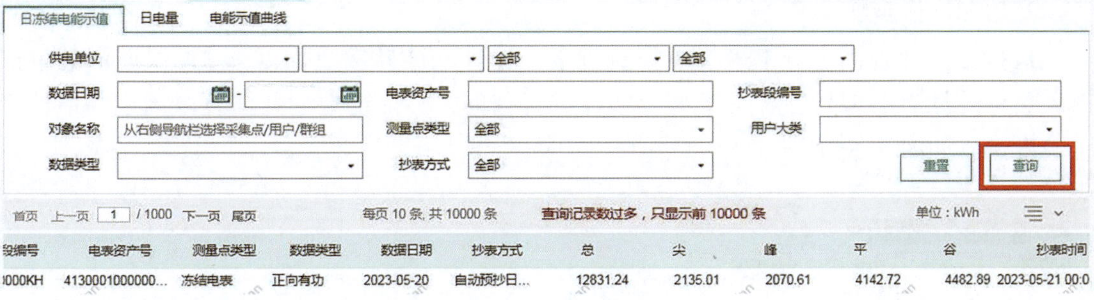

图 3-63　电量数据查询

点击日电量标签页，根据供电单位、数据日期进行查询，可查看列表中工单的日电量信息；在电能示值曲线标签页，根据供电单位、数据日期、电表资产号等检索条件进行查询，可查看电能示值曲线信息图及数据，如图 3-64 所示。

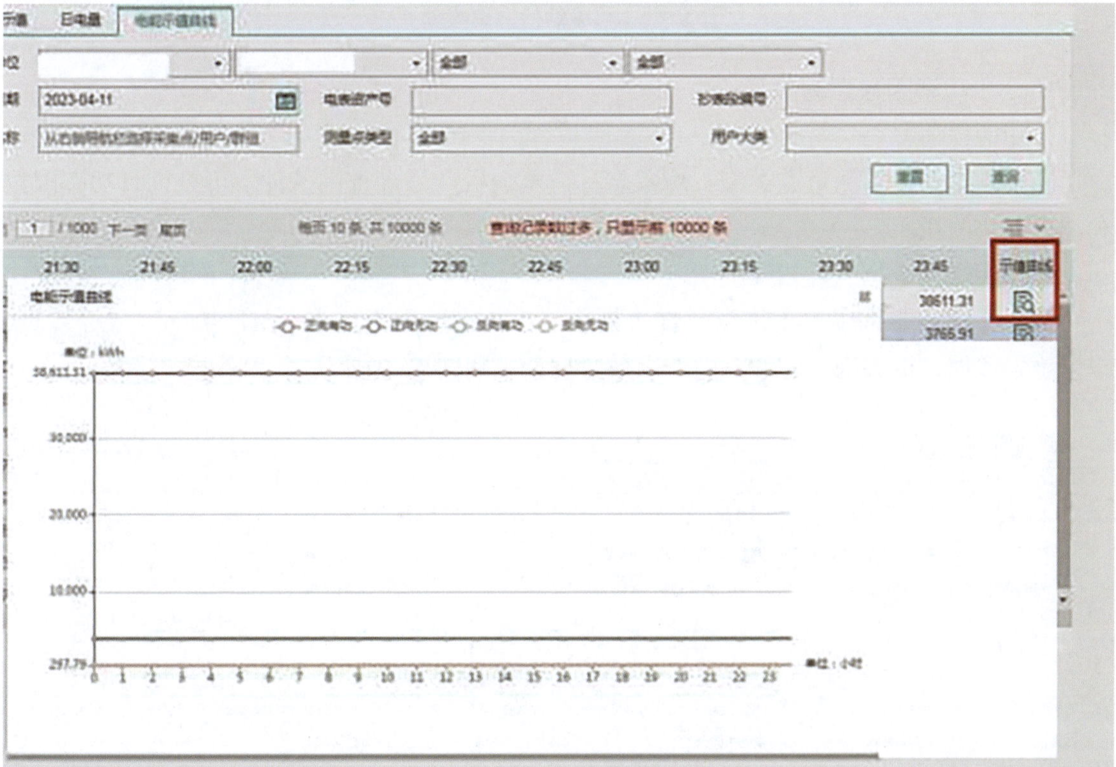

图 3-64　电能示值曲线

（六）日冻结异常处理

1. 功能描述

通过供电单位、对象名称、抄表段编号等查询条件，可对每日冻结的异常曲线数据进行统计、查询、审核与验证。

2. 功能操作步骤

选择【统计查询】→【采集数据查询】→【日冻结异常数据处理】，根据供电单位、对象名称、抄表段编号、异常类型等条件进行查询，验证正常的数据可以用于线损计算、营销推送，如图 3–65 所示。

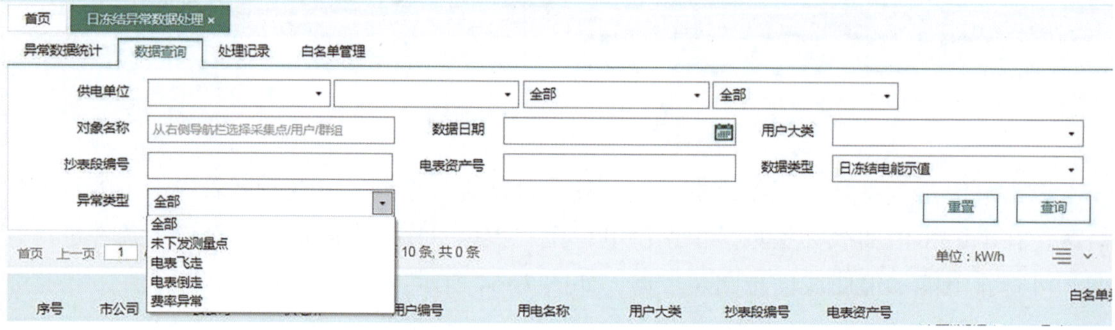

图 3–65　日冻结异常数据处理

（七）功率因数查询

1. 功能描述

通过供电单位、测量点类型、对象名称、电表资产号等查询条件，可查询日功率因数和功率因数曲线。

2. 功能操作步骤

选择【统计查询】→【采集数据查询】→【功率因数查询】，在日功率因数标签页，根据检索条件，可查询相应的日功率因数数据，如图 3–66 所示。

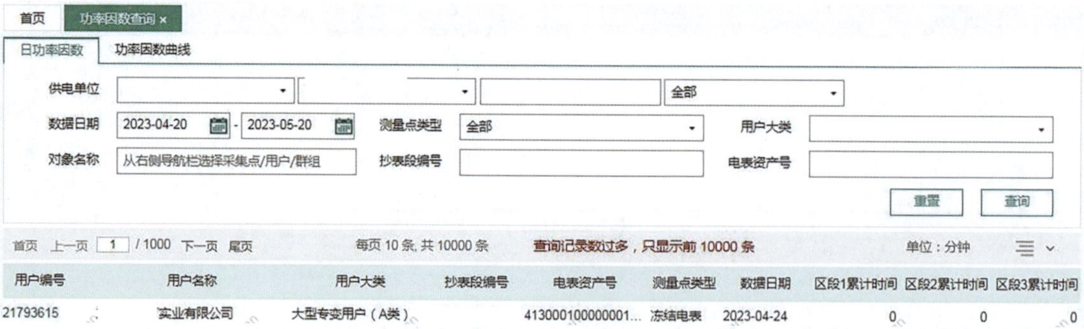

图 3–66　功率因数查询

在功率因数曲线标签页，根据检索条件，可查询相应的日功率因数曲线，如图 3–67 所示。

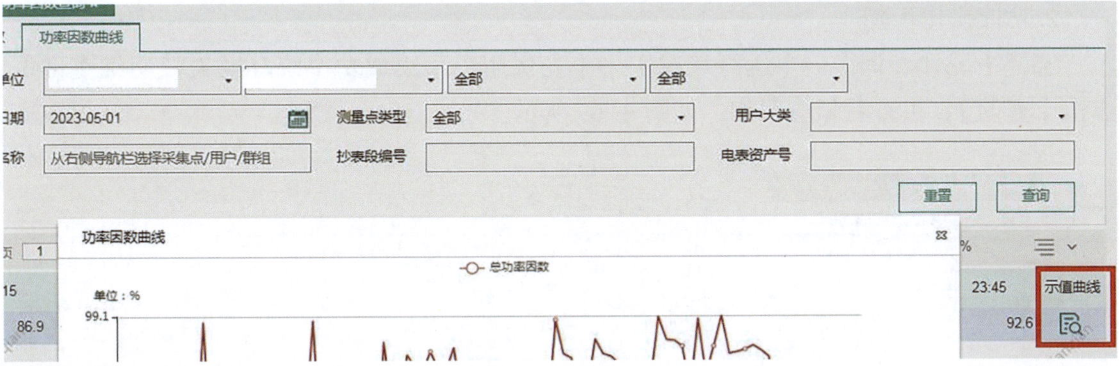

图 3-67　功率因数曲线

二、运行情况管理与查询

（一）未实现采集明细查询

1. 功能描述

根据检索条件（供电单位、用户类型、用户编号、用户名称、台区编号、抄表段号、电表资产编号、计量点用途、计量点电压等级等）对未实现采集的明细进行查看统计。

2. 功能操作步骤

选择【统计查询】→【运行状况】→【未实现采集明细查询】，点击【查询】，可查看相应明细，如图 3-68 所示。

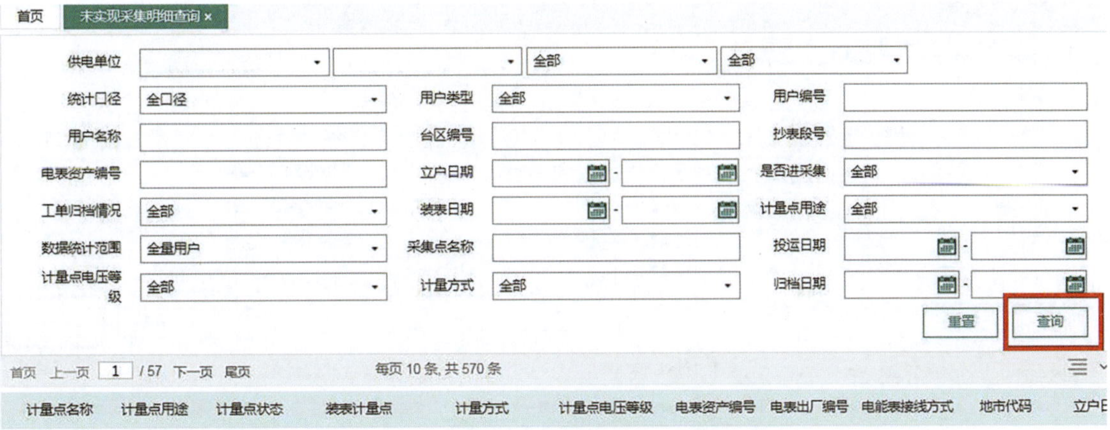

图 3-68　未实现采集明细查询

（二）光伏用户采集成功率统计及失败明细查询

1. 功能描述

根据检索条件（供电单位、数据日期、统计口径、用户类型）对光伏用户采集成功率及失败明细进行统计查询。

2. 功能操作步骤

选择【统计查询】→【运行状况】→【光伏用户采集成功率统计及失败明细查询】，点击【查询】，可查看相应明细，如图 3–69 所示。

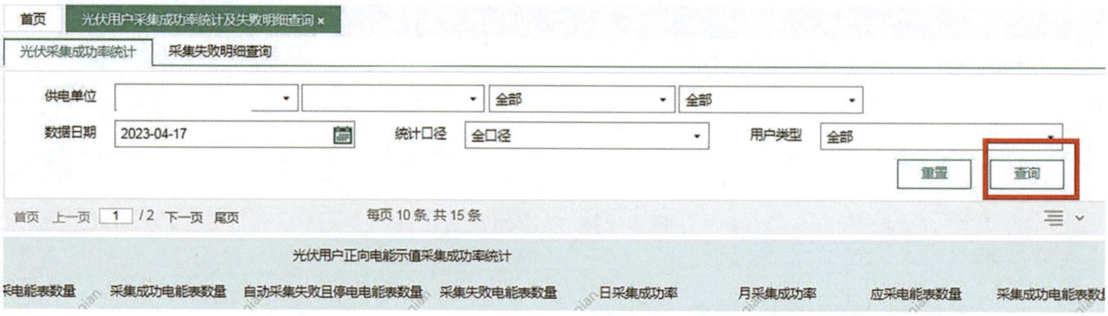

图 3–69　光伏用户采集成功率统计及失败明细查询

（三）电能表数据项采集失败明细查询（2022）

1. 功能描述

根据检索条件（供电单位、统计口径、数据日期、用户分类、数据项类型、计量点用途、采集停电标识等）对电能表数据项采集失败明细进行查询。

2. 功能操作步骤

选择【统计查询】→【运行状况】→【电能表数据项采集失败明细查询（2022）】，点击【查询】，可查看相应明细，如图 3–70 所示。

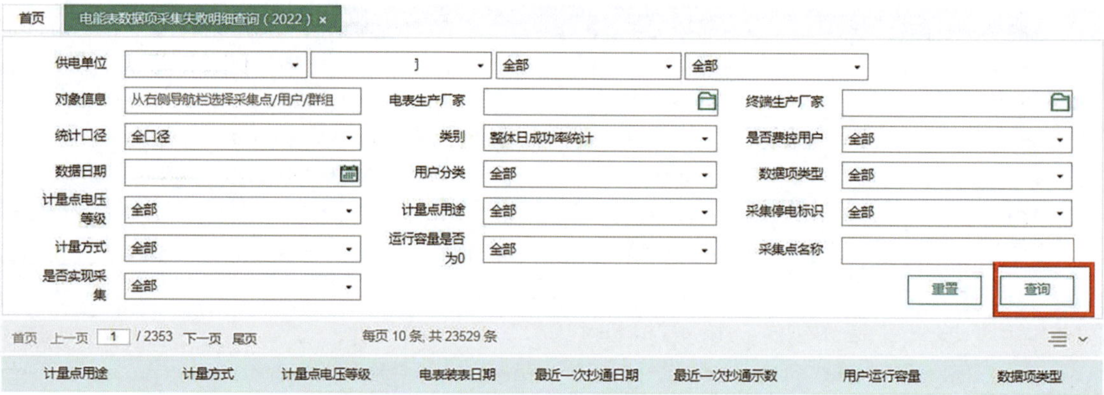

图 3–70　电能表数据项采集失败明细查询（2022）

（四）专公变全量数据采集失败明细查询（2022）

1. 功能描述

根据检索条件（供电单位、数据日期、类别、统计口径、数据项类型、计量点用途等）对专公变全量数据采集失败明细进行查询。

2. 功能操作步骤

选择【统计查询】→【运行状况】→【专公变全量数据采集失败明细查询（2022）】，点击【查询】，可查看相应明细，如图 3–71 所示。

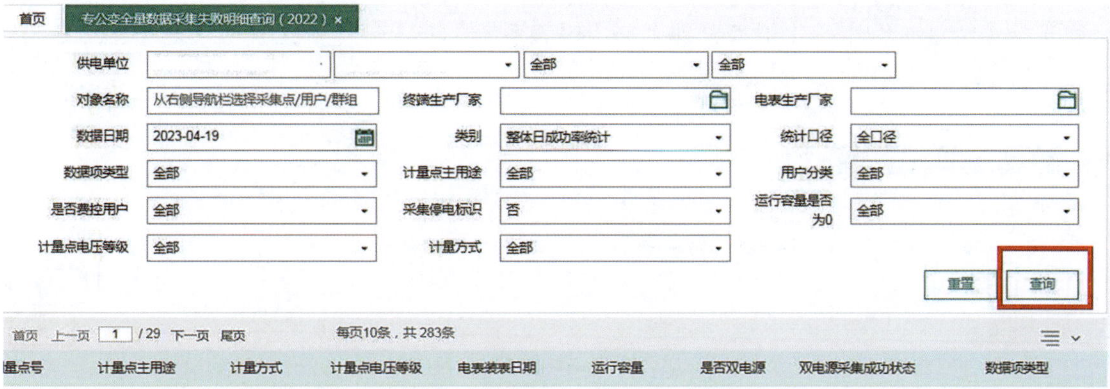

图 3–71　专公变全量数据采集失败明细查询（2022）

三、报表管理

（一）电能表数据项采集成功率统计（2022）

1. 功能描述

根据供电单位、统计口径、数据日期等检索条件，查询电能表数据项采集成功率统计报表。

2. 功能操作步骤

选择【统计查询】→【报表管理】→【报表系统】→【电能表数据项采集成功率统计（2022）】，点击【查询】，如图 3–72 所示。

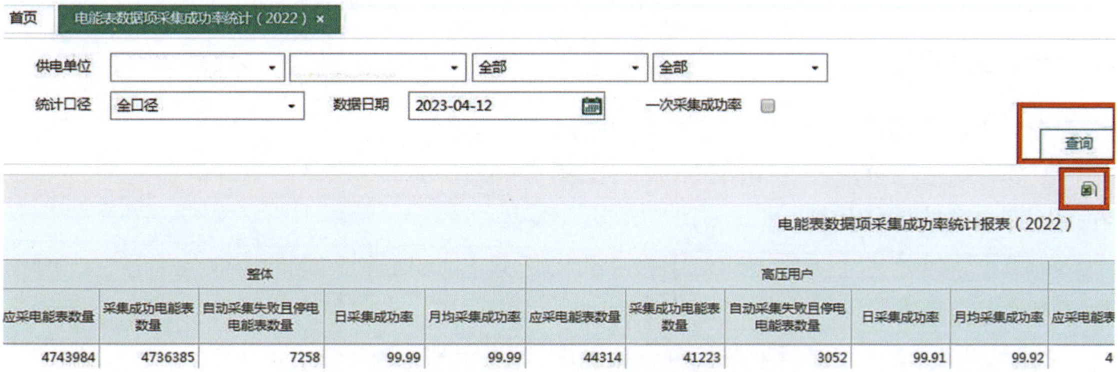

图 3–72　电能表数据项采集成功率统计（2022）

点击【导出】，可以导出所查询到的全部统计数据。

（二）日均采集成功率统计（2022）

1. 功能描述

根据供电单位、统计口径、数据日期等检索条件，查询日均采集成功率统计报表。

2. 功能操作步骤

选择【统计查询】→【报表管理】→【报表系统】→【日均采集成功率统计（2022）】，点击【查询】，如图 3–73 所示。

图 3–73　日均采集成功率统计（2022）

模块五　系统管理

模块说明　本模块主要用于工作流和导出文件下载等。

一、工作流

（一）功能描述

根据系统权限分配，处理调试结果、采集点信息、参数下发 / 召测等信息。

（二）功能操作步骤

选择【系统管理】→【工作流】→【我的任务】，根据检索条件（业务编号、工单到达时间、锁定状态等），点击【查询】，如图 3–74 所示。

选中某条工单，可以对工单进行处理、解锁、锁定与注销。

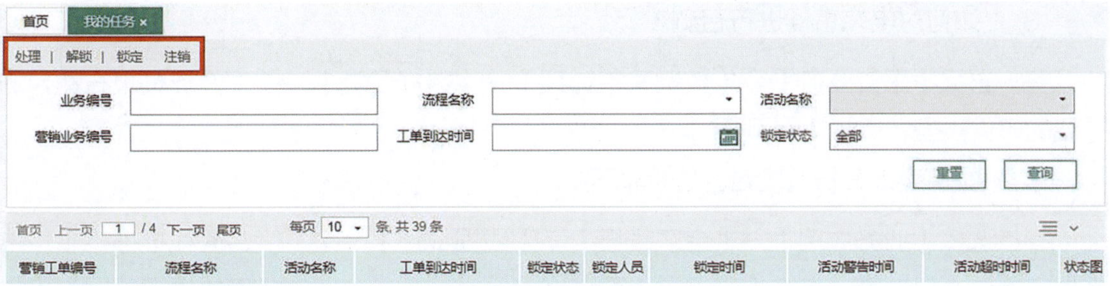

图 3-74　我的任务

二、导出文件下载

（一）功能描述

实现对导出文件的下载。

（二）功能操作步骤

选择【系统管理】→【文件下载】→【导出文件下载】，选择菜单名称、任务创建时间，点击【查询】，可对导出文件进行下载，如图 3-75 所示。

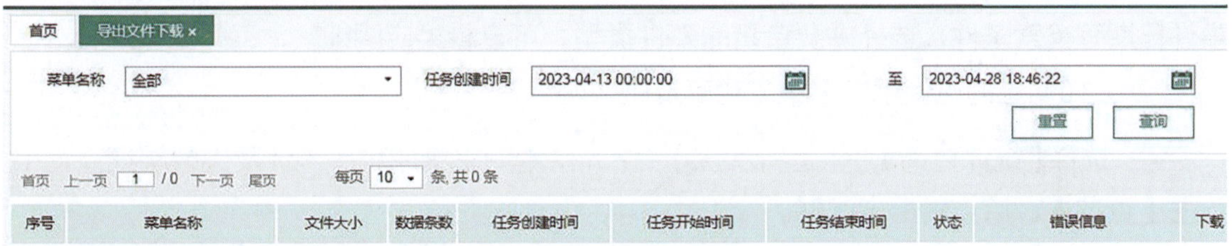

图 3-75　导出文件下载

思考与练习

1　如何将常用的菜单添加至常用功能模块？

答：点击【更多】→【常用功能设置】，首先选中左侧【可选功能菜单】区的某个菜单，然后点击右移按钮，即可完成菜单的添加，最后点击【保存】按钮结束操作，可将常用菜单添加至【常用功能菜单】下。

2　如何对抄表情况明细进行监控？

答：选择【采集业务】→【数据采集管理】→【抄表情况明细】，选择供电单位、数据日期进行查询，可查看并动态监控抄表及补抄情况，数据从 6:00 开始约每两小时更新一次。

3 如何对电表事件进行召测？

答：选择【采集业务】→【数据采集管理】→【数据召测】，在事件标签页右侧勾选需要的事件类型，点击【召测】。

4 如何查询分析月度台区线损情况？

答：选择【业务应用】→【台区线损】→【线损统计】→【月度台区线损指标】，选择供电单位、日期等，点击【查询】，可查询台区明细及各台区的月度线损率情况。点击台区编号，可显示台区下计量点及各计量点的电量信息。

5 如何将没有自动推送到闭环的失败工单手工推送闭环？

答：选择【业务应用】→【费控管理】→【费控执行】→【费控手动通知闭环】，根据供电单位、控制类型、工单时间等条件查询失败工单信息。选中费控失败工单后，点击【追加到列表】，工单信息即出现在执行列表中；在执行列表中的工单，根据需要，可以进行删除，也可以点击【通知闭环】将工单信息推送至闭环系统。

6 如何查询电表全事件？

答：选择【统计查询】→【采集数据查询】→【电表全事件查询】，根据供电单位、事件日期等检索条件，选择需要查看的事件类型，可查看相应明细。

7 如何查询光伏用户采集成功率及失败明细？

答：选择【统计查询】→【运行状况】→【光伏用户采集成功率统计及失败明细查询】，点击【查询】，可查看相应明细。

8 如何对导出的文件进行下载？

答：选择【系统管理】→【文件下载】→【导出文件下载】，选择菜单名称、任务创建时间，点击【查询】，可对导出文件进行下载。

第四章

供电所综合评价管理平台

模块一　平台概述

模块说明　本模块主要介绍供电所综合评价管理平台及其登录方式和页面等。

一、系统概述

供电所综合评价管理平台主要分为综合评价、绩效考核等功能模块。

二、系统登录与页面介绍

在谷歌浏览器或360浏览器输入登录网址：http://25.213.47.236/ldjsportal/login，显示登录页面，如图4–1所示，输入用户名和密码，点击【登录】。如果成功登录，系统自动跳转至平台首页；如果登录不成功，登录页面提示失败详情。

图4–1　供电所综合评价管理平台登录页面

模块二　综合评价

模块说明　本模块主要用于综合得分排名、指标明细展示和综合评价分析。

一、综合得分排名

（一）功能描述

展示供电所月度综合指标得分排名、模块指标排名、一级指标排名、二级指标排名等。

（二）功能操作步骤

在页面左侧菜单选择【综合评价】→【2023 版服务前端综合评价】→【综合得分排名展示】，可以分别查看供电所月度综合指标得分排名、模块指标排名展示、一级指标排名和二级指标排名等。

（1）月度综合得分排名展示，分为市公司综合得分排名、县级单位综合得分排名和供电所 / 班组综合得分排名三个标签页，如图 4-2 所示。

图 4-2　月度综合得分排名展示

（2）模块指标排名展示，展示电网运维、综合协调、营销管理、基础保障四个模块的指标得分与排名。点击市公司名称，可以查看所辖各县公司四个模块的得分与排名；点击县公司名称，可以查询所辖供电所的四个模块的得分与排名，如图 4-3 所示。

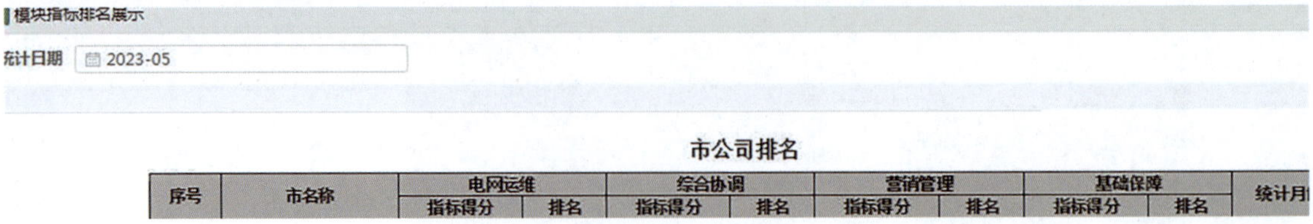

图 4-3　模块指标排名展示

（3）一级指标排名展示，展示一级指标得分与排名。点击市公司名称，可以查看所辖各县公司的一级指标得分与排名；点击县公司名称，可以查询所辖供电所的一级指标得分与排名。

（4）二级指标排名展示，展示二级指标得分与排名。点击市公司名称，可以查看所辖各县公司的二级指标得分与排名；点击县公司名称，可以查询所辖供电所的二级指标得分与排名。

（5）四星级供电所指标排名展示，分为综合指标得分、模块指标得分、一级指标得分、二级指标得分四个标签页，分别展示四星级供电所的相应指标得分、排名、年度预警次数。

（6）五星级供电所指标排名展示，分为综合指标得分、模块指标得分、一级指标得分、二级指标得分四个标签页，分别展示五星级供电所的相应指标得分、排名、年度预警次数。

（7）标杆供电所指标排名展示，分为综合指标得分、模块指标得分、一级指标得分、二级指标得分四个标签页，分别展示标杆供电所的相应指标得分、排名、年度预警次数。

（8）中心供电所指标排名展示，分为综合指标得分、模块指标得分、一级指标得分、二级指标得分四个标签页，分别展示中心供电所的相应指标得分、排名、年度预警次数。

二、指标明细展示

选择供电单位、一级指标、二级指标、指标细项名称、统计日期等，点击【查询】，可展示相应指标明细，如图 4–4 所示。

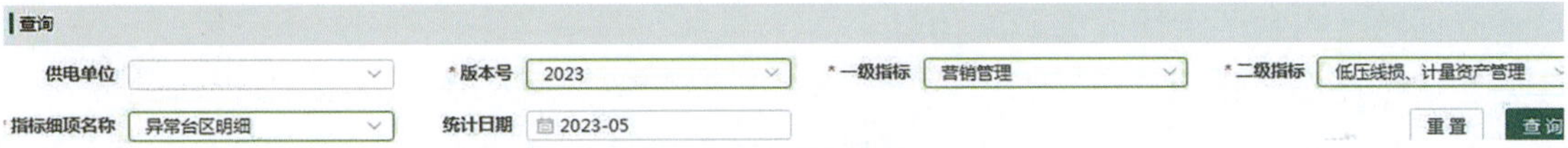

图 4–4　指标明细展示

三、综合评价分析

选择供电单位、统计月份，点击【查询】，可以导出查看相应的供电所综合评价指标分析及提升措施报告。系统根据月度指标情况，分析综合评价整体情况、单项指标及提升措施，并形成分析报告，可供下载查看。

模块三　绩效考核

模块说明　本模块主要用于供电所绩效考核，考核内容包括基础档案信息、工作任务及员工综合得分明细。

一、基础档案信息

（一）人员基础信息

1. 功能描述

查询本级及以下供电单位的人员基础信息，只用于查询，而不可以修改。

2. 功能操作步骤

在左侧菜单选择【绩效考核】→【基础档案信息】→【人员基础信息】，选择供电单位、岗位、名称、统计时间等查询条件，点击【查询】，可显示相应人员基础信息；点击【导出】，可导出页面或全部数据。

（二）人员基础信息管理

1. 功能描述

查询本级及以下供电单位的人员基础信息，可用于修改网格化区域图片信息。

2. 功能操作步骤

在左侧菜单选择【绩效考核】→【基础档案信息】→【人员基础信息管理】，选择供电单位、岗位、名称、统计时间等查询条件，点击【查询】，可显示相应人员信息；可以在该页面维护人员网格化区域的图片信息，上传成功后可以进行图片的预览和修改。

（三）台区责任人档案信息

1. 功能描述

查询辖区内台区责任人的档案信息。

2. 功能操作步骤

在左侧菜单选择【绩效考核】→【基础档案信息】→【台区责任人档案信息】，选择供电单位、台区编码、台区名称等查询条件，点击【查询】，可显示辖区内的台区责任人档案信息；点击【导出】，可导出页面或全部数据。

二、工作任务

（一）待办任务

1. 功能描述

当前登录权限下待办工单的查询及处理。

2. 功能操作步骤

选择【绩效考核】→【工作任务】→【待办任务】，显示待办工单的信息，工单分为指标体系管理和得分数据发布两类。

（1）指标体系管理。点击【发起指标调整】，系统会自动生成一条指标流程工单，通过工单编号进入指标项维护页面，就可以对指标信息进行维护，如图 4–5 所示。

图 4-5　待办任务

点击工单编号，进入指标项维护页面，修改完所有的指标信息后，点击指标信息（根指标节点），点击【提交】按钮，弹框提示是否确认提交当前修改的指标信息，点击【确定】按钮，即可将该工单推送至项目组审批环节，在全部任务标签页下可以查看工单的处理情况。

（2）得分数据发布。得分数据发布流程如图 4-6 所示。

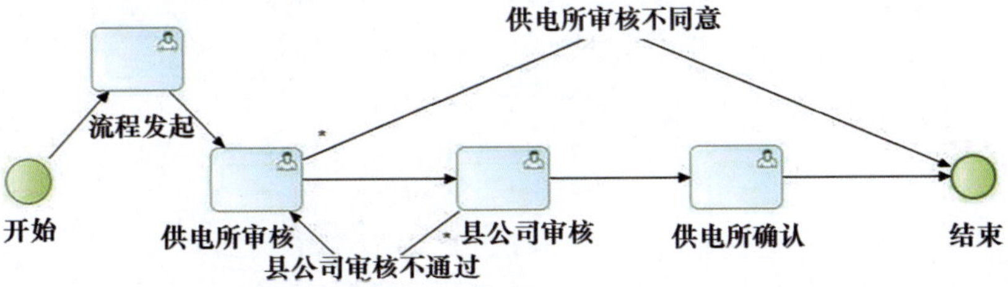

图 4-6　得分数据发布流程

系统定时发起得分数据发布流程，流程发起后，在供电所审核环节，在待办任务标签页点击工单审核分数，可以进行数据补录和数据校正，点击【数据校正】，可重新计算得分。

点击【日常数据补录】按钮，可以维护人员的相关数据（操作流程与日常数据新增、修改、删除一致），数据维护后，各人员的得分得以更新。审核完工单内容后，点击【保存】。如果对审核结果无异议，选择【同意】，点击【发送】按钮，工单推送到县公司审核环节。如果对审核有异议，选择【不同意】，点击【发送】按钮，系统自动触发指标调整工单。先在待办工单页面审核，审核通过后，由供电所在待办工单页面再次确定，点击【发送】按钮，工单归档，得分数据发布流程结束。

（二）全部任务

1. 功能描述

当前登录权限下所有工单处理情况的统计。

2. 功能操作步骤

选择【绩效考核】→【工作任务】→【全部任务】，如图 4–7 所示。

序号	工单编号	供电单位编码	供电单位	工单内容	工单类型	工单发起时间	工单结束时间	备注
1	JX202306		供电所	工单内容：得分数...	得分数据发布	2023-06-15 11:52:05	2023-06-19 14:35:18	正常归档
2	JX202306		供电所	工单内容：得分数...	得分数据发布	2023-06-15 11:44:43	2023-06-19 16:42:09	正常归档
3	JX202306		供电所	工单内容：得分数...	得分数据发布	2023-06-15 11:35:53	2023-06-19 14:46:43	正常归档
4	JX202306		供电所	工单内容：得分数...	得分数据发布	2023-06-15 10:08:30	2023-06-19 16:03:05	正常归档

图 4–7　全部任务

点击工单编号，可查询该工单对应的详细信息，展示得分信息，如图 4–8 所示。

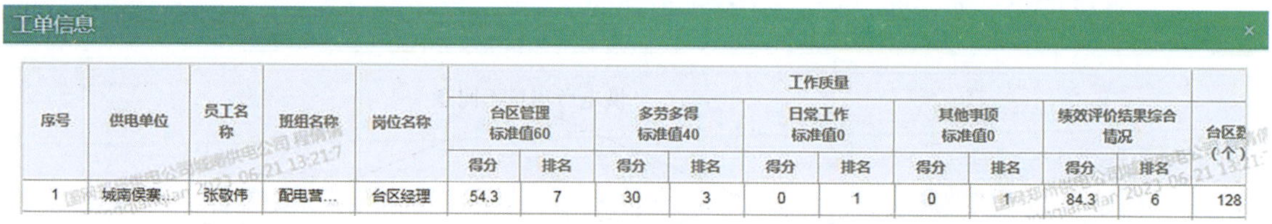

序号	供电单位	员工名称	班组名称	岗位名称	工作质量										台区数（个）
					台区管理 标准值60		多劳多得 标准值40		日常工作 标准值0		其他事项 标准值0		绩效评价结果综合情况		
					得分	排名	得分	排名	得分	排名	得分	排名	得分	排名	
1	城南供赛...	张敬伟	配电营...	台区经理	54.3	7	30	3	0	1	0	1	84.3	6	128

图 4–8　工单信息

（三）消息提醒

1. 功能描述

提醒当前登录人及时处理待办工单。

2. 功能操作步骤

登录绩效考核系统后，如果有待办工单需要处理，系统右下角会弹出消息提醒对话框，如图 4–9 所示。

三、员工综合得分明细

（一）功能描述

查询供电单位（所级单位）员工综合得分明细。

（二）功能操作步骤

选择【绩效考核】→【指标结果展示】→【员工综合得分明细展示】，选择供电单位、岗位、展示层级，查询对应员工的得分情况，如图 4–10 所示。

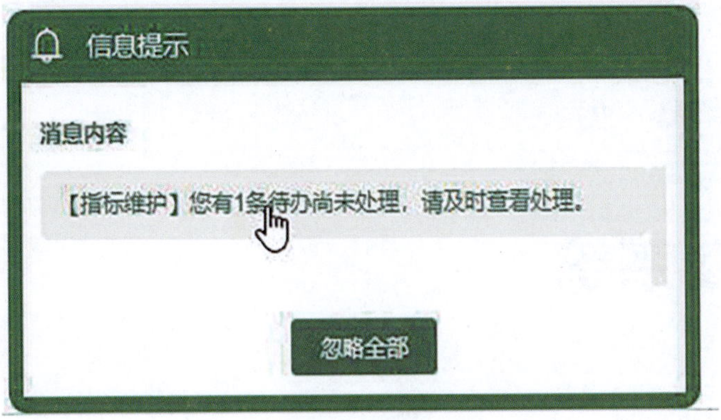

图 4-9　消息提醒

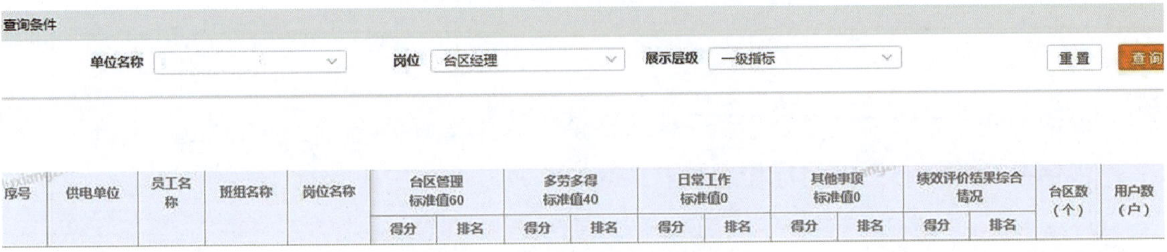

图 4-10　员工综合得分明细展示

思考与练习

1　如何查询供电所评价的指标明细结果？

答：选择供电单位、一级指标、二级指标、指标细项名称、统计日期等，点击【查询】，可展示相应指标明细。

2　绩效考核的工单分为哪几种类型？

答：绩效考核的工单分为指标体系管理和得分数据发布两类。

第五章
PMS3.0 系统

模块一　系统概述

模块说明　本模块主要介绍新一代设备资产精益管理系统（简称PMS3.0系统），包括系统简介、工作目标和系统登录。

一、系统简介

PMS3.0 系统是新一代设备资产精益管理系统，旨在依据国家电网有限公司建设“具有中国特色国际领先的能源互联网企业”战略目标和数字化转型发展战略要求，加快推进电网智能化提升和设备管理数字化转型，提升设备本质安全水平和精益管理能力，支撑构建以新能源为主体的新型电力系统，助力国家电网有限公司向能源互联网企业转型升级。

二、工作目标

遵循 PMS3.0 顶层设计，按照“结构化、标准化、互联网化、流程化、可视化”的设计思路，构建“1+7”工作机制，总结提炼试点成果，优化完善专业应用，打造基于统一数字化跨专业标准库、统一可视化应用服务配置工具、统一互联网风格人机交互组件的基础应用框架，构建一套完整、统一、可复用的基础作业类典型推广应用，实现专业管理类应用构建高效支撑，各推广单位快速部署应用。PMS3.0 设计思路如图 5–1 所示，PMS3.0 统推范围如图 5–2 所示。

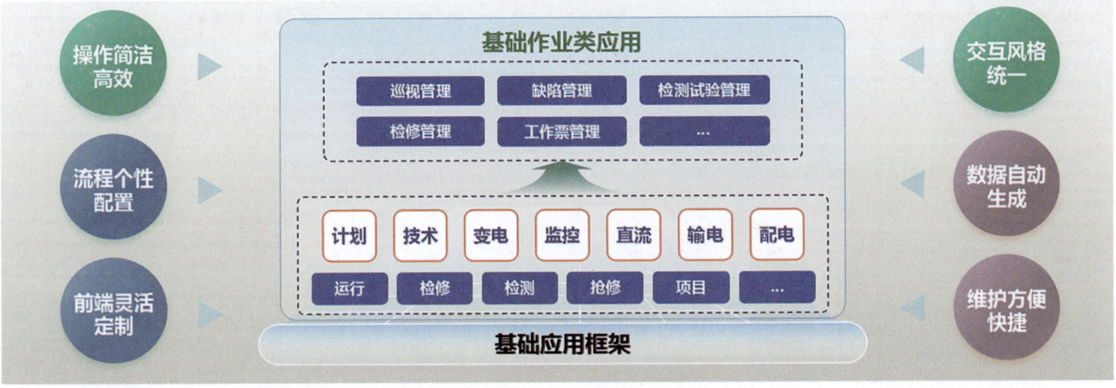

图 5-1　PMS3.0 设计思路

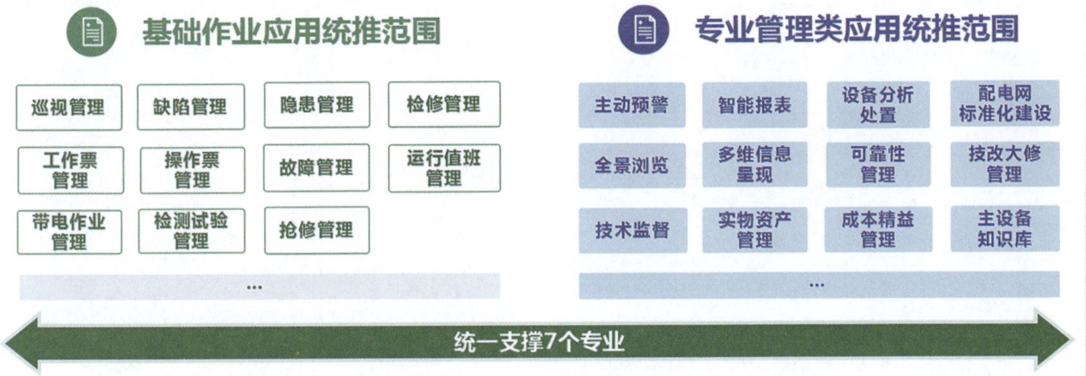

图 5-2　PMS3.0 统推范围

三、系统登录

（一）PC 端访问

（1）配置本地电脑 host 文件：找到 C:\Windows\System32\drivers\etc\hosts，打开记事本后，将地址 25.213.52.25 pms3.ha.sgcc.com.cn 粘贴进去并保存。

（2）将谷歌浏览器更新到最新版本，输入登录网址：http://iscsso.ha.sgcc.com.cn/isc_sso/login?service=http://pms3.ha.sgcc.com.cn:51010/pms-framework-portal-ui/，用配电专业用户账号登录系统，登录页面如图 5-3 所示。

（二）移动端访问

（1）打开 i 国网，输入账号及密码，进入工作台页面。

（2）选择“智能运检”，打开 PMS3.0 统一工作台。

图 5-3　PMS3.0 登录页面

模块二　缺陷管理

模块说明　本模块主要介绍如何在 PMS3.0 中，通过 PC 端和移动端对工作中的缺陷进行管理，包括缺陷登记、审核和验收等操作。

一、缺陷管理（PC 端）

（一）缺陷登记

操作路径：【生产作业管理】→【缺陷管理】→【我的】。

使用角色：班组成员。

约束条件：已分配菜单权限。

功能描述：运维班组成员在巡视、日常运维等工作过程中发现缺陷，对缺陷进行登记，并发送至班组长审核。

（1）打开 PMS3.0 系统首页，点击【缺陷管理】→【我的】，如图 5-4 所示。

图 5-4　缺陷管理主页面

（2）点击页面右上角【+】，顶部弹出缺陷登记卡片，如图 5-5 所示。

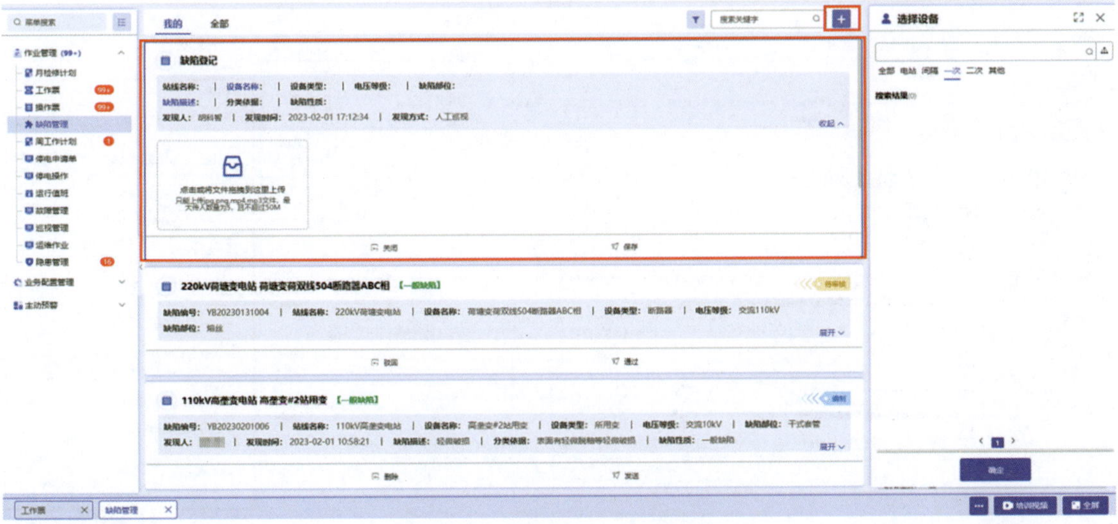

图 5-5　缺陷管理—缺陷登记

（3）在右侧弹出展示区，通过【选择设备】搜索框，可模糊搜索需要登记的缺陷设备，如图 5-6 所示。

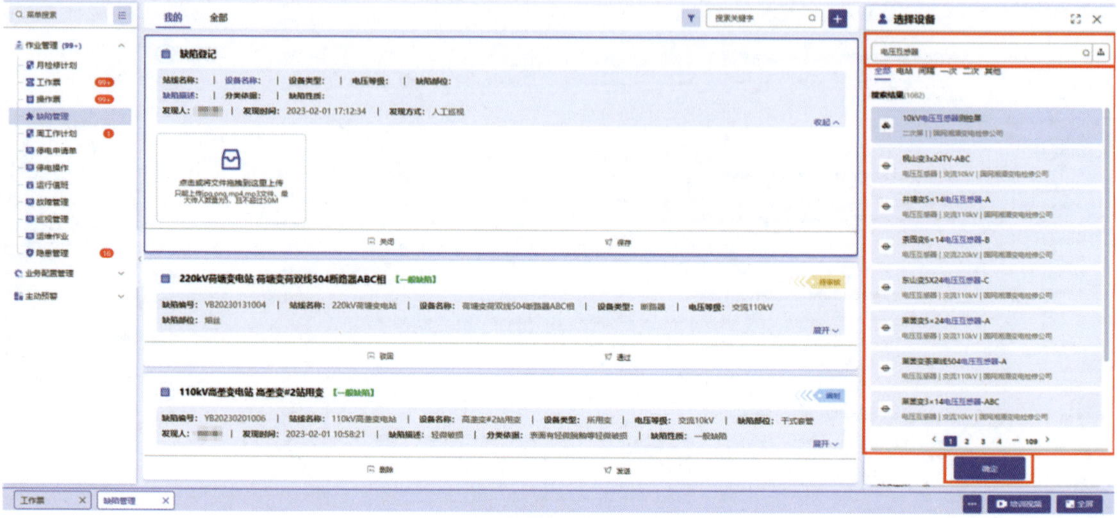

图 5-6　缺陷登记—模糊搜索设备

（4）选中一条设备，点击【确定】即可完成设备选择，如图 5-7 所示。

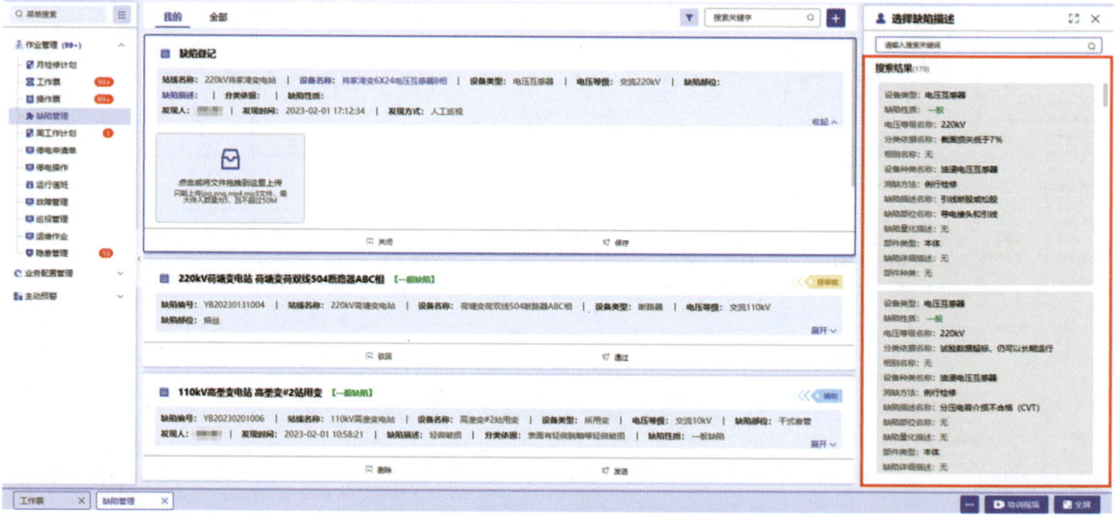

图 5-7　缺陷登记—设备选择完成

（5）选择完设备之后，右侧自动弹出【选择缺陷描述】，缺陷描述内容是经过电压等级和设备类型筛选的，如图 5-8 所示。

（6）在搜索框中输入缺陷描述关键字并进行搜索，下方展示模糊搜索结果，如图 5-9 所示。

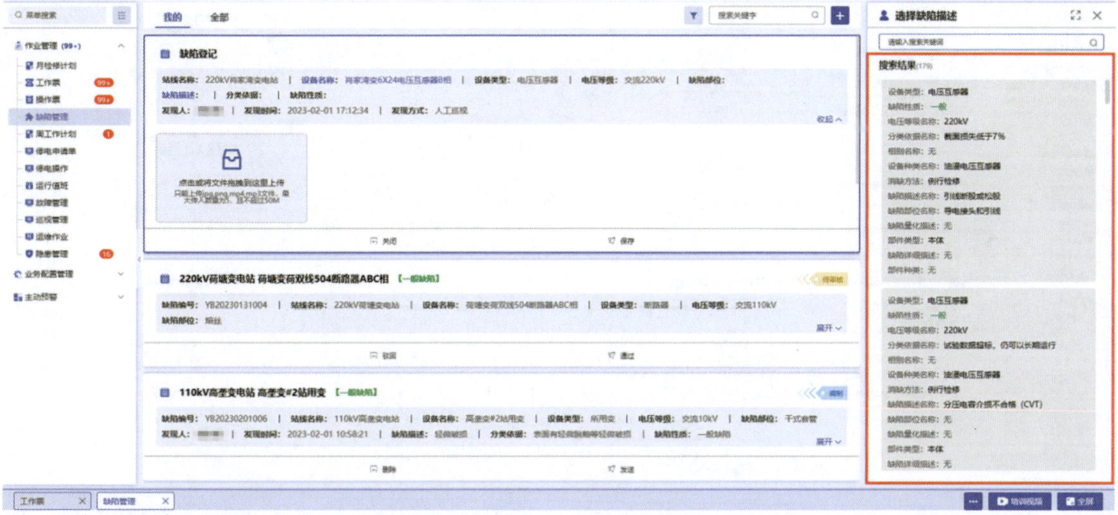

图 5-8　缺陷登记—选择缺陷描述

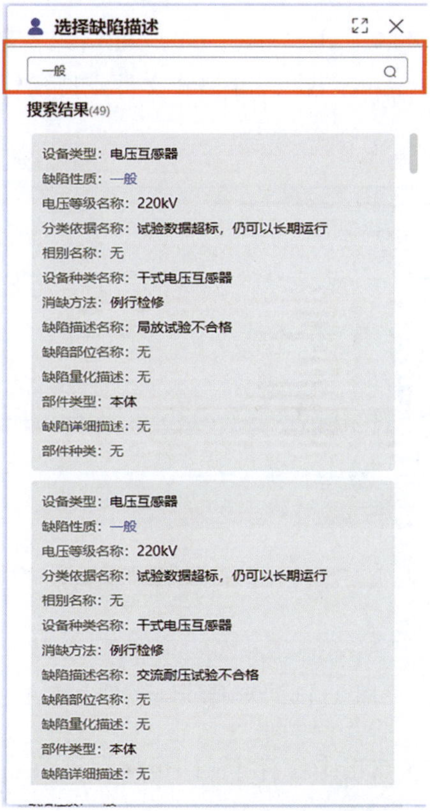

图 5-9　缺陷登记—模糊搜索结果

（7）点击一条缺陷描述卡片，即可完成缺陷描述选择，如图 5-10 所示。

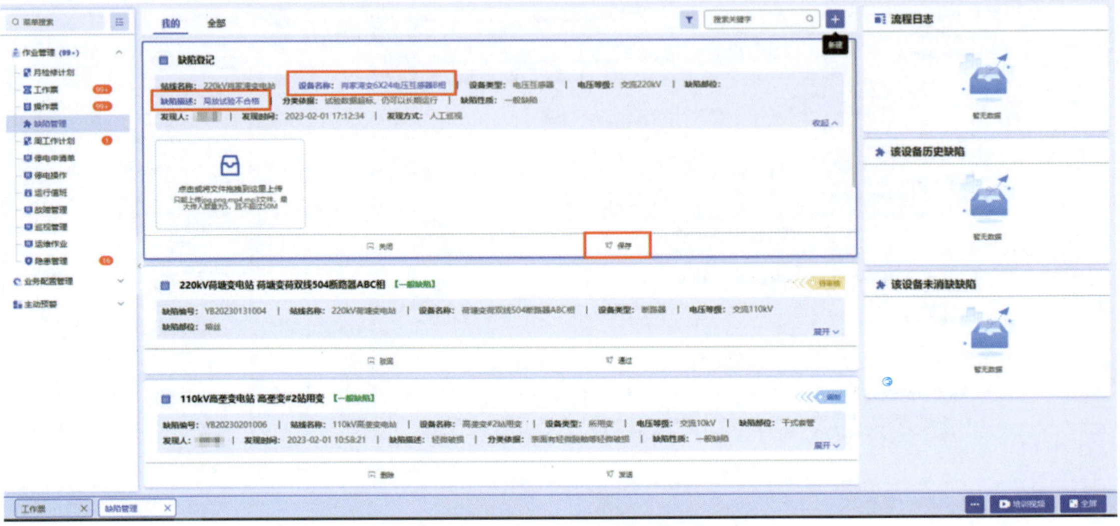

图 5-10　缺陷登记—缺陷描述选择完成

（8）点击上传附件框，可上传缺陷照片、视频等附件，支持 jpg、png、mp3、mp4、mov、wmv、flv、mkv、doc、docx、xls、xlsx、txt、pdf 格式，数量上限为 5 个，总体量上限为 30MB，png、jpg、mp3、mp4、txt、pdf 格式文件支持预览，如图 5-11 所示。

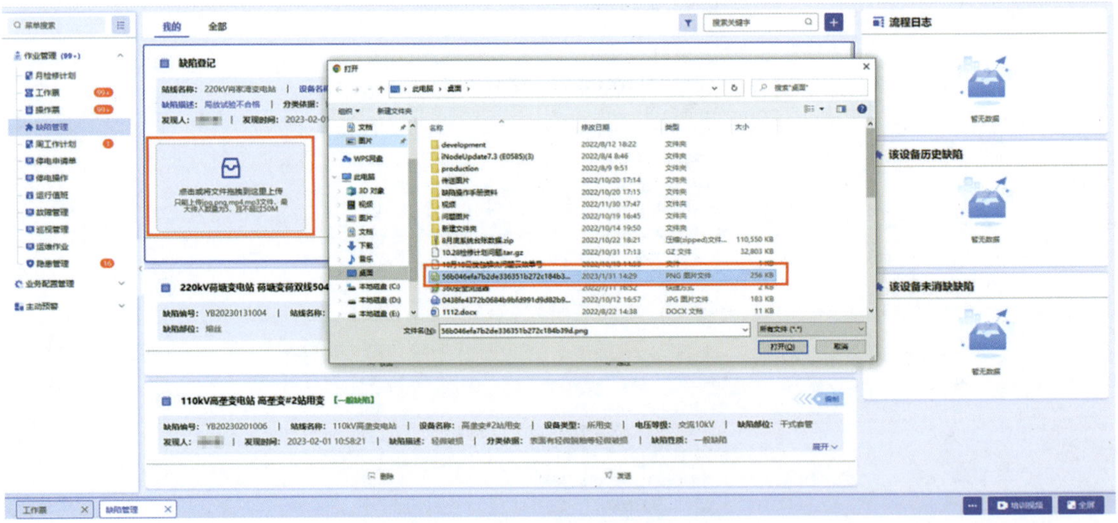

图 5-11　缺陷登记—附件上传

（9）信息录入完成之后，点击【保存】，即可保存该缺陷，设备是否受损字段默认赋值为否，页面不展示，如图 5-12 所示。

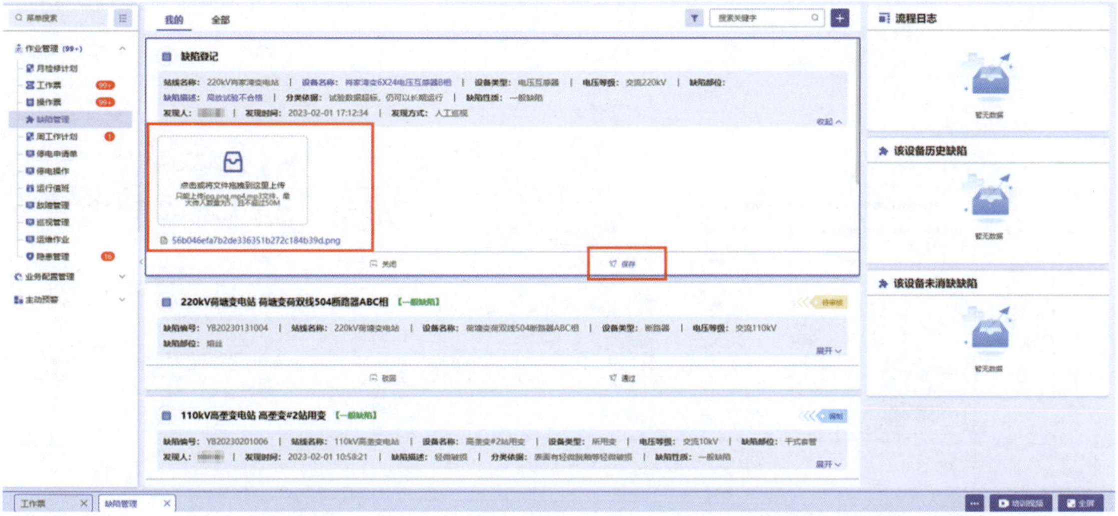

图 5-12　缺陷登记—附件保存完成

（10）保存之后点击【发送】按钮，由调用人员选择组件和审核人，人员选择范围为当前登录人所在省且拥有班组审核权限的人；发送成功后，缺陷状态变更为待审核，同时调用设备报险服务，即可将缺陷发送至班组长处审核，如图 5-13 所示。

图 5-13　缺陷登记—缺陷发送班组长审核

（11）对已登记的缺陷卡片，将鼠标移入则字体颜色置蓝；点击缺陷卡片可对其进行修改，且仅支持修改编制状态下的缺陷，支持修改设备名称、发现人、缺陷描述、缺陷内容、发现方式、附件，支持多选，最多可选择 5 个，如图 5-14 ~ 图 5-17 所示。

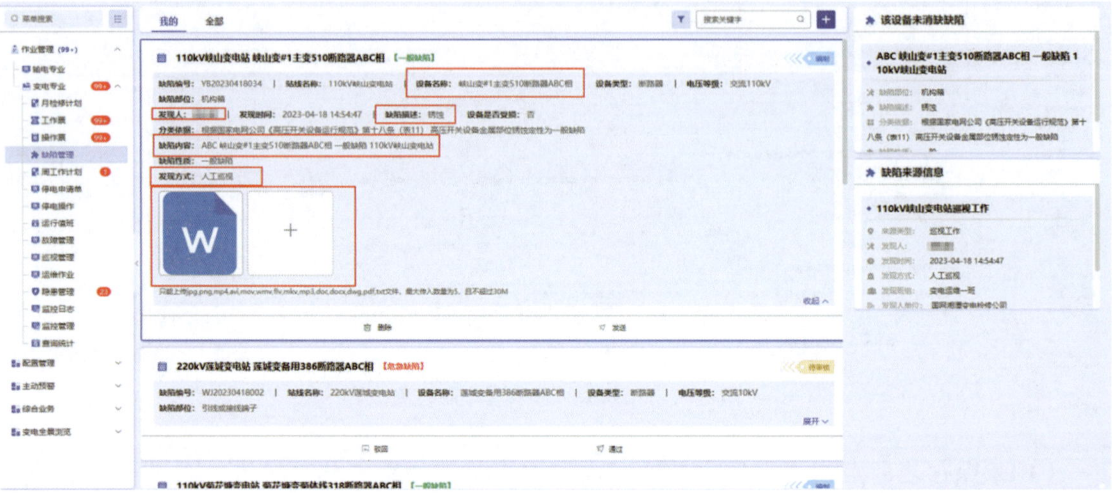

图 5-14　缺陷登记—缺陷修改

图 5-15　缺陷登记—缺陷发现人修改

图 5-16　缺陷登记—缺陷内容修改

图 5-17　缺陷登记—缺陷发现方式修改

（12）点击右上角筛选按钮，实现缺陷性质、站线名称、缺陷状态和发现时间筛选功能（可多选），发现时间可根据实际情况选择，如图 5-18 所示。

（13）点击卡片标题，右侧弹出【查看详情】，展示缺陷设备信息、缺陷描述信息、发现人信息，增加设备是否受损字段展示，如图 5-19 所示。

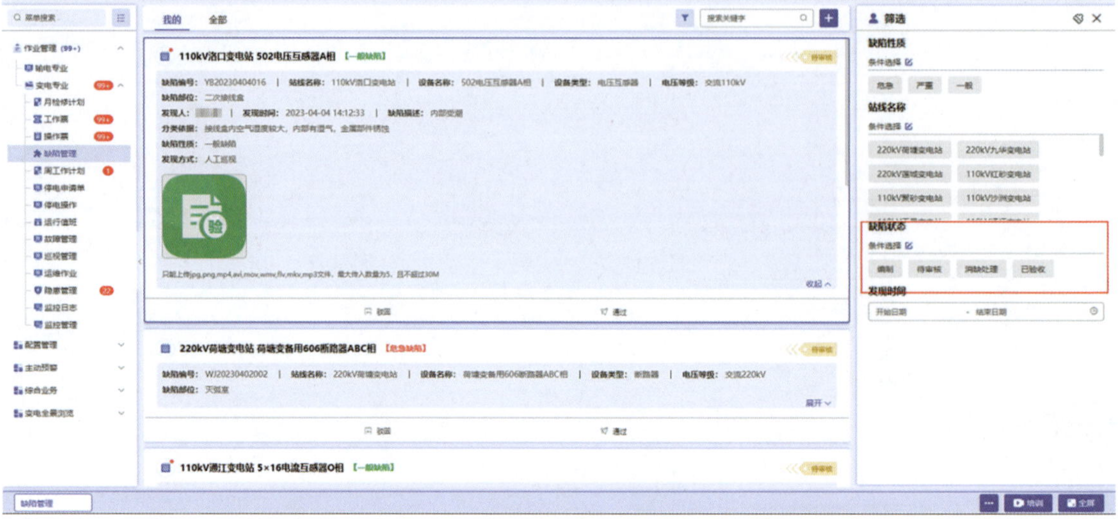

图 5-18　缺陷登记—缺陷筛选

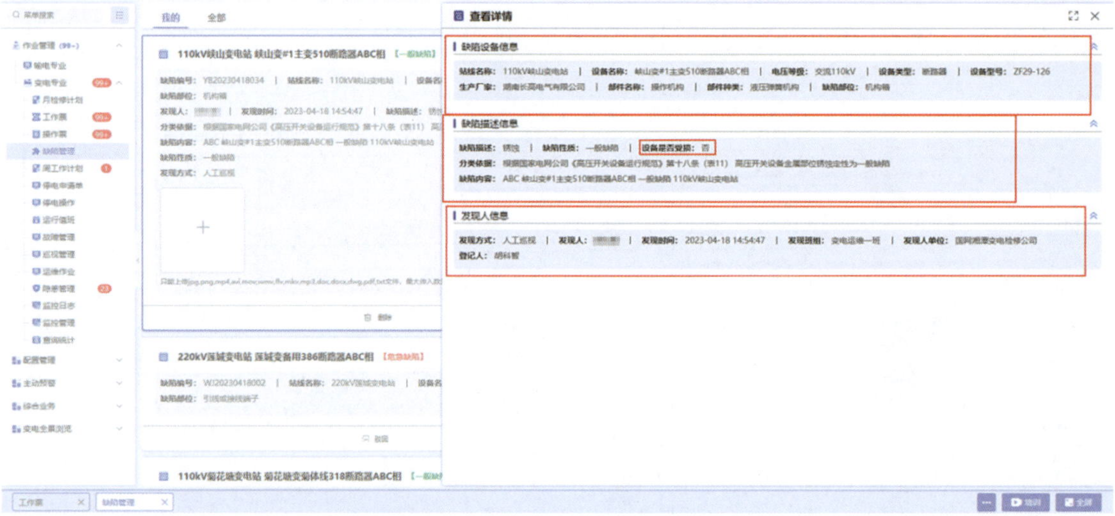

图 5-19　缺陷登记—缺陷详情

（二）班组审核

操作路径：【生产作业管理】→【缺陷管理】→【我的】。

使用角色：班组长。

约束条件：已分配菜单权限。

功能描述：运维班组长对班组成员提交的缺陷内容进行审核，审核通过的缺陷发送至检修专责审核，驳回的缺陷退回至编制状态。

涉及数据来源：班组成员提交的缺陷。

（1）班组长点击【我的】，即可进入缺陷班组审核列表，如图 5-20 所示。

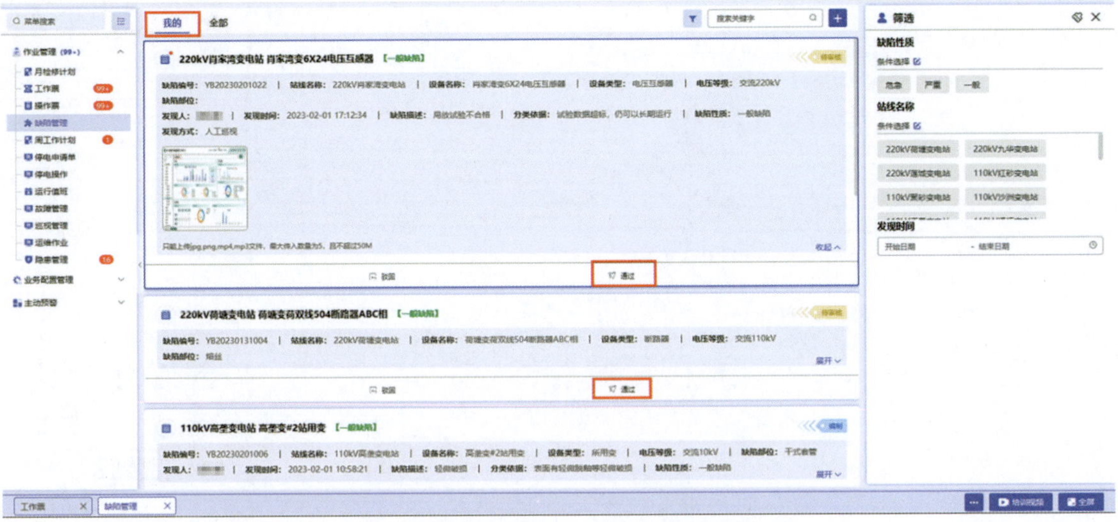

图 5-20　班组审核—缺陷审核主页面

（2）选择一条缺陷，点击【通过】，右侧弹出审核意见，默认填充“同意”，且可对其进行编辑；审核意见填写完成之后，可将缺陷发送至当前登录人所在省下，由有检修专责审核权限的人进行审核，如图 5-21 所示。

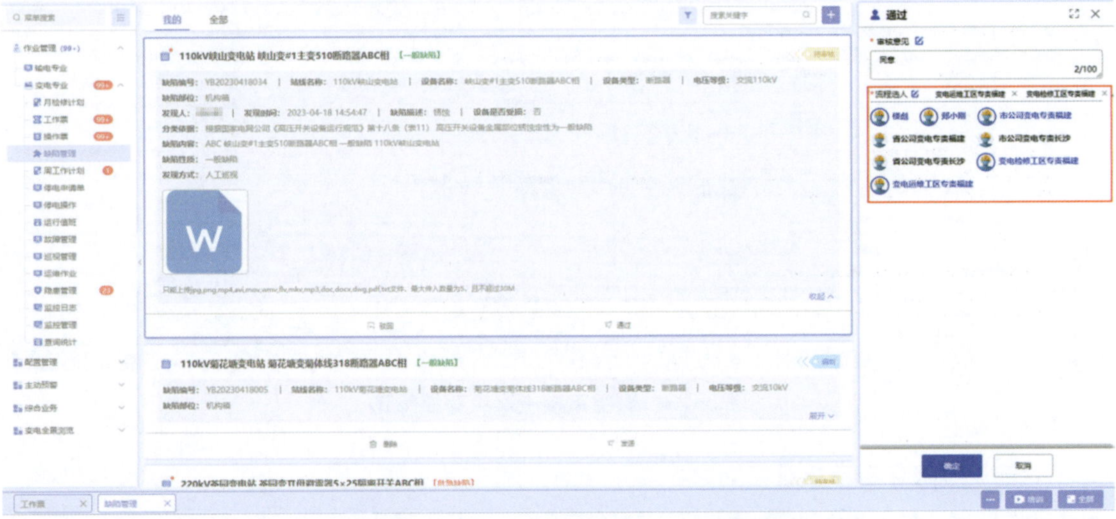

图 5-21　班组审核—缺陷发送检修专责

（3）选择一条缺陷，点击【驳回】，下方弹出审核意见，默认填充“不同意”，可对其进行编辑；审核意见填写完成之后点击【确定】，即可将缺陷退回至缺陷登记人，缺陷状态变为“编制”，如图 5-22 所示。

（4）点击右上角筛选按钮，实现站线名称、站线电压等级、缺陷性质、缺陷状态、发现时间等筛选功能（可多选），发现时间可根据实际情况选择，如图 5-23 所示。

图 5-22　班组审核—缺陷审核驳回

图 5-23　班组审核—班组审核筛选

（三）检修专责审核

操作路径：【生产作业管理】→【缺陷管理】→【我的】。

使用角色：检修专责。

约束条件：已分配菜单权限。

功能描述：检修专责对本单位班组审核的缺陷数据进行二次审核，审核通过之后自动生成消缺任务推送至任务池。

涉及数据来源：班组长已审核的缺陷。

（1）检修专责点击【我的】，即可进入缺陷检修审核列表，如图 5-24 所示。

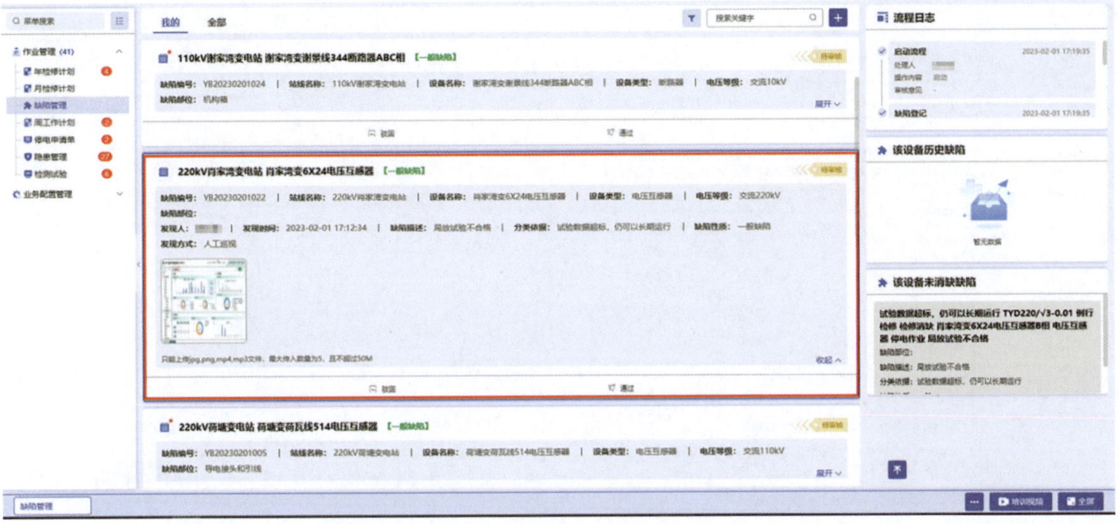

图 5-24　检修专责审核—检修专责审核主页面

（2）选择一条缺陷，点击【通过】，下方弹出审核意见，默认填充“同意”，可对其进行编辑；审核意见填写完成之后点击【发送】，推送至任务池，可将该条消缺任务添加至检修计划进行消缺处理，运维人员进行验收，完成闭环，如图 5-25 所示。

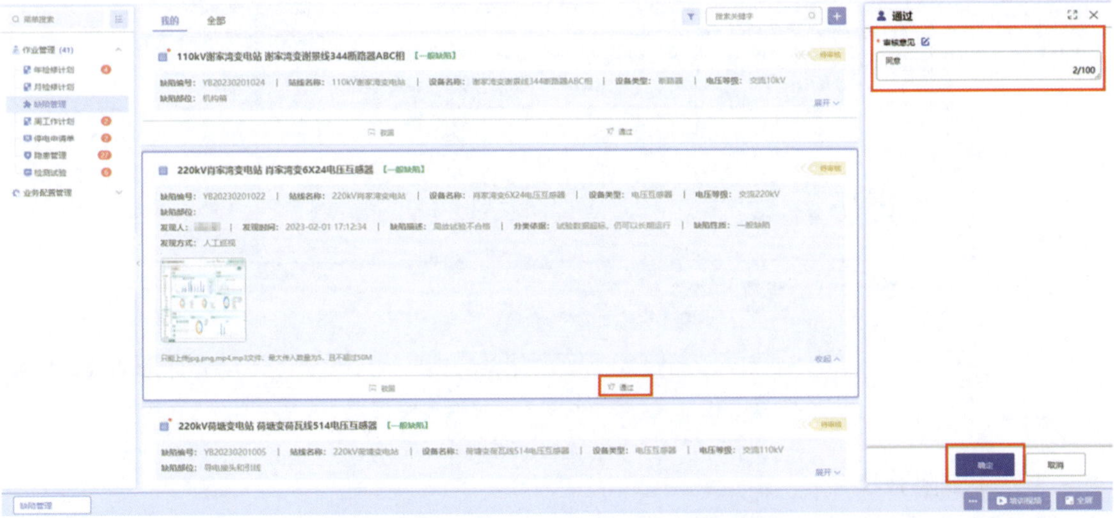

图 5-25　检修专责审核—检修专责审核通过

（3）选择一条缺陷，点击【驳回】，下方弹出审核意见，默认填充“不同意”，可对其进行编辑；审核意见填写完成之后点击【发送】，可将其退回至缺陷登记人，如图 5-26 所示。

（4）点击右上方筛选按钮，实现缺陷性质、站线名称发现时间筛选（可多选）功能，支持时间段自由选择，如图 5-27 所示。

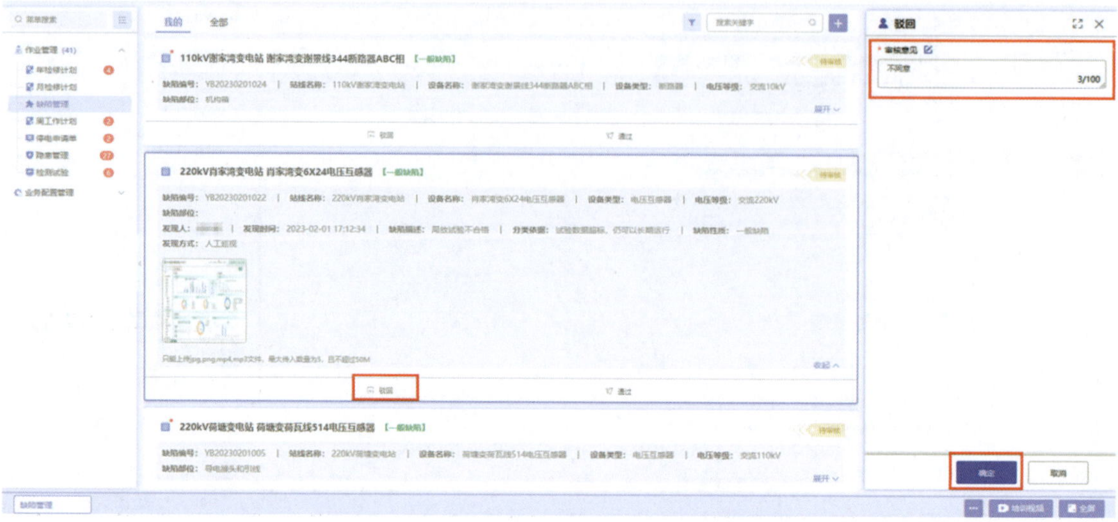

图 5-26　检修专责审核—检修专责审核驳回

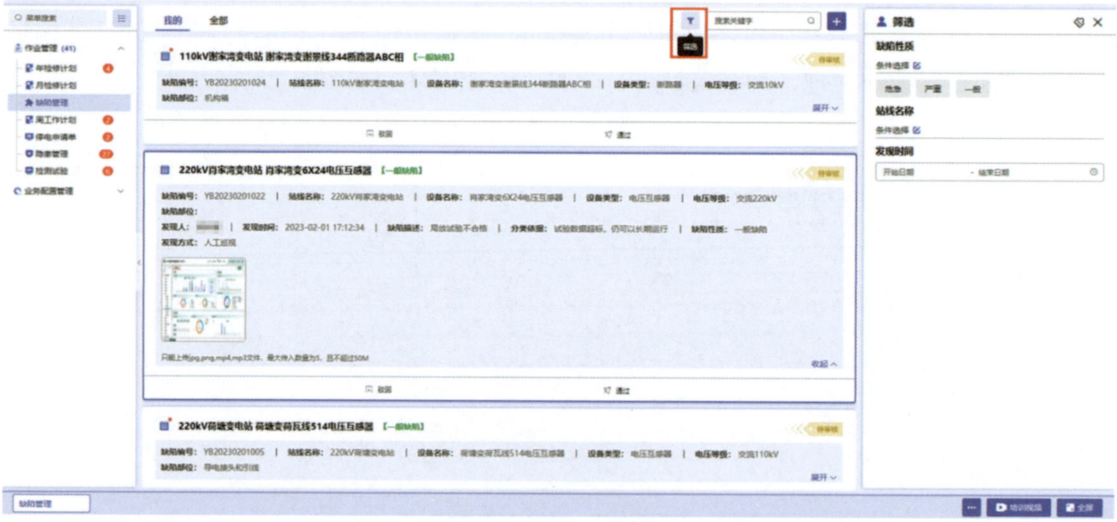

图 5-27　检修专责审核—检修专责筛选

（四）缺陷验收

操作路径：【生产作业管理】→【缺陷管理】→【全部】。

使用角色：班组成员、组长。

约束条件：已分配菜单权限。

涉及数据来源：班组成员工作中已登记的缺陷。

找到缺陷列表中待验收的缺陷，点击【验收】并输入审核意见，点击【确定】完成缺陷验收，如图 5-28 所示。

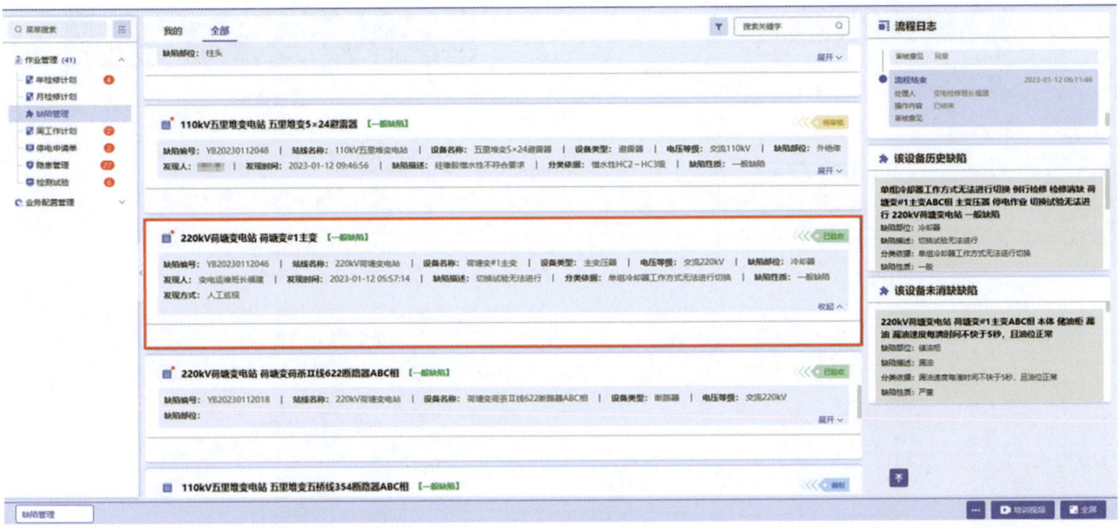

图 5-28 缺陷验收—工作票终结状态下修试记录验收

二、缺陷管理（移动端）

（一）缺陷登记

操作路径：【生产作业管理】→【缺陷管理】。

使用角色：班组成员、组长。

约束条件：已分配菜单权限。

功能描述：根据当前登录人的权限，对缺陷进行登记。

（1）在缺陷管理页面点击【+】按钮后，打开缺陷登记页面，页面展示区默认为初始化页面，如图 5-29 所示。

（2）可以通过扫描实物 ID 直接选择缺陷设备，也可通过模糊搜索进行选择，如图 5-30 所示。

（3）选中一条设备信息之后，显示电站名称、设备名称、设备类型、电压等级，如图 5-31 所示。

（4）选中设备之后，在下方输入框中输入缺陷描述进行模糊搜索，页面展示区显示已选择设备的设备类型 + 关键字模糊搜索结果；选中之后，展示区显示缺陷描述、缺陷性质、部件名称、部件种类、缺陷部位、分类依据字段，如图 5-32 所示。

（5）点击【附件】按钮上传照片、视频等附件，上传之后在展示区进行显示；点击附件右上方【×】可删除已上传的附件，如图 5-33 所示。

（6）点击【发送】按钮，由调用人员选择组件和审核人，人员选择范围为当前登录人所在省且拥有班组审核权限的人；发送成功后，缺陷状态变更为“待审核”，同时调用设备报险服务，将当前缺陷发送至班组长处进行审核，缺陷状态变更为“班组审核”，如图 5-34 所示。

图 5-29　缺陷登记主页面

图 5-30　缺陷登记—选择设备

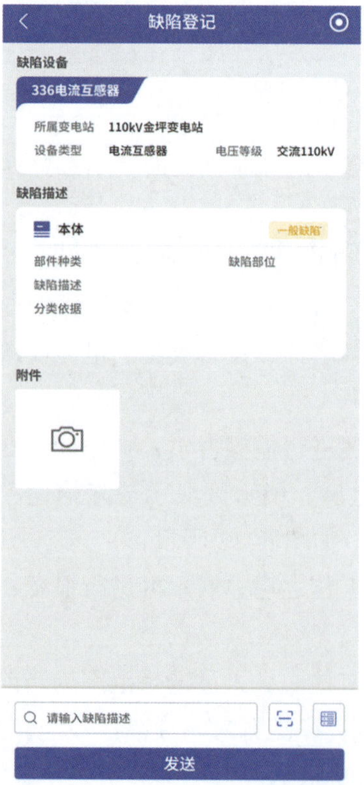

图 5-31　缺陷登记—选中设备

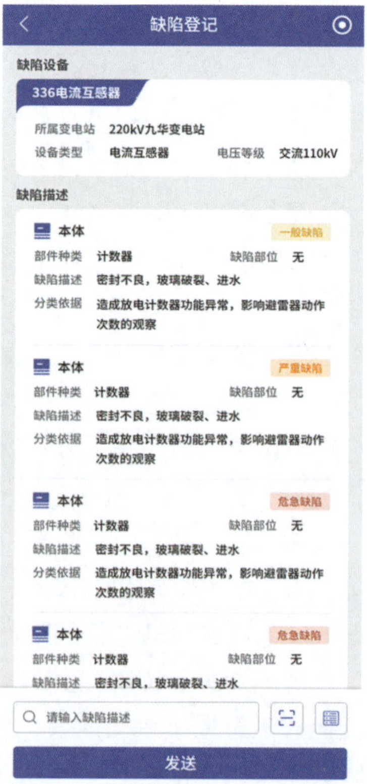

图 5-32　缺陷登记—搜索缺陷描述

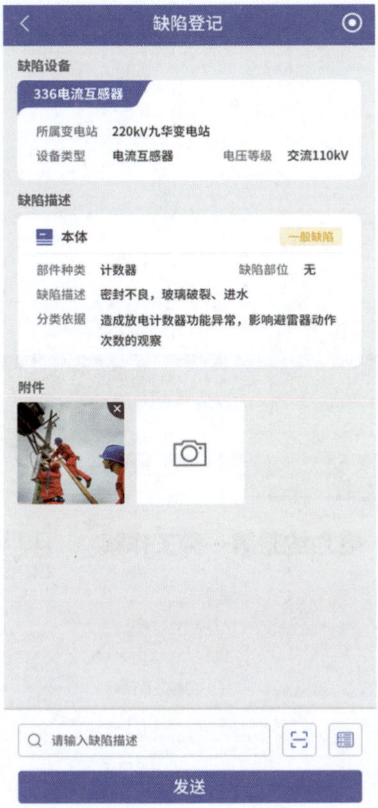

图 5-33　缺陷登记—上传 / 删除附件

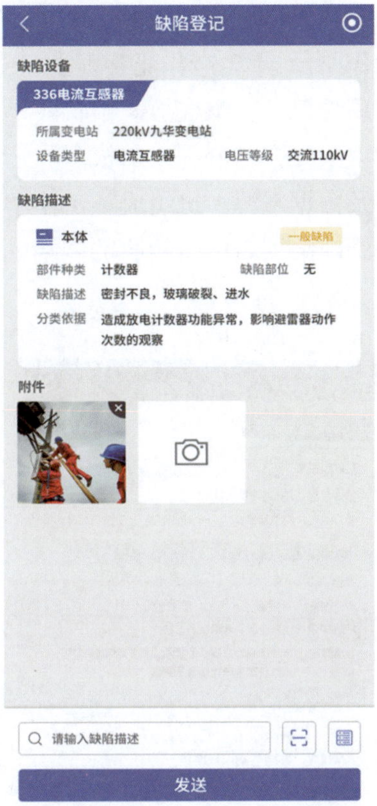

图 5-34　缺陷登记—发送班组审核

（二）缺陷审核

操作路径：【生产作业管理】→【缺陷管理】→【审核列表】。

使用角色：班组长、检修专责。

约束条件：已分配菜单权限。

功能描述：根据当前登录人的权限，对待审核缺陷进行审核操作。

若当前登录人为班组长，则显示本班组状态为“班组审核”的缺陷数据；若当前登录人为检修专责，则显示当前部门状态为“检修专责审核”的缺陷数据。展示区显示的缺陷字段包括变电站名称、缺陷设备（设备名称、设备类型、电压等级）、缺陷描述（部件名称、缺陷性质、部件种类、缺陷部位、分类依据）、附件、审核意见等；操作项包括驳回、通过。其中，审核意见应填入文本输入框，为必填项，默认赋值为“同意”，支持对审核意见进行二次编辑。点击【通过】按钮，缺陷自动发送至当前登录人所在组织下所有检修专责处进行审核，缺陷状态变更为“审核”，页面提示发送成功，并滑动至下一条数据；点击【驳回】按钮，缺陷退回至“编制”状态，页面提示发送成功，并滑动至下一条数据，如图 5-35 所示。

（三）缺陷验收

操作路径：【生产作业管理】→【缺陷管理】→【全部】。

使用角色：班组成员、组长。

约束条件：已分配菜单权限。

涉及数据来源：班组成员工作中已登记的缺陷。

找到缺陷列表中待验收的缺陷，点击【验收】并输入审核意见，点击【确定】完成缺陷验收，如图 5-36 所示。

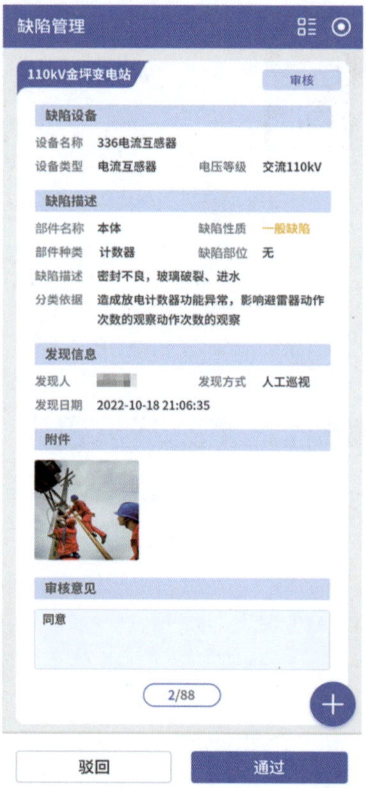

图 5-35　班组审核

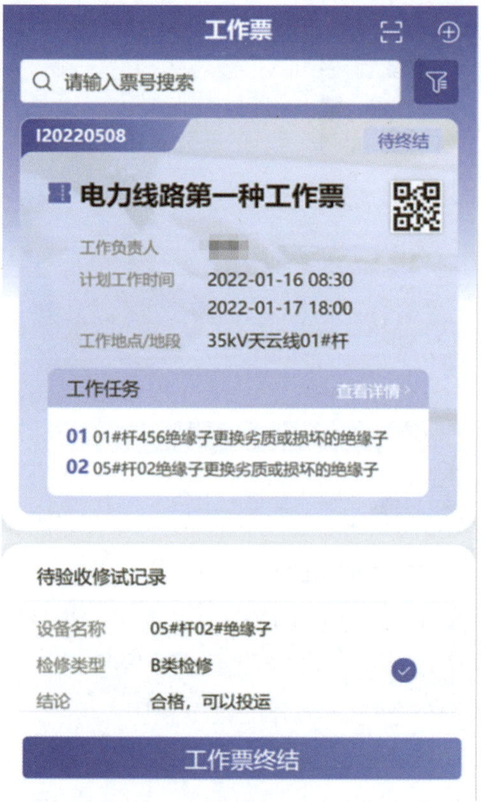

图 5-36　缺陷验收—工作票终结状态下修试记录验收

（四）自行消缺

操作路径：【生产作业管理】→【缺陷管理】→【缺陷登记】。

使用角色：班组成员、组长。

约束条件：已分配菜单权限。

功能描述：根据当前登录人的权限，对已发起流程的缺陷进行自行消缺操作。

（1）选择缺陷描述时，标准库中建议消缺工作类型为“运维消缺”，操作区显示【自行消缺】按钮，如图 5-37 所示。

（2）点击【自行消缺】后，显示消缺信息、消缺前照片、消缺后照片，同时【自行消缺】按钮变更为【取消自行消缺】按钮。点击【发送】后，发送至班组审核；班组审核通过后，缺陷状态变更为“已验收”，如图 5-38 所示。

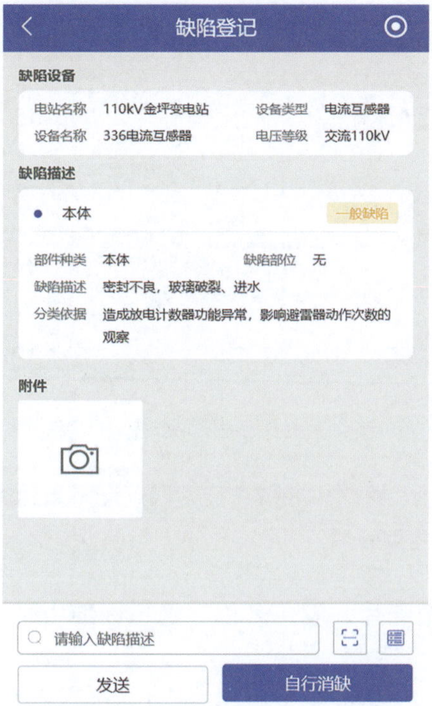

图 5-37 缺陷登记—自行消缺

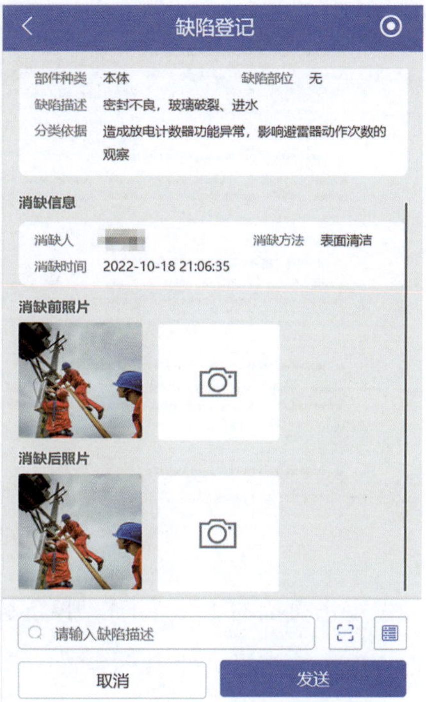

图 5-38 缺陷登记—自行消缺发送

模块三 隐患管理

模块说明 本模块主要介绍如何在 PMS3.0 中，通过 PC 端和移动端对工作中的隐患进行管理，包括隐患登记、审核和跟踪等操作。

一、隐患管理（PC 端）

（一）隐患登记

操作路径：【生产作业管理】→【隐患管理】→【我的】。

使用角色：班组成员。

约束条件：已分配菜单权限。

功能描述：班组成员在巡视、日常检修等工作过程中发现隐患，对隐患进行登记，并

发送至工区 / 县专责审核。

（1）打开 PMS3.0 系统首页，点击【隐患管理】→【我的】，如图 5-39 所示。

图 5-39　隐患管理主页面

（2）点击页面右上角【+】，顶部弹出隐患登记卡片，设备名称、隐患标准为必填项，文件上传可按需进行，如图 5-40 所示。

图 5-40　隐患管理—隐患登记

（3）在右侧展示区搜索框，通过模糊搜索选择需要登记的隐患设备；在查询框内，输入关键词即可进行检修设备的模糊查询。系统调用电网资源业务中台设备类型分组查询服务，展示对应的设备级联信息，如维护班组、电压等级、所属电站、设备类型等，输入一个或多个关键词即可完成检修设备的模糊查询，如图 5-41 所示。

图 5-41　隐患登记—模糊搜索设备

（4）也可点击设备树按钮，切换为设备树样式进行设备选择。调用电网资源业务中台服务查询所属设备，系统支持设备树点选、关键词模糊搜索。选择设备后，设备信息自动带入卡片中。例如，根据单位、电站电压等级、变电站、间隔、设备类型依次展开，如图 5-42 所示。

图 5-42　隐患登记—设备树设备选择

（5）选中一条设备信息，点击【确定】按钮即可完成设备选择。

（6）选择完设备之后，自动弹出隐患标准选择窗口，隐患标准内容是通过电压等级和设备类型筛选的，隐患标准选择可带入隐患等级、隐患原因、隐患内容字段，如图 5-43 所示。

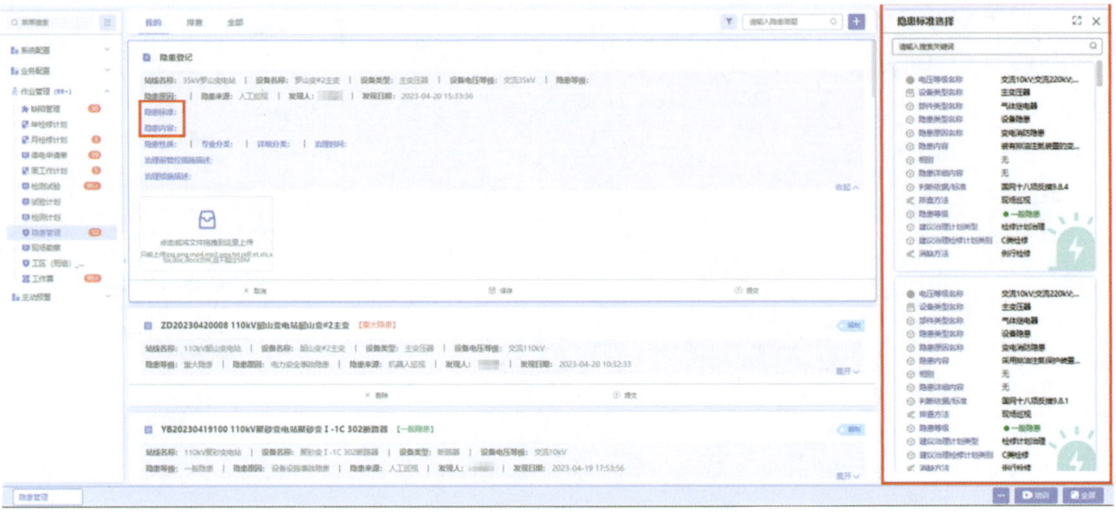

图 5-43　隐患登记—选择隐患标准

（7）在搜索框输入隐患标准关键字进行搜索，下方展示模糊搜索结果，如图 5-44 所示。

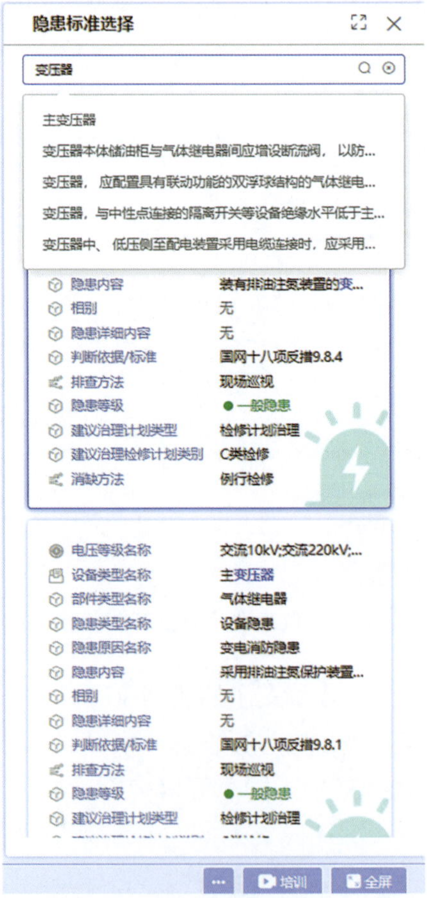

图 5-44　隐患登记—模糊搜索隐患标准

（8）点击一条隐患标准卡片，即可完成隐患标准选择。

（9）点击上传附件按钮，可上传隐患照片、视频等附件，支持 png、jpg、mp3、mp4 等格式，可上传多个（至多 5 个）；信息录入完成之后，点击【保存】，即可保存该隐患，如图 5–45 所示。

图 5–45　隐患登记—附件保存完

（10）保存之后点击【提交】按钮，选择审核人员，即可将隐患发送至上级审核，如图 5–46 所示。

图 5–46　隐患登记—隐患提交工区专责审核

（11）鼠标悬浮，可对字体变蓝的字段进行修改，如图 5–47 所示。

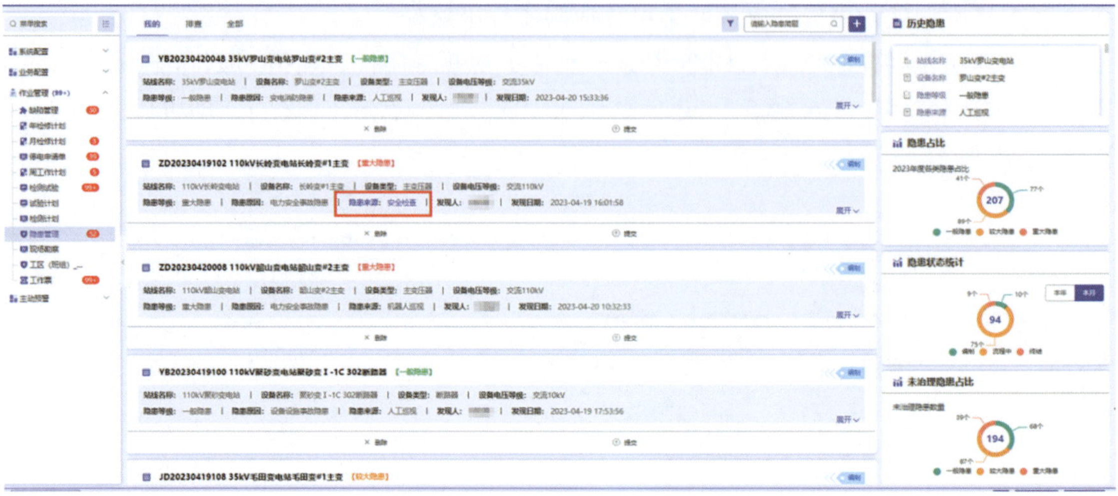

图 5-47　隐患登记—隐患修改

（12）点击右上角筛选按钮，支持站线名称、隐患状态、隐患等级、隐患来源、设备电压等级、发现日期等筛选条件，可根据实际情况选择，以筛选出特定的隐患，如图 5-48 所示。

图 5-48　隐患登记—隐患筛选

（二）隐患审核

操作路径：【生产作业管理】→【隐患管理】→【我的】。

使用角色：工区 / 县专责。

约束条件：已分配菜单权限。

功能描述：工区 / 县专责对班组成员提交的隐患内容进行审核，审核通过的隐患发送至工区 / 县主任审核，驳回的隐患退回至编制状态。

涉及数据来源：班组成员提交的隐患。

（1）工区 / 县专责点击【我的】，即可进入隐患审核列表，如图 5-49 所示。

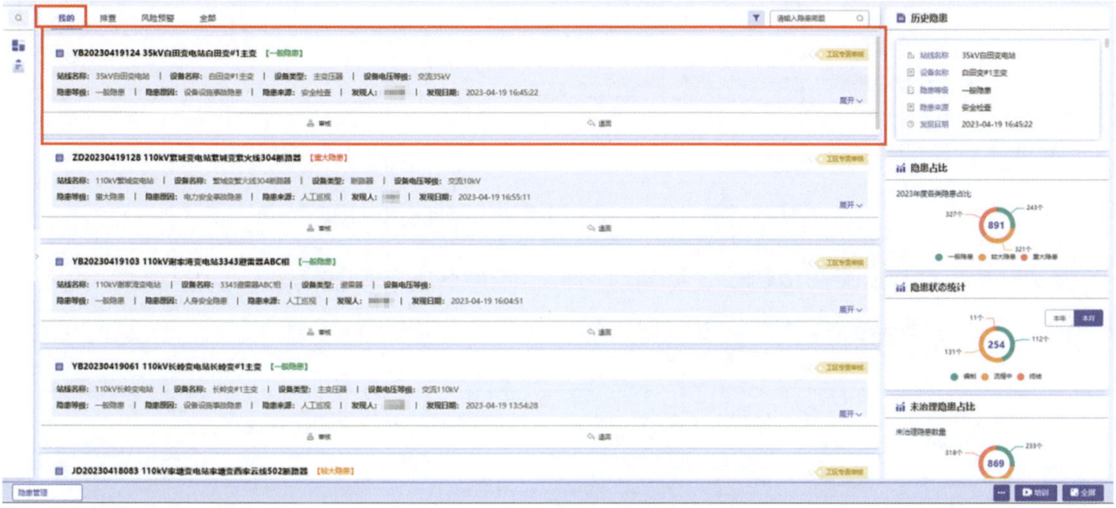

图 5-49　隐患审核主页面

（2）选择一条隐患，点击【审核】，弹出审核成功，完成之后发送至工区 / 县主任处审核，如图 5-50 所示。

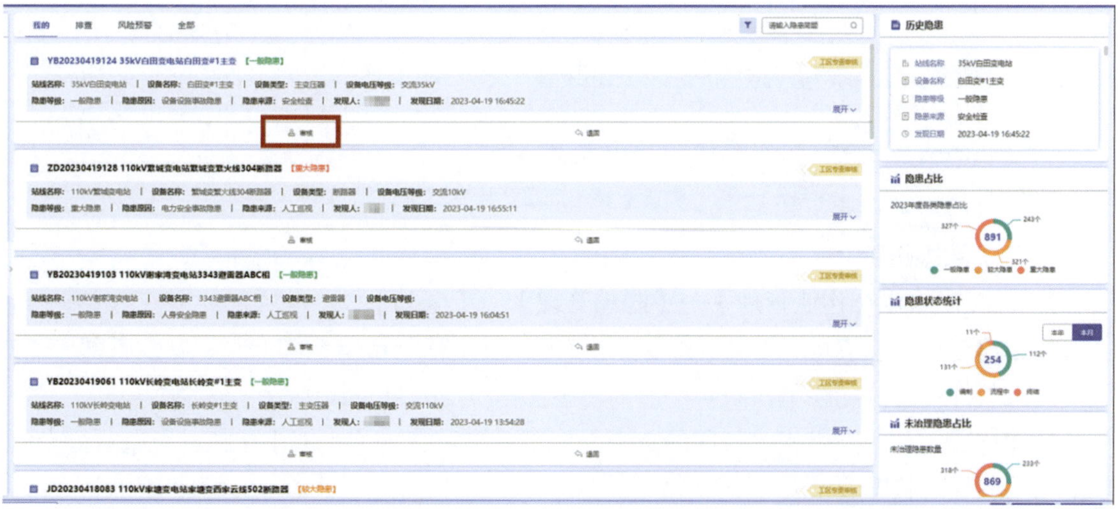

图 5-50　隐患审核—隐患发送工区 / 县主任

（3）选择一条隐患，点击【退回】，下方弹出审核意见，默认填充“不同意”，并可对其进行编辑；审核意见填写完成之后点击【退回】，即可将隐患退回至隐患登记人，隐患状态变为“编制”，如图 5-51 所示。

图 5-51　工区 / 县专责审核—隐患审核退回

（4）点击右上角筛选按钮，支持站线名称、隐患状态、隐患等级、隐患来源、设备电压等级、发现日期等筛选条件，可根据实际情况选择，如图 5-52 所示。

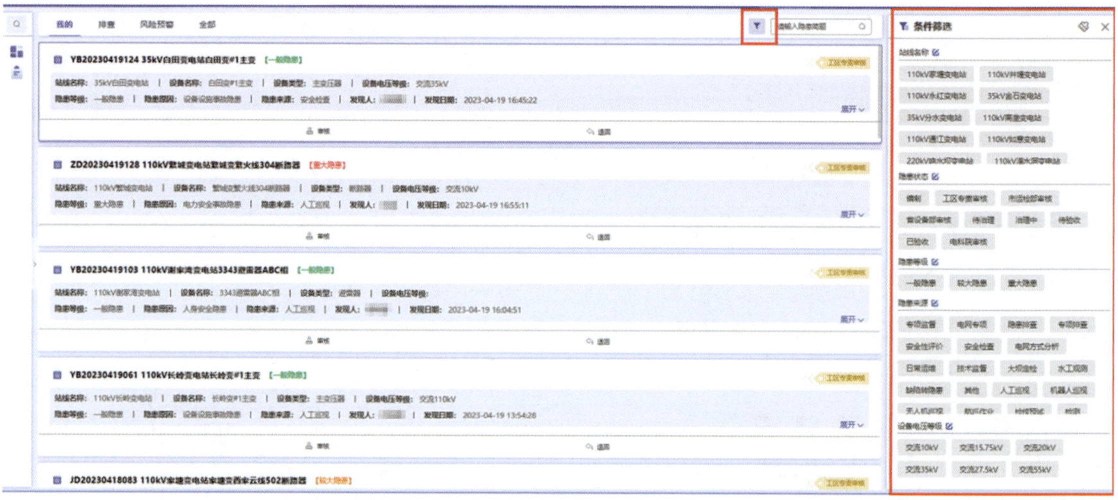

图 5-52　隐患审核—工区 / 县专责审核筛选

（三）隐患跟踪

操作路径：【生产作业管理】→【隐患管理】→【全部】。

使用角色：班组成员、工区 / 县专责、工区 / 县主任、市运检部专责、省设备部专责。

约束条件：已分配菜单权限。

功能描述：具备隐患相关权限的负责人登录系统，点击【全部】按钮，可查看隐患管理下工单所处的状态。

（1）点击【全部】，进入隐患跟踪列表，可对各状态的隐患进行跟踪和查看，如图 5-53 所示。

（2）隐患卡片右上角显示当前隐患所处的状态，如编制、待治理、工区专责审核、工区主任审核、市运检部审核、省设备部审核，如图 5-54 所示。

（3）点击隐患卡片，右侧展示区显示该隐患的流程日志、相关隐患信息，如图 5-55 所示。

图 5-53　隐患跟踪主页面

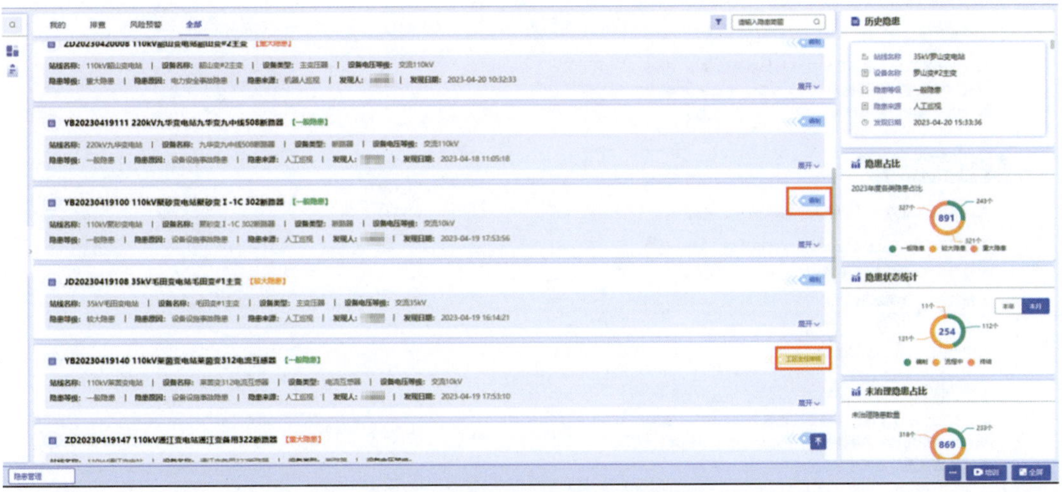

图 5-54　隐患跟踪—隐患状态查询

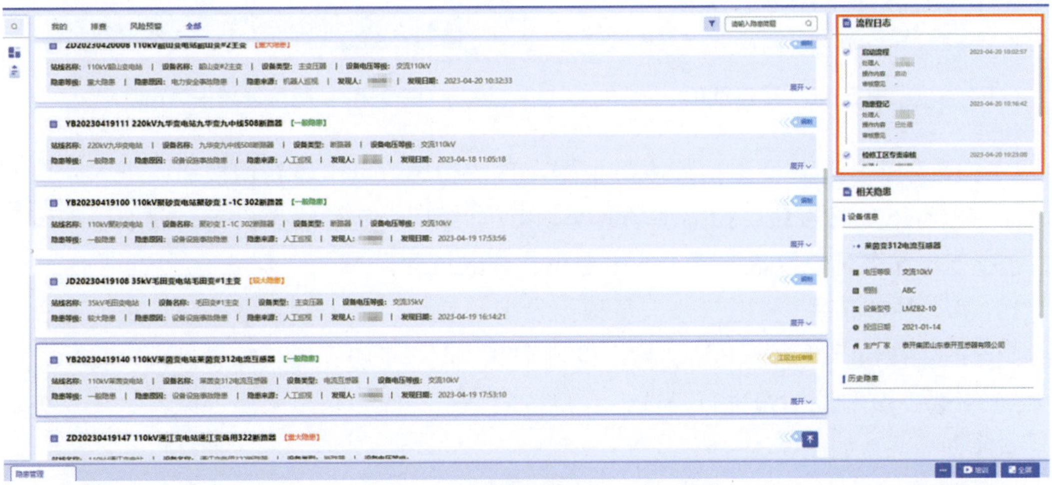

图 5-55　隐患跟踪—流程日志

二、隐患管理（移动端）

检修班组人员（含班组长）根据发现的隐患进行隐患登记、审核；点击右上角切换按钮，进入隐患管理页面，如图 5–56 所示。

（一）隐患登记

（1）在隐患管理页面，点击右下角按钮进行隐患登记，如图 5–57 所示。

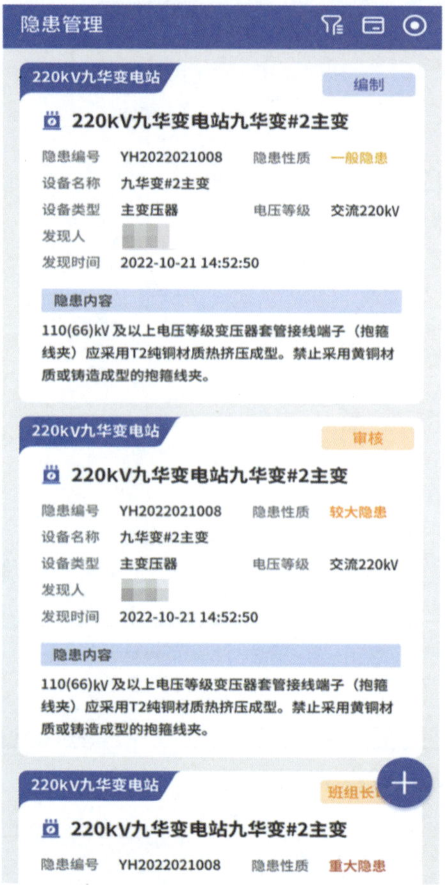

图 5–56　隐患管理

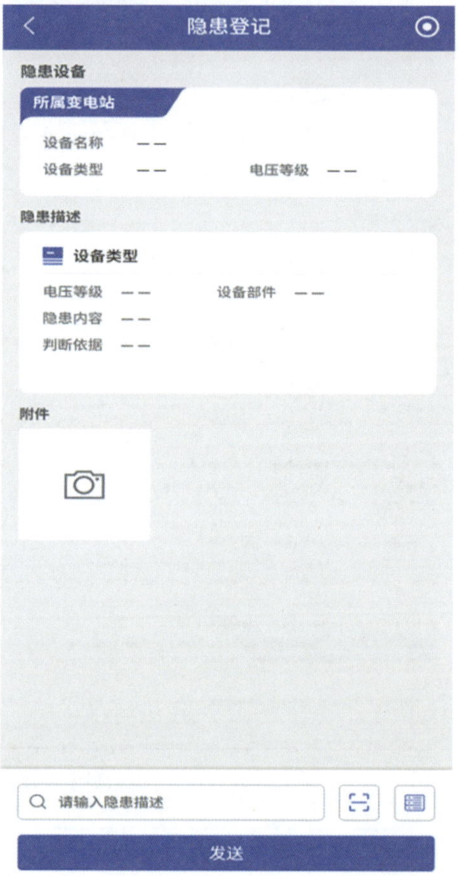

图 5–57　隐患管理—隐患登记

1）扫码登记隐患。变电检修人员根据发现的隐患，点击新增按钮，进入隐患登记页面；点击右下角按钮，扫描现场的实物 ID 二维码，定位隐患设备，获取隐患设备信息，包括变电站名称、设备类型、电压等级，登记隐患。

2）手动添加隐患。变电检修人员根据发现的隐患，点击新增按钮，进入隐患登记页面；点击按钮，获取变电站名称、设备类型、电压等级，登记隐患。

3）筛选。点击按钮进行筛选，支持按照隐患等级、隐患来源、设备电压等级和发现日期进行筛选，如图 5–58 所示，

（2）在隐患管理页面，可通过底部标准库模糊查询框快速查询隐患标准，查询时还可

通过设备类型 + 电压等级 + 专业类型 + 标准库模糊条件进行精准查询。

1）关键字检索隐患标准。变电检修人员点击下方的“请输入隐患描述”可动态检索隐患标准，上方展示区会展示设备的相关信息，同时展示隐患标准记录，包括隐患等级、电压等级、设备部件、隐患内容和判断依据。

2）选择隐患标准。上下滑动鼠标切换查找隐患标准信息，在操作区选择一条隐患标准。

3）隐患描述修改。选择一条隐患进行修改，点击下方的“请输入隐患描述”，重新输入隐患描述，支持对隐患描述进行修改。

在附件模块点击附件上传按钮，可选择拍照、相册等方式上传图片信息，如图 5-59 所示。

图 5-58 隐患登记—隐患筛选

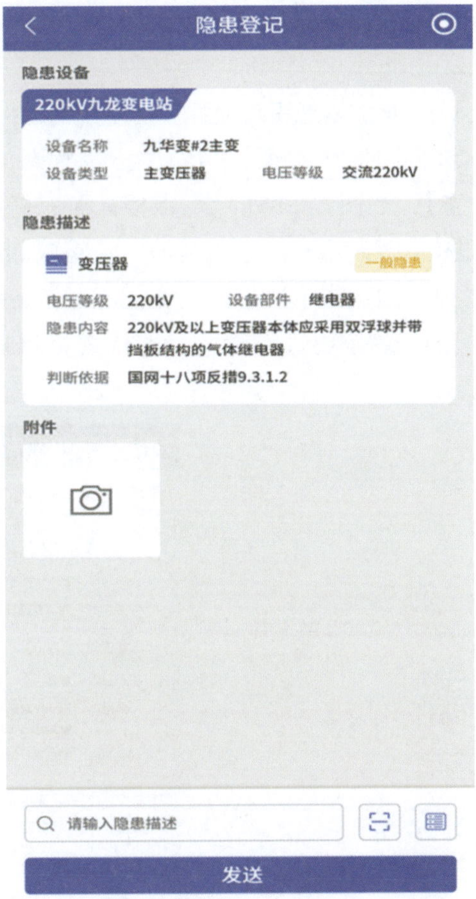

图 5-59 隐患登记—隐患标准选择

（二）隐患审核

隐患审核流程如图 5-60 所示。

（1）一般隐患审核流程。经工区 / 县专责审核后，提交工区 / 县运检部主任审核，经市公司运检部专责审核后发布。

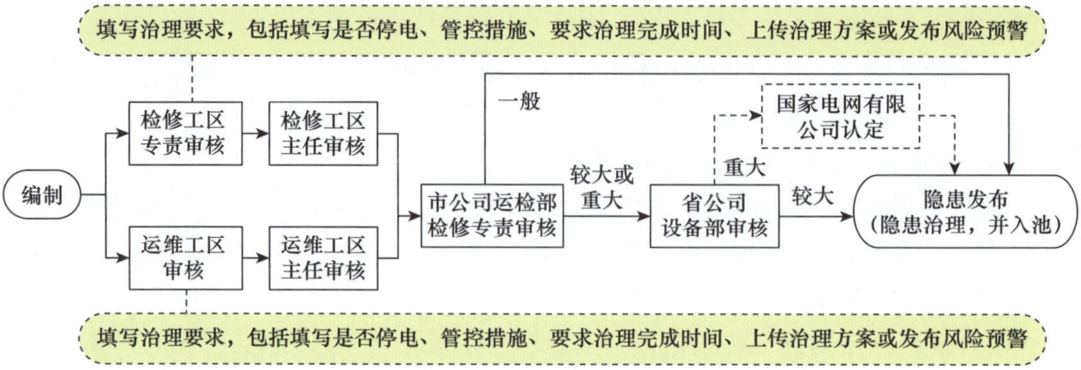

图 5-60　隐患审核流程

（2）较大隐患审核流程。经市公司运检部专责审核后，提交省公司设备部专责审核后发布。

（3）重大隐患审核流程。由省公司运检部专责汇总后提报国家电网有限公司设备部审核。

在隐患管理页面，当隐患记录状态为“审核”时，底部操作按钮匹配为【驳回】和【通过】，如图 5-61 所示。审核人可对隐患内容进行审阅，若有问题则点击【驳回】，在底部操作区显示驳回原因区域，填写驳回原因后自动驳回隐患记录；若审核人对隐患记录无异议，则点击【通过】，系统默认审核意见为“同意”，自动发送下一级审核。

点击按钮进行筛选，支持按照隐患等级、隐患来源、设备电压等级和发现日期进行筛选。

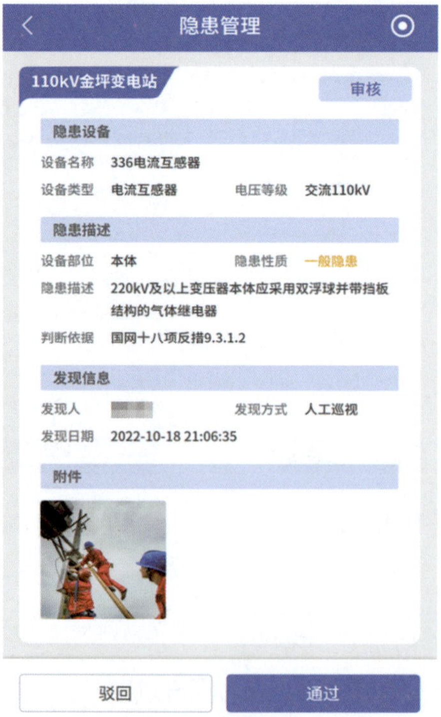

图 5-61　隐患审核

模块四　工作票

模块说明　本模块主要介绍如何在 PMS3.0 中，通过 PC 端和移动端对工作票进行管理，包括工作票开票、签发、接票、许可、终结和评价等操作。

一、工作票（PC 端）

（一）工作票开票

操作路径：【生产作业管理】→【工作票】。

功能描述：由运维及检修班成员、工区专责使用，通过检修计划自动生成工作票，支持图形开票。

工作票由周检修计划生成，或者点击【+】按钮，选择地点及设备生成，或勾选生成外委工作票。工作票生成后展示在对应工作班组成员账号下【我的】卡片区，可点击某一张工作票查看票面详情进行维护，触发流程；也可在【草稿箱】卡片区直接对工作票进行编辑，触发流程。工作票开票主页面如图 5-62 所示。

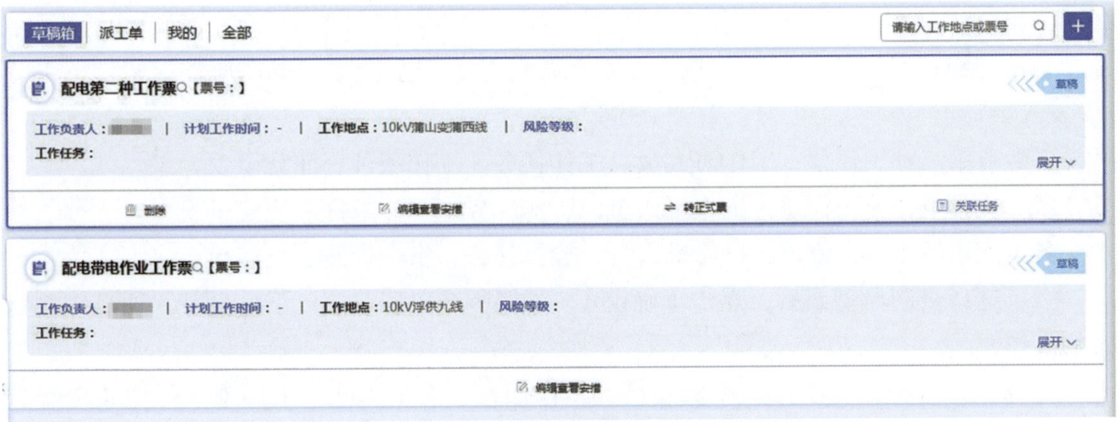

图 5-62　工作票开票主页面

找到一张编制状态的工作票，点击【更多】可以生成分工作票［涉及变电第一种工作票、电力电缆第一种工作票（在签发环节生成）］、工作任务单（涉及配电第一种工作票、配电第二种工作票、电力电缆第一种工作票、电力电缆第二种工作票）、动火票（涉及全专业第一、二级动火工作票），以及二次安全措施票。

选中一张工作票，点击【工作负责人】按钮，可以手动维护工作负责人签名，然后点击【确定】→【提交】，在右侧辅助区选择人员，发送到签发环节，如图 5–63 所示。

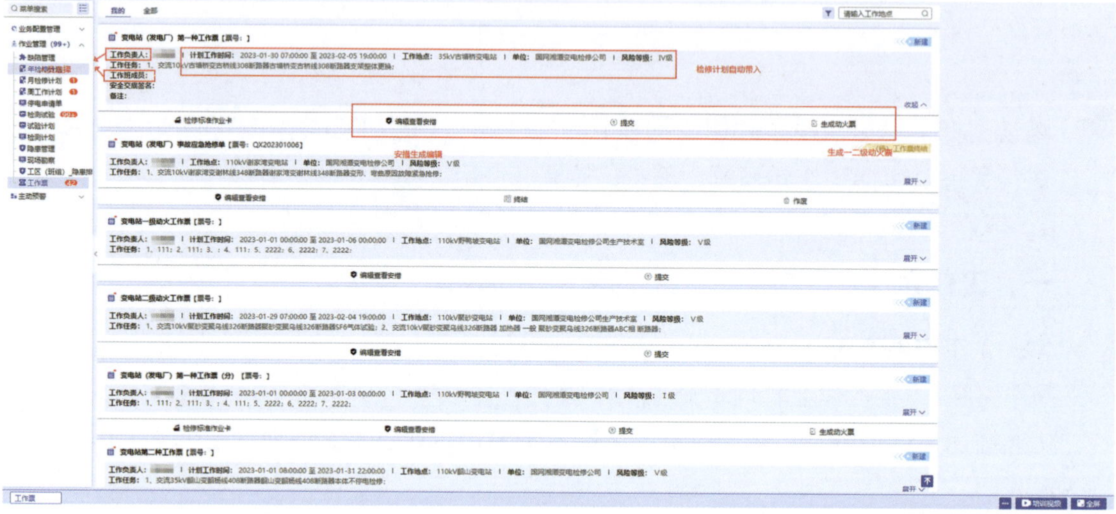

图 5–63　工作票开票—维护工作负责人

在卡片区可以选择复制历史票、复制典型票，也可以选择生成分票、动火票，如图 5–64 所示。

（1）选择复制历史票后，点击【确定】，可将所选历史票的以下信息带入所选编制状态的工作票。

各专业第一种工作票：工作班人员、工作任务、安全措施、工作地点保留带电部分（签发人填写）。

各专业第二种工作票：工作班人员、工作任务、工作条件、注意事项。

各专业带电作业工作票：工作班人员、工作任务、工作条件、注意事项。

各专业事故应急抢修单：抢修班人员、抢修任务、安全措施、抢修地点。

（2）选择复制典型票后，点击【确定】，可将所选典型票的以下信息带入所选编制状态的工作票。

各专业第一种工作票：工作班人员、工作任务、安全措施、工作地点保留带电部分（签发人填写）。

各专业第二种工作票：工作班人员、工作任务、工作条件、注意事项。

各专业带电作业工作票：工作班人员、工作任务、工作条件、注意事项。

各专业事故应急抢修单：抢修班人员、抢修任务、安全措施、抢修地点。

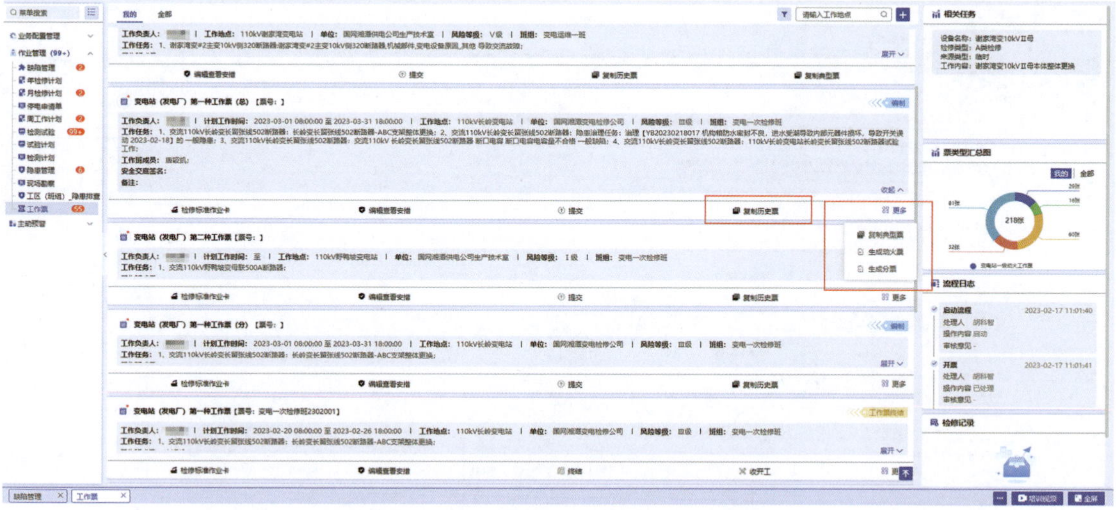

图 5-64　工作票开票—选择工作票类型

点击【编辑查看安措】按钮，点击设备，从标准库中选择安全措施，或者点击设备上的【生成安措】按钮，自动在左侧带入安全措施信息，同时支持绘制、截图、上传附件、停电范围调整功能，安全措施信息栏支持增、删、改等操作，如图 5-65 所示。

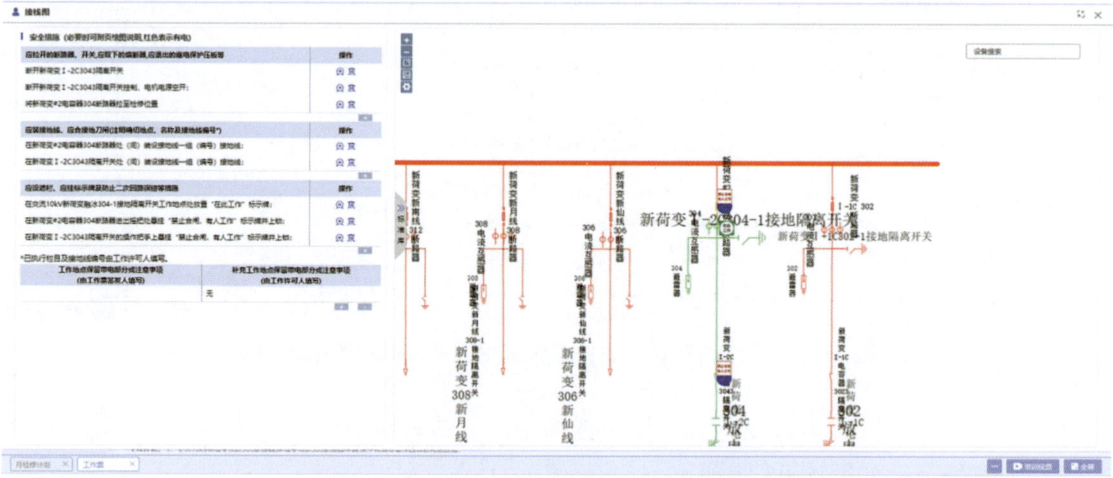

图 5-65　工作票开票—辅助区接线图生成安措

在卡片区选择一张工作票，点击工作负责人、计划工作时间、风险等级、工作班人员等信息，如图 5-66 和图 5-67 所示。

图 5-66　工作票开票—维护工作负责人信息

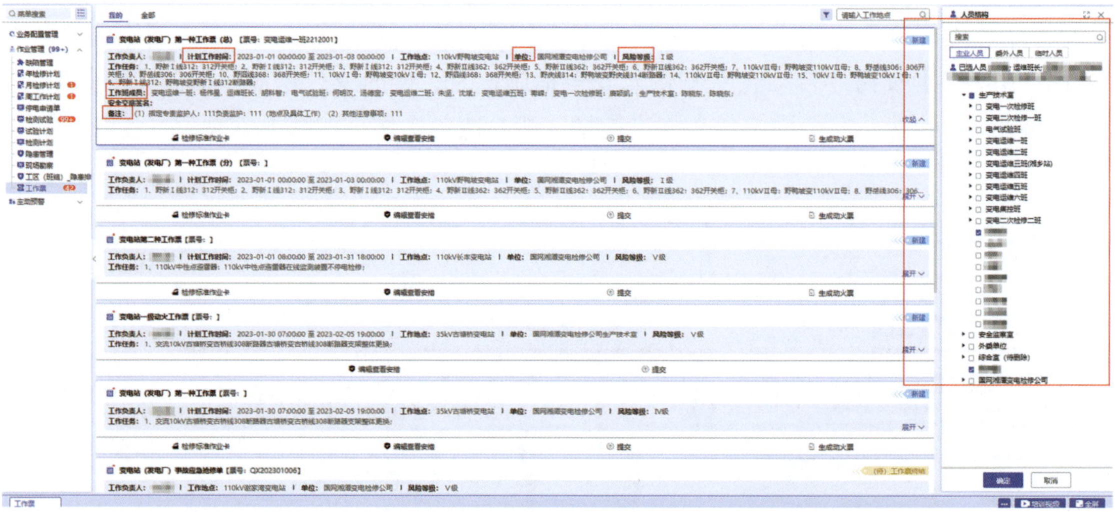

图 5-67　工作票开票—维护工作班组人员、风险等级等信息

在工作票卡片区点击【提交】按钮，选择签发人员，点击【确定】按钮，将该工作票发送至签发环节，如图 5-68 所示。

（二）工作票签发

操作路径:【生产作业管理】→【工作票】。

功能描述：工作票签发人接受待签发工作票，审核工作的必要性和可行性，确认和完善安全措施，填写签发人信息并发送至变电站运维班当值人员。如需会签，则发送至会签人进行审核。工作票会签人在移动端接受待会签工作票，审核后填写会签人信息并发送至变电站运维班当值人员。

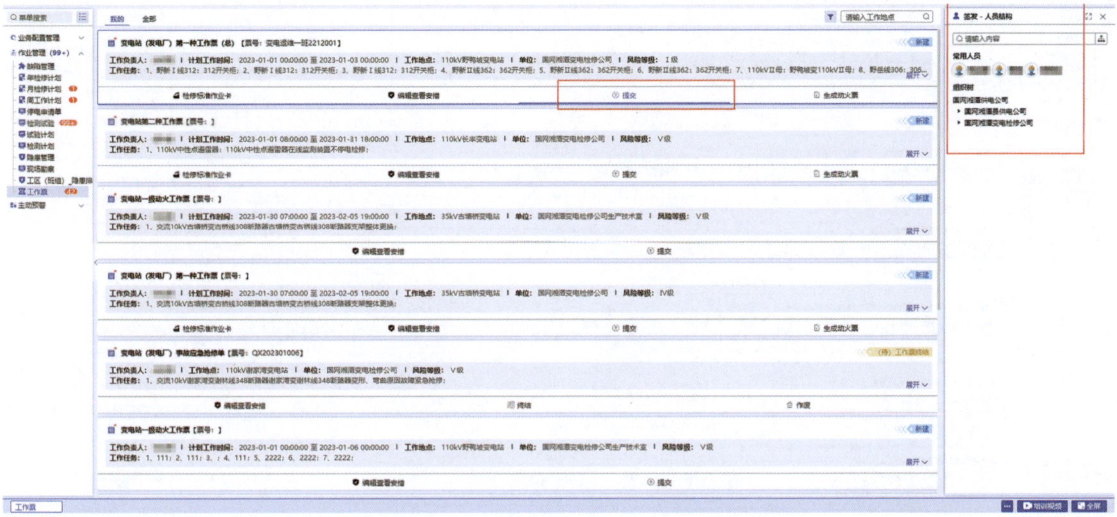

图 5-68　工作票开票—流程提交

在工作票【我的】卡片区找到待签发的工作票，点击【编辑查看安措】按钮，手动维护工作地点保留带电部分或注意事项。点击【签发】，签发时间由系统自动带入，签发人系统默认为登录人（自动带入）。会签环节仅部分省公司有，可根据流程配置工具配合使用。保留带电编辑如图 5-69 所示，工作票签发如图 5-70 所示。

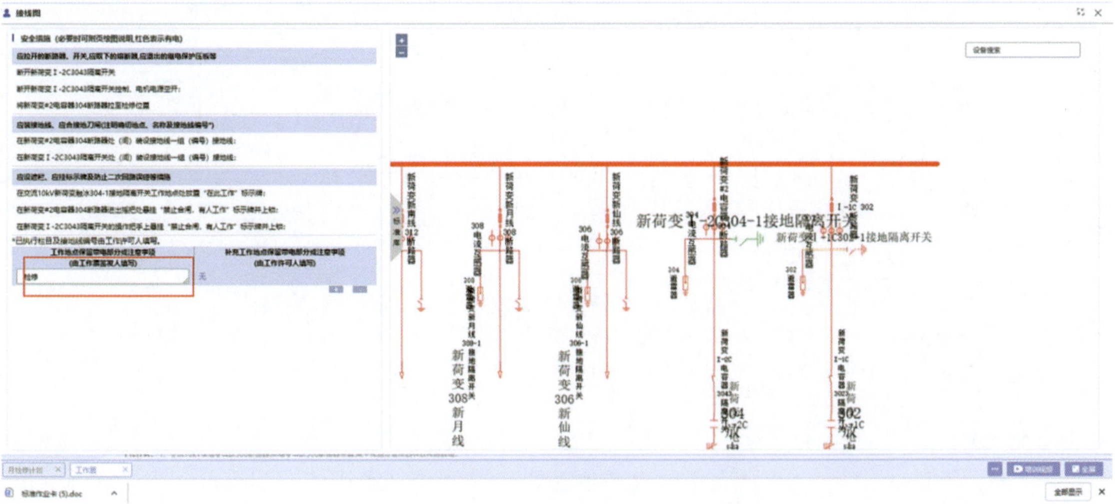

图 5-69　保留带电编辑

图 5-70　工作票签发

（三）工作票接票

操作路径：【生产作业管理】→【工作票】。

功能描述：进行工作票接收操作。

在工作票【我的】卡片区找到待接票状态的工作票，点击【接票】按钮，系统会自动带入接票时间、接票人，选择“待许可”，点击【发送】到待许可环节，如图 5-71 所示。

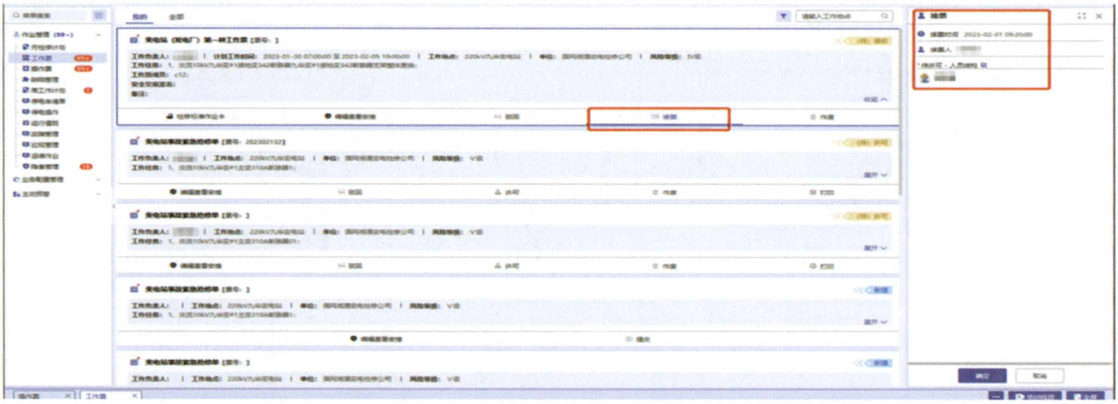

图 5-71　工作票接票—选择接票人员

（四）工作票许可

操作路径：【生产作业管理】→【工作票】。

功能描述：当值人员在移动端接受工作票并审核工作票是否合格，检查并完善安全措施，判断现场是否具备施工条件。工作许可人开展安全交底，许可工作人员进站开展工作。

在工作票【我的】卡片区找到待许可状态的工作票，点击【编辑查看安措】按钮，手动补充工作地点保留带电部分和安全措施（第一种票），手动勾选安全措施（默认勾选），如图 5-72 所示。点击【许可】，在对应卡片区自动生成工作负责人签名、工作许可人签名、许可开工时间，点击右下角【发送】按钮到待终结环节，如图 5-73 所示。

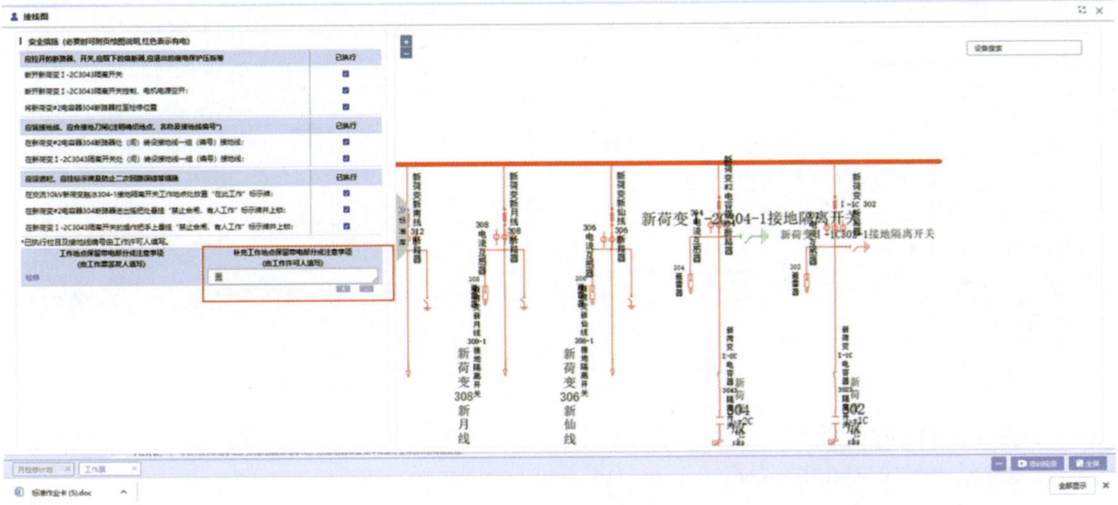

图 5-72　编辑查看安措

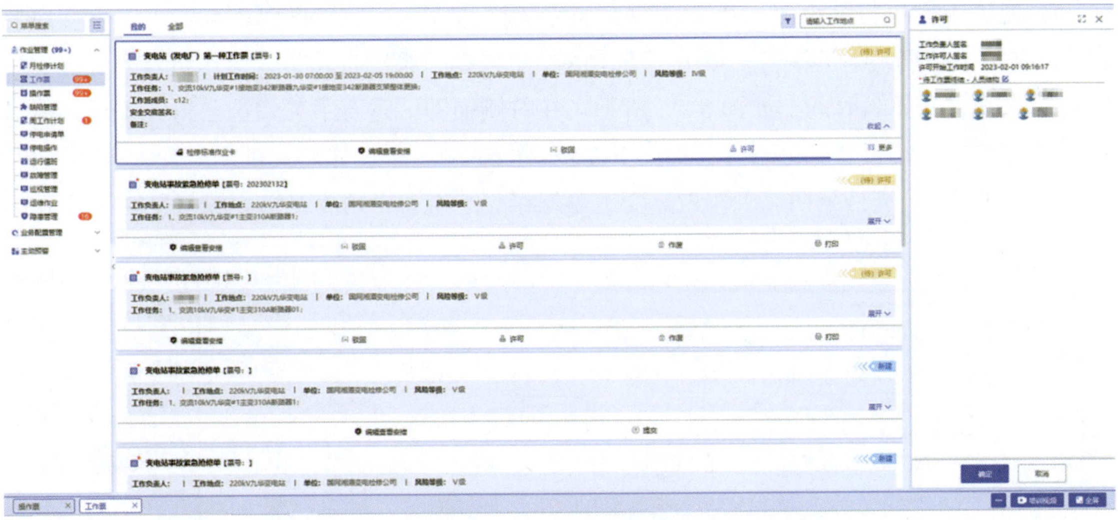

图 5-73　工作票许可

在【更多】中点击【作废】，在复选框中选择是否勾选【重新开票】，勾选则重新生成新的工作票，不勾选则不更新检修任务的状态，可在检修计划模块将该任务重新加入计划，重新开票，如图 5-74 所示。

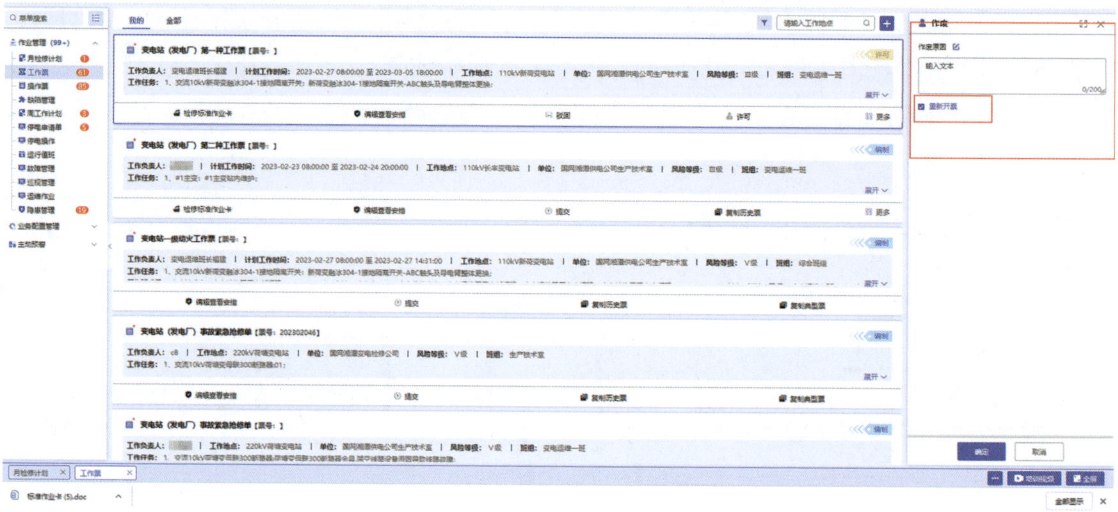

图 5-74　工作票作废和重新开票

（五）工作票终结

操作路径：【生产作业管理】→【工作票】。

功能描述：当工作执行完成并终结后，工作许可人将工作完成情况汇报调度，并进行工作票终结、归档。

当现场工作执行结束后，在【我的】卡片区找到待终结的工作票，点击【安全交底签名】，维护工作班组人员签名。点击下方【终结】按钮，系统自动带入工作负责人签名、工作许可人签名和签名时间，如图 5-75 所示。在右侧辅助区需要手工勾选已拆除安措、修试记录验收，以及编辑修试记录等，如图 5-76 和图 5-77 所示。如需延期、变更工作人员，可点击【更多】，进行延期、工作人员变更等操作。点击右下角【终结】按钮至完结环节。

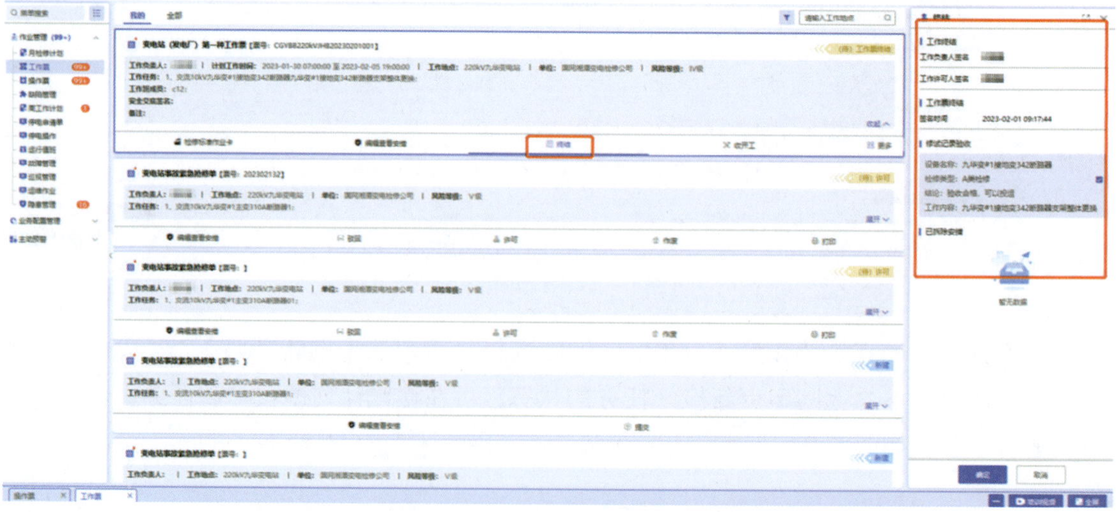

图 5-75　工作票终结

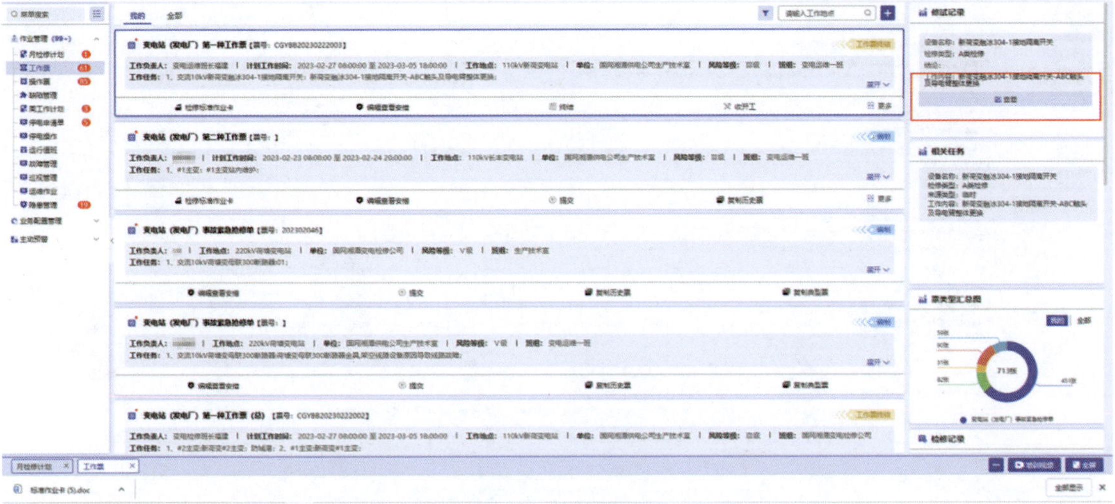

图 5-76　终结环节—编辑修试记录

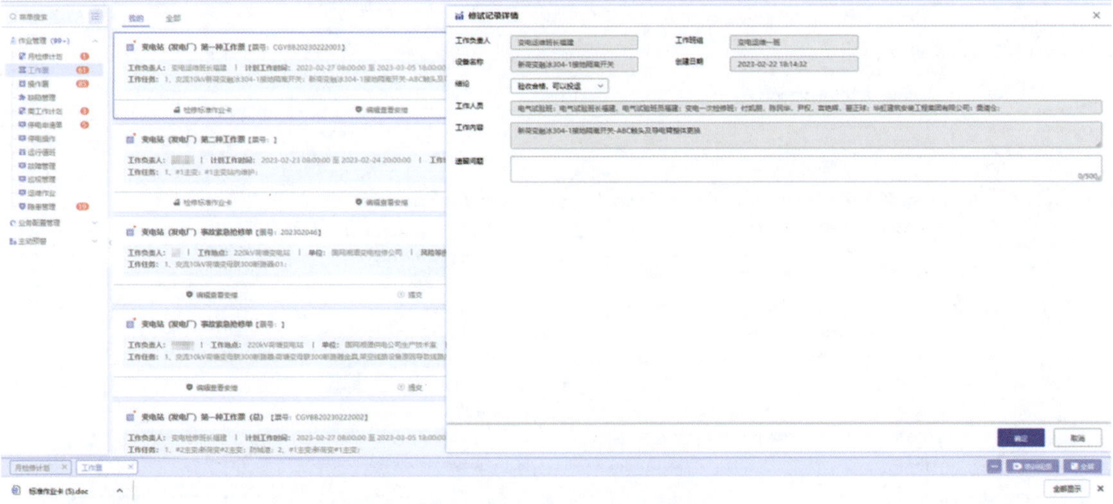

图 5-77　终结环节—修试记录详情

工作票终结后，工作票显示为完结状态，在右侧辅助区可查看修试记录，如图 5-78 所示。可以点击【转典型】操作，将该票转为典型票。

（六）工作票评价

操作路径：【生产作业管理】→【工作票】。

功能描述：当工作执行完成并终结后，由班组、工区、地市公司的相应角色对工作票进行三级评价，如图 5-79 所示。

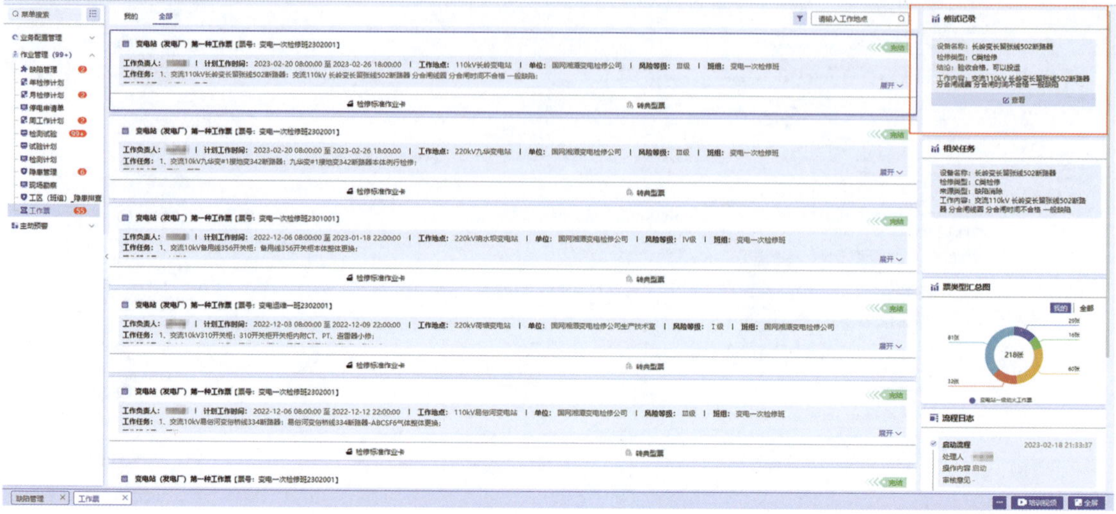

图 5-78　工作票终结状态

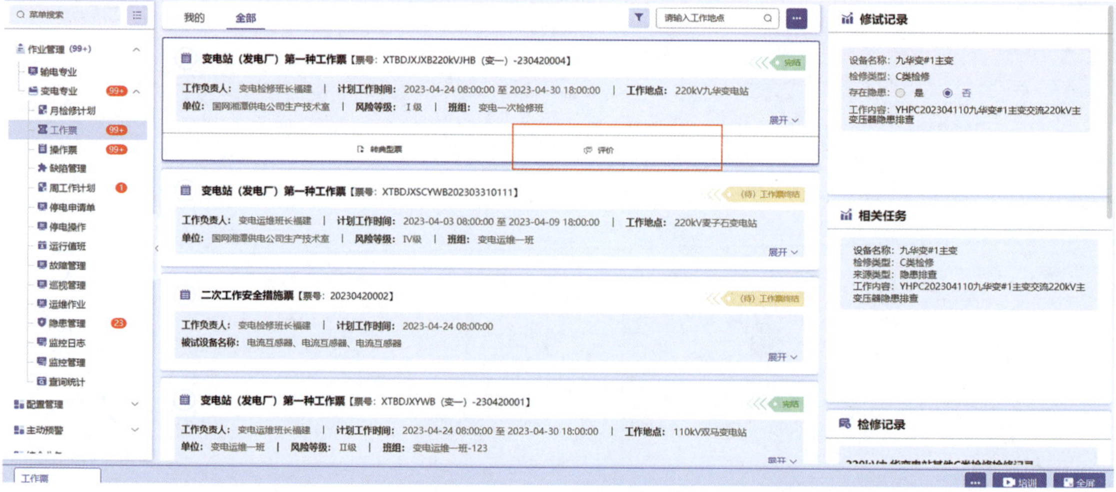

图 5-79　工作票评价

（七）工作票草稿箱

操作路径：【生产作业管理】→【工作票】。

功能描述：提前开票并补充好班组人员、负责人、工作任务、内容以及安全措施信息，具体操作如图 5-80 ～图 5-82 所示。

进入工作票菜单，进入草稿箱导航页，点击【+】按钮，选择工作票种类、工作地点，关联相关任务（可不关联，待填写完工作票信息后再关联），关联后会自动推送至新建状态。

开票方式包括复制典型票、复制历史票、手动开票三种。工作票开完后，进入工作票编辑页面，编辑班组人员、负责人、工作任务、内容以及安全措施信息等；填写完成后点击【保存】，回到卡片区关联相关工作地点的工作任务（计划发布、计划执行、计划派发），关联任务后自动推送至新建状态。

图 5-80 草稿箱—工作票新建

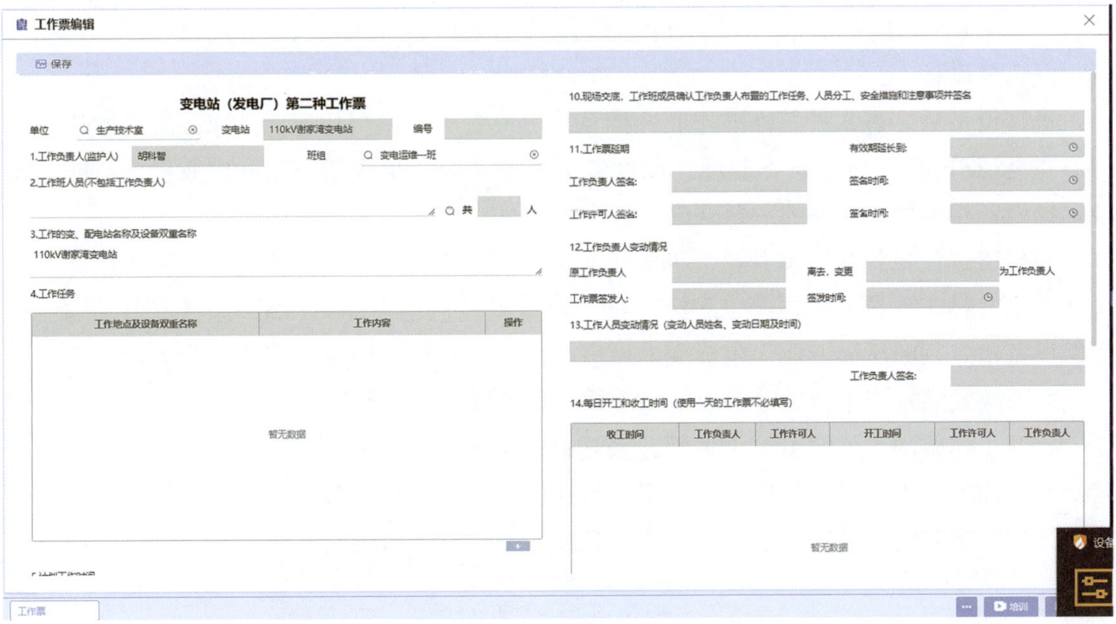

图 5-81 工作票编辑页面

图 5-82　关联相关任务

二、工作票（移动端）

（一）工作票开票

在【统推工作票】页面，PC 端同移动端数据一致，可通过 PC 端开票，在移动端走流程。点击【+】提供开票功能，点击待办页【+】进入设备选择页，支持通过扫码、模糊搜索方式选择设备。

选择设备后，进入设备标准作业选择页（以设备类型调用作业标准库，查询检修分类为 D 的标准作业），可多选作业项，以设备 + 作业项方式生成工作票—作业任务；或者切换选择设备相关的未消缺的危急缺陷，以设备 + 缺陷内容生成抢修内容。

根据所选设备判断所属专业，生成变电站第二种工作票、电力线路第二种工作票、电缆线路第二种工作票、配电第二种工作票，其自动赋值逻辑同 PC 端；选择危急缺陷，则根据设备信息判断所属专业，生成变电站事故紧急抢修单、电力线路事故紧急抢修单、电缆线路事故紧急抢修单、配电事故紧急抢修单，如图 5-83 所示。

打开工作票的【详情编制】页面，系统自动带入单位、工作任务、信息。工作负责人默认为当前登录人，对班组成员可手工进行选择。支持工作任务、安全措施的修改，支持编辑计划开始时间、计划结束时间、风险等级。工作票详情编制如图 5-84 所示。

图 5-83　工作票开票

图 5-84　工作票详情编制

完成工作票编制后，点击【提交】，选择待签发人员进行工作票签发，如图 5-85 所示。

（二）工作票签发

点击【签发】按钮，在弹出页面中填写工作地点保留带电部分或注意事项，选择工作票签发时间、签发人，具体如图 5-86 所示。

图 5-85　工作票流程提交

图 5-86　工作票签发

（三）工作票接票

直接点击【接票】，弹出页面中自动带入接到工作票时间、运维值班人员、工作负责人，点击【发送】，在弹出页面中进行人员选择，然后发送至许可环节，如图 5-87 所示。

（四）工作票许可

维护好信息后点击【提交】，选择对应流程人员可进入待终结环节。同时，移动端支持扫码许可，在确认所有安全措施都已执行完毕的前提下，由工作负责人直接扫描许可人手中待许可工作票的二维码，此代表许可人已核查无误，准许开工，流程推进到工作票待终结环节，待办任务推送至工作负责人、许可人和工作班成员，工作票状态更新为待终结。工作票许可环节如图 5-88 ～图 5-90 所示。

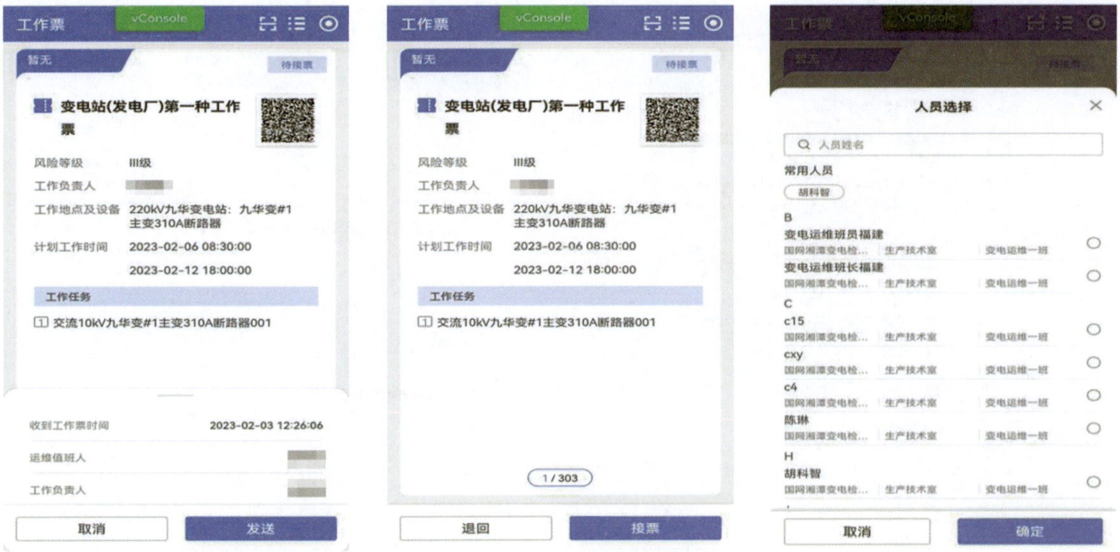

图 5-87　工作票接票

工作票安全措施信息可逐项勾选，提供批量勾选功能。

卡片区增加地线装设填写方式，勾选装设地线类安全措施时，根据特殊符号“( )”判断地线编号是否已填写。若未填写，则显示地线编号输入框，可扫码获取地线编号，或手动填写地线编号。

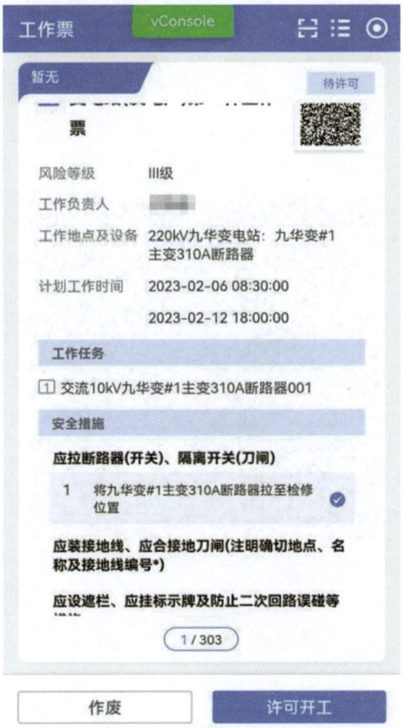

图 5-88　工作票待许可页面

图 5-89 工作票点击许可

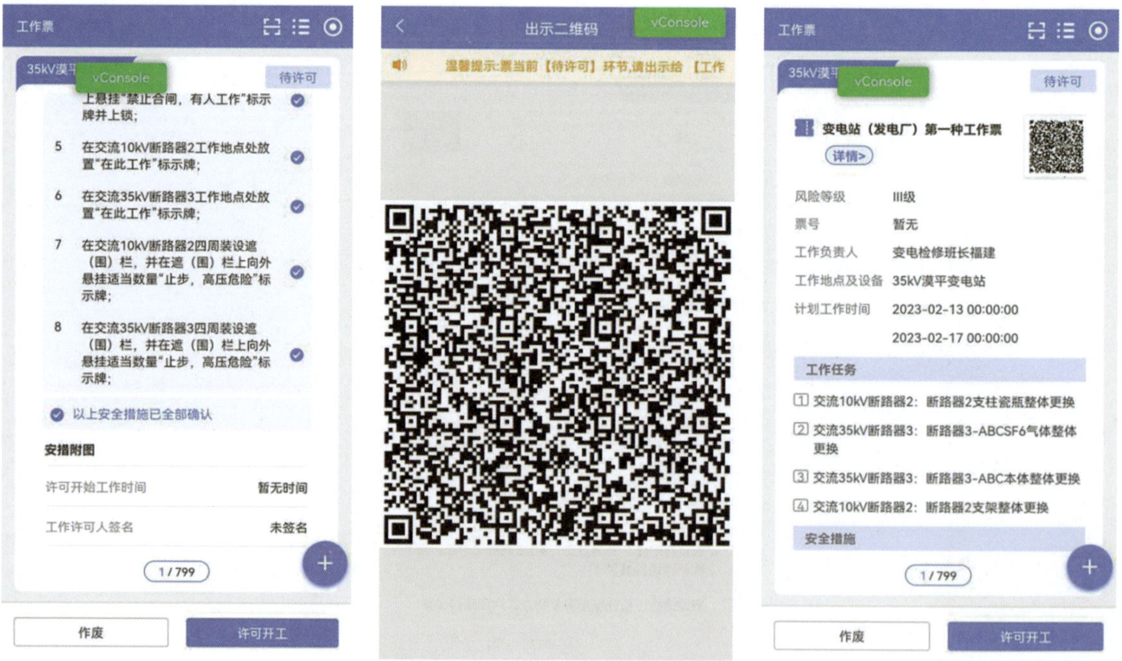

图 5-90 工作票扫码许可

（五）工作票终结

在许可环节，点击许可或者许可人让负责人扫码二维码，进入待终结环节（每日收开工），流程为（待）工作票终结状态，对应的展示状态为待收开工，对应的操作按钮为【每日收开工】和【更多】，工作票展示内容包括基本信息［票号、票类型、票状态、二维码（可点击放大）、风险等级、工作负责人、工作地点及设备、计划工作时间］、工作任务、安全措施（已打钩，可点击【安措附图】查看票面安措附图）、许可人签名、负责人签名、许可开工时间（已自动赋值）、安全交底签名、收开工记录；如需延期等操作，点击【更多】可以进行延期、人员变更等，如图 5–91 所示。

流程为（待）工作票终结状态时，工作负责人登录移动端，在卡片区展示的各状态工作票中，找到当前需要申请延期的工作票，点击【更多—延期申请】，选择延期时间，工作负责人签名自动赋值，签名时间自动赋值为当前时间，点击【确定】，可自动补全许可人签名及许可人签名时间。

工作负责人变更，在卡片区展示的各状态工作票中，翻屏找到当前需要进行工作负责人变更的工作票，点击【更多—负责人变更】，选择变更负责人，变更时间自动赋值，点击【发送】，当前待处理工作票自动转移至变更后负责人，处理逻辑同 PC 端工作负责人变更。

工作班人员变更，工作负责人登录移动端，在卡片区展示的各状态工作票中，找到当前需要变更工作班人员的工作票，点击【更多—工作班人员变更】，加载当前工作票的工作班成员，点击【设置离开】，可将离开的工作班成员状态设置为离开；点击【+】进入人员选择页面，可批量增加新的工作班成员。

工作负责人确定工作结束，将工作票的二维码提供给许可人扫描，工作票进入待终结—终结环节，流程为（待）工作票终结状态，对应的操作按钮为【工作票终结】，待终结工作票展示内容包括基本信息［票号、票类型、票状态（待终结）、二维码、风险等级、工作负责人、工作地点及设备、计划工作时间］、工作任务、待验收修试记录（默认已勾选，可取消勾选）、已拆除安措（默认已勾选，可取消勾选）、检修成本汇总［作业人数、工时数、工器具数、仪器仪表、车辆、人工标准成本（万）、材料标准成本（万）、机械标准成本（万）］，如图 5–92 所示。

许可人点击【工作票终结】按钮，将工作票状态更新为完结，将计划状态更新为完成，并根据修试记录、拆除地线的勾选情况，更新修试记录验收结果（合格、不合格）、已拆除地线（勾选）、未拆除地线（未勾选）信息，如图 5–93 所示。

工作票终结后，点击右上角的图标，进入查询列表，可以点击筛选工作票，如图 5–94 所示。

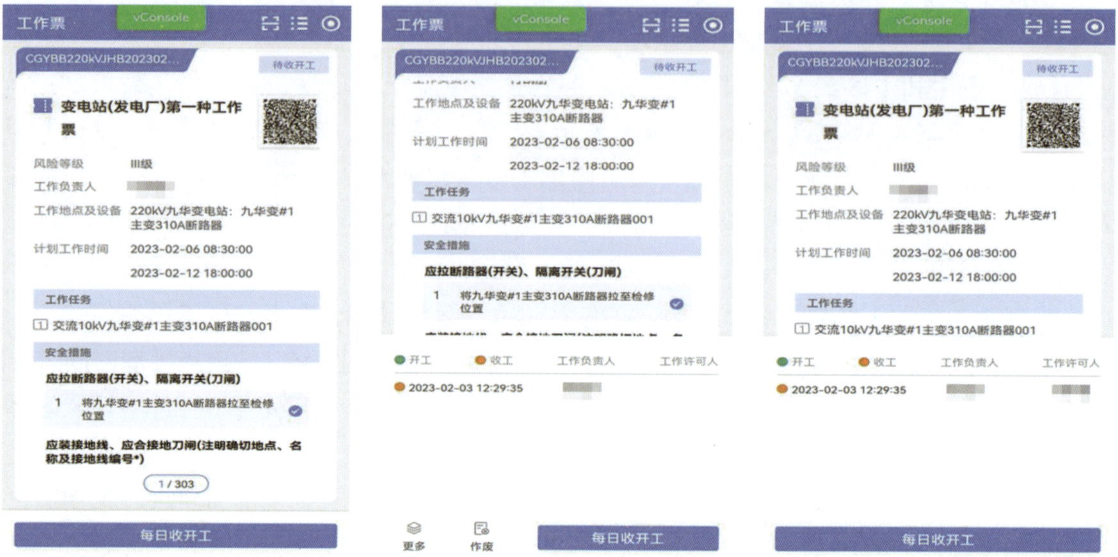

图 5-91　工作票移动端每日收开工

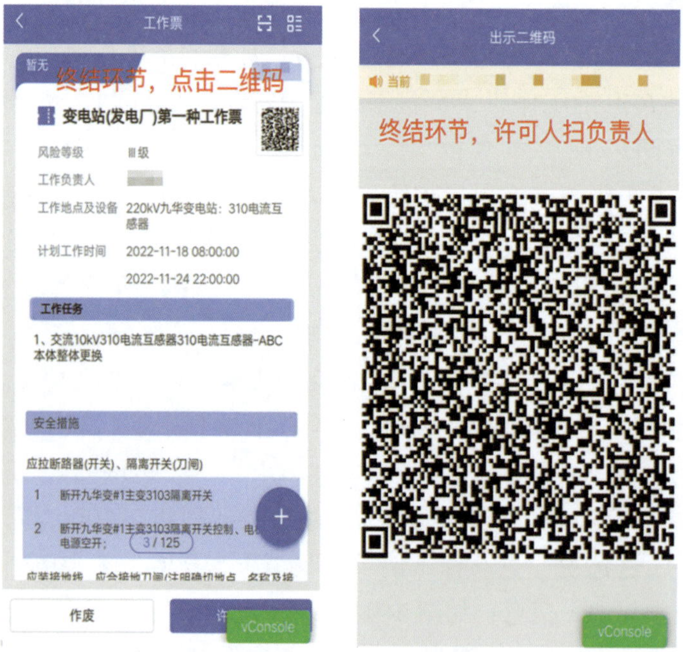

图 5-92　工作票扫码终结

图 5-93　工作票终结

图 5-94 工作票终结状态展示

模块五 巡视管理

模块说明 本模块主要介绍如何在 PMS3.0 中，通过 PC 端和移动端对工作中的巡视进行管理，包括巡视计划、巡视记录等操作。

一、巡视管理（PC 端）

（一）巡视计划

操作路径：【生产作业管理】→【巡视管理】→【巡视计划】。

功能描述：巡视计划按照巡视周期配置，实现巡视周期计划的生成（全面巡视、例行巡视、熄灯巡视），支撑班组成员接收巡视任务并开展巡视工作，还支持特殊巡视任务的新增。巡视计划主页面如图 5–95 所示。

（1）巡视计划生成后，计划列表展示当前用户业务角色所在组织管辖下的变电站生成的周期巡视计划及特殊巡视计划，如图 5–96 所示。

巡视计划以卡片形式展示，展示内容包括标题（变电站 + 巡视类型）、站线名称（电压等级 + 变电站名称）、巡视班组、巡视方式、巡视内容、计划巡视时间、计划状态、超期时间（预警时间），如图 5–97 所示。

图 5-95 巡视计划主页面

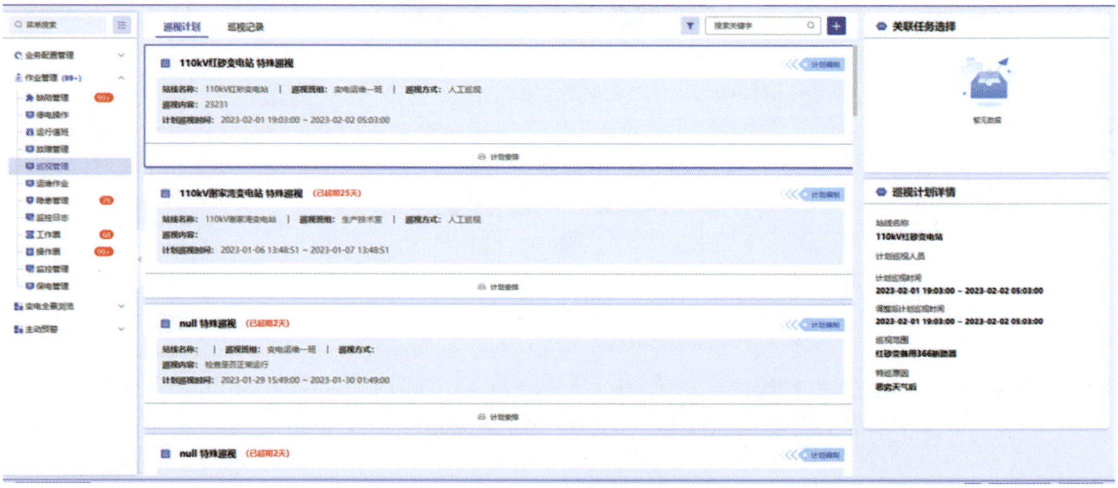

图 5-96 巡视计划列表

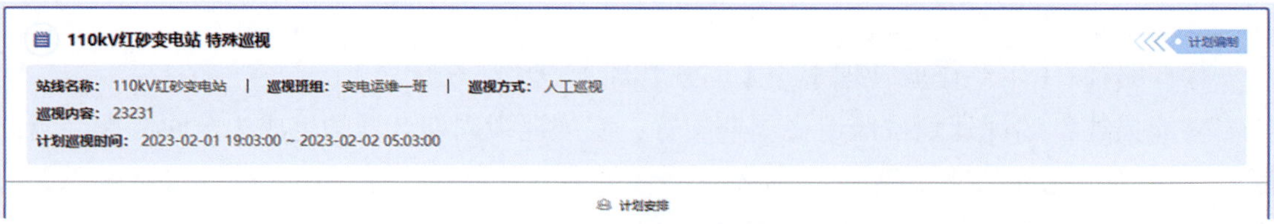

图 5-97 巡视计划卡片

（2）点击【条件筛选】按钮，进入筛选页面。

1）站线名称：默认展示当前用户业务角色所在组织管辖下的变电站/线路，支持多选。

2）电压等级：默认展示电站对应的所有电压等级，支持多选。

3）巡视方式：机器人巡视、人工巡视、人机协同巡视、无人机巡视、机器巡视，支持多选。

4）巡视类型：全面巡视、例行巡视、熄灯巡视、特殊巡视，支持多选。

5）计划开始时间：默认为空，支持手动输入。

（3）支持手工创建特殊巡视周期计划，点击【特巡新增】按钮+，如图 5-98 所示。

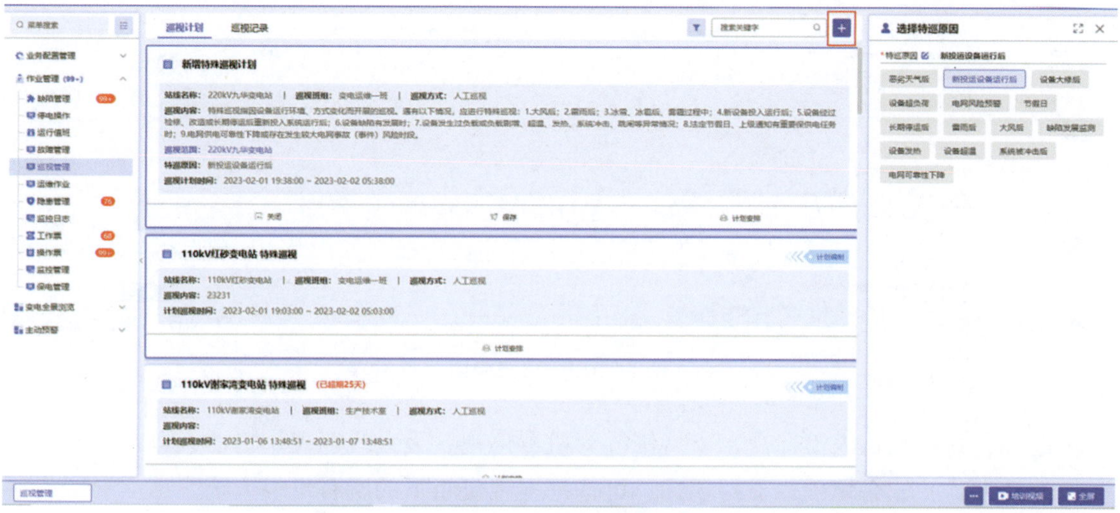

图 5-98　特巡新增

1）页面编辑。页面编辑对象包含以下各项：

站线名称：必填项，点击【巡视范围】，右侧页面展示出当前用户所在班组的电站、间隔信息，支持模糊匹配选择。所选电站或间隔信息自动带出，不可编辑。同时将所选电站或间隔设备带入巡视范围，支持选择多个设备，如图 5-99 所示。

图 5-99　电站 / 间隔选择

特巡原因：必填项，单选，选项值如图 5-100 所示。

图 5-100　特巡原因

巡视方式：默认人工巡视，支持修改为机器巡视、无人机巡视、机器人巡视。

巡视人员：非必填项，支持多选，可选择巡视班组下的所有班组人员。

计划开始、结束时间：必填项，时间默认赋值为系统当前时间，支持修改。

巡视班组：自动获取当前用户所在班组信息。

2）保存。点击【保存】按钮，保存特殊巡视任务信息，返回任务列表，支持进行任务调整、计划安排操作。

3）计划安排。点击【计划安排】按钮，保存特殊巡视任务，同时进行任务安排，安排成功后返回列表。

4）关闭。点击【关闭】按钮，取消当前特殊巡视任务，返回列表。

（4）点击巡视计划的巡视方式和巡视时间，可对其进行修改，如图 5-101 所示。支持修改巡视方式、计划开始时间、计划结束时间，其他信息不支持修改，仅支持查看。

（5）巡视计划安排。

1）计划安排。点击【计划安排】按钮，如图 5-102 所示。

选择巡视人员，在右侧点选当前支持关联的运维工作。安排成功后，任务状态更改为“巡视执行”；巡视人员登录系统，在巡视记录中可查看对应的巡视任务信息。

2）计划取消。点击【计划取消】按钮，可对处于编制状态的巡视计划进行取消，如图 5-103 所示。

图 5-101　巡视计划修改

图 5-102　巡视计划安排

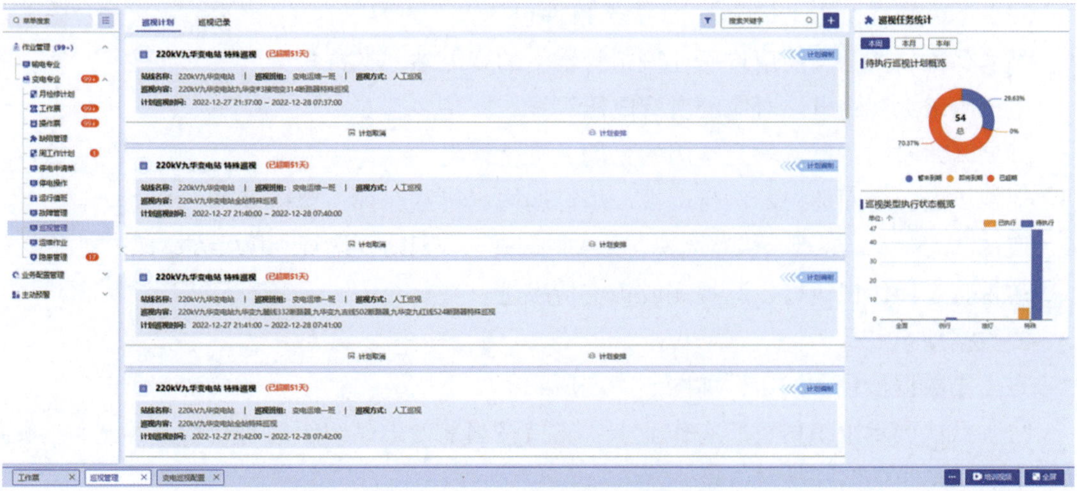

图 5-103　巡视计划取消

（二）巡视记录

操作路径：【生产作业管理】→【巡视管理】→【巡视记录】。

功能描述：巡视计划安排好后生成巡视任务，支撑班组成员接收并开展巡视任务及进行巡视登记等工作。

1. 主页面

巡视记录主页面如图 5-104 所示。

图 5-104 巡视记录主页面

（1）巡视任务卡片展示。巡视任务卡片展示内容包括标题（变电站 + 巡视类型）、站线名称（电压等级 + 变电站名称）、巡视方式、巡视内容、巡视时间、巡视人员、巡视结果、计划状态、超期时间（预警时间）。

在巡视记录右侧辅助区有区分本次登记缺陷以及历史未消缺陷的显示。

（2）条件筛选（点击按钮▼）。筛选条件包括以下内容：

站线名称：展示当前用户所在班组管辖下的变电站，支持多选。

电压等级：展示电站对应的所有电压等级，支持多选。

计划开始时间：默认填充本周的日期，支持调整。

巡视类型：全面巡视、例行巡视、熄灯巡视、特殊巡视，支持多选。

巡视方式：人工巡视、机器巡视、无人机巡视、人机协同巡视、机器人巡视，支持多选。

巡视状态：巡视执行、巡视完成，支持多选。

2. 数据抄录

点击【数据抄录】按钮，如图 5-105 所示。

（1）默认展示组织树下所有作业卡，支持按当前变电站组织树进行快速筛选，右侧辅助区显示的是当前路径抄录进度。

图 5-105　数据抄录

（2）默认展示“是否抄录”为“是”的数据，支持切换展开所有作业卡信息。

（3）数据抄录默认执行结果为“正常”时，录入抄录值数据；当执行结果为“异常”时，录入抄录值数据。

（4）非数据抄录默认执行结果为“正常”时，抄录值不可编辑；当执行结果为“异常”时，支持填写异常描述。

3. 添加关联任务

点击【关联任务执行】按钮，如图 5-106 所示。

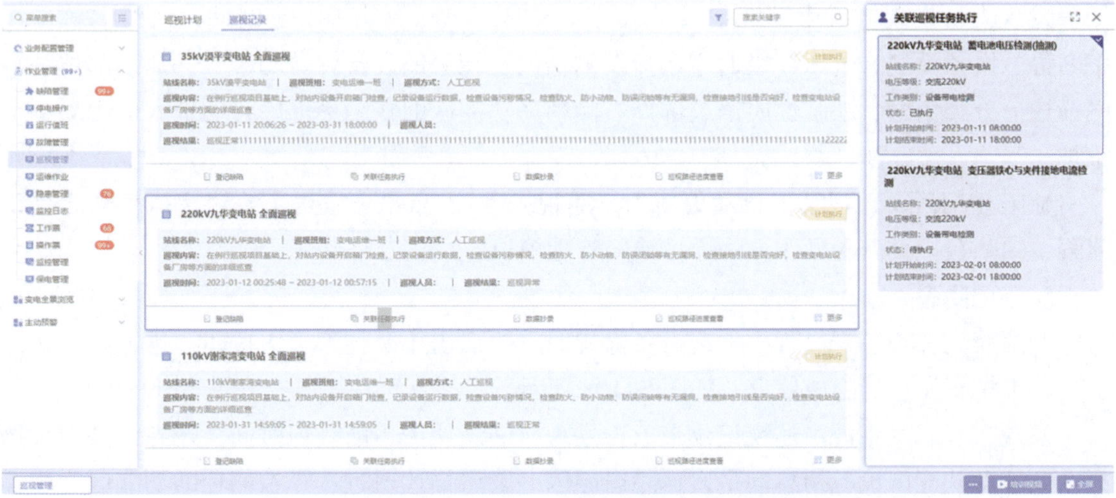

图 5-106　关联任务执行

（1）已关联任务。点击【关联任务执行】，展示计划安排时关联的任务信息。点击工作标题可跳转到运维工作记录填写页面，后续走运维工作流程；点击运维任务，即可取消关联任务。

（2）未关联任务。点击【关联任务执行】，展示当前变电站已配置且计划开始时间为本周但未开展的运维工作。点击运维任务即可关联，关联成功后，点击工作标题可跳转到运维工作记录填写页面。

4. 登记缺陷

当巡视人员在巡视过程中发现设备缺陷时，可点击【登记缺陷】按钮，进入缺陷登记页面，维护新发现的缺陷信息，如图 5–107 所示。

图 5–107　登记缺陷

发现人、发现方式由巡视记录带入；发现时间默认为当前登记时间；站线名称、设备名称、设备类型、电压等级通过选择右侧辅助功能区的设备树自动带入；缺陷部位、缺陷描述、分类依据、缺陷性质通过选择右侧辅助功能区的缺陷标准库自动带入，无须手工维护。

缺陷登记后，巡视结果自动更新为“巡视异常”。点击【发送】按钮后执行缺陷登记流程，缺陷登记页面和操作方法详见缺陷管理模块。

5. 登记隐患

当巡视人员在巡视过程中发现设备隐患时，可点击【登记隐患】按钮，进入隐患登记页面，维护新发现的隐患信息，如图 5–108 所示。

发现人、隐患来源由巡视记录带入；发现时间默认为当前登记时间；隐患设备通过选择右侧辅助功能区设备树自动带入；隐患原因、隐患描述通过选择右侧辅助功能区隐患标准库自动带入，无须手工维护。

隐患登记后，巡视结果自动更新为“巡视异常”。点击【发送】按钮后执行隐患登记流程，隐患登记页面和操作方法详见隐患管理模块。

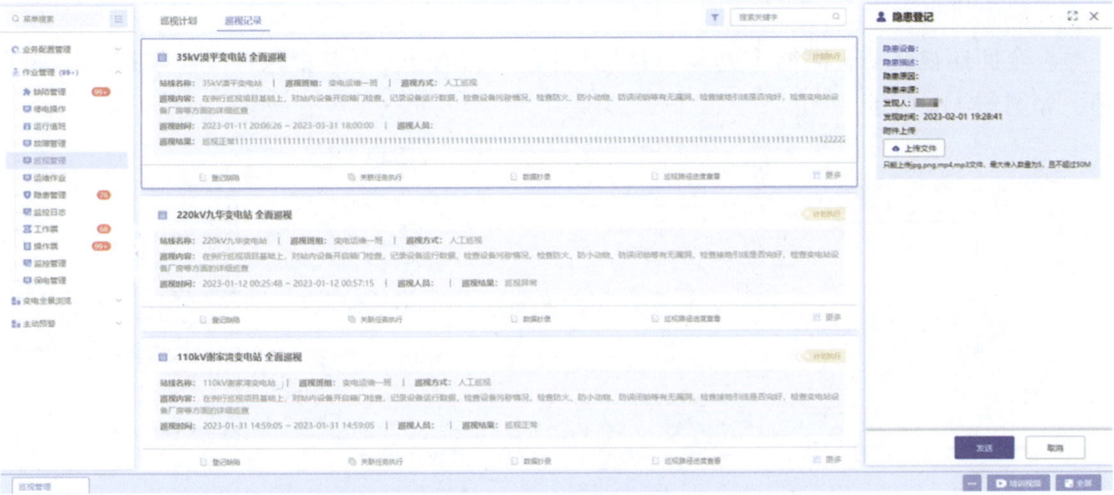

图 5-108　登记隐患

6. 巡视进度查看

在全面巡视任务页面的【更多】中点击【巡视进度查看】，点击任意一条巡视任务后，页面展示对当前变电站全面巡视的进度信息，左侧展示巡视路径区域以及当前路径区域下数据抄录、缺陷跟踪、标准作业卡执行的情况，如图 5-109 所示。

图 5-109　巡视进度查看

7. 隐患排查

在全面巡视任务页面的【更多】中点击【隐患排查】，可查看隐患排查数据，无法取消，如图 5–110 所示。

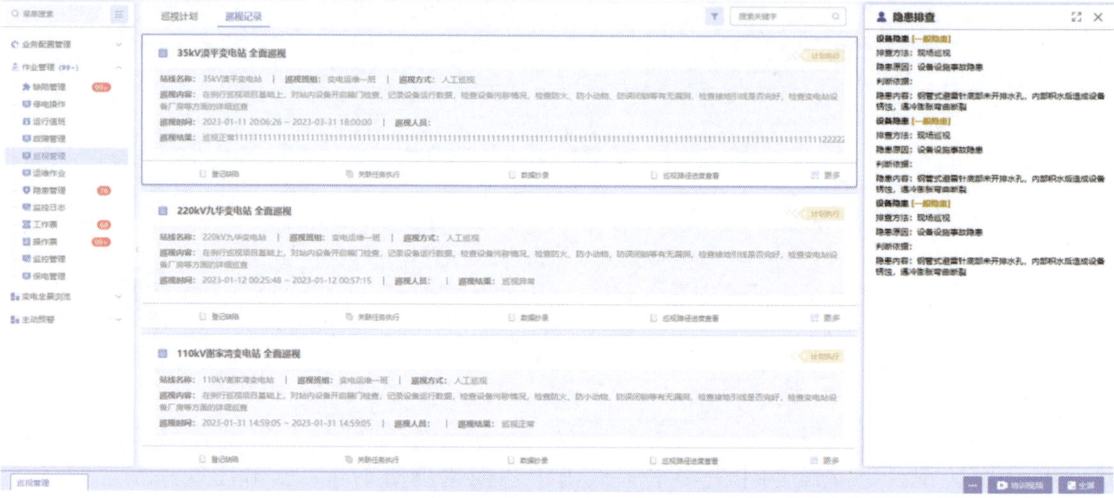

图 5–110　隐患排查

巡视人员在巡视过程中，针对待排查设备进行现场排查工作，确认设备是否存在隐患，排查单中未排查完的设备，会在下一次全面 / 例行巡视中再次展示，直到所有设备都排查完成为止。

8. 完成巡视

巡视记录自动生成后，巡视结果默认为“巡视正常”；登记缺陷 / 隐患后，巡视结果默认展示为“巡视异常”。

点击【记录确认】按钮，若巡视时间、巡视人员、巡视结果为空，则会有提示信息“巡视记录信息未填写完整，请先完善 × × ×”；若不为空，则记录归档成功，任务状态更新为“巡视完成”。

9. 计划追回

在计划安排状态下支持退回操作，用户点击【计划追回】按钮后，计划状态更改为“计划编制”，同时删除原巡视任务，可对该条计划进行修改。若计划与记录为一对多的关系，取消其中一条记录时，判断其他记录是否为安排状态，若均为安排状态则追回一个，其他都会被追回，反之则不可追回。

10. 计划取消

对于特殊巡视计划，在计划编制、计划安排状态下支持取消操作。用户点击【计划取消】按钮，计划状态变更为“计划取消”，新增【重新编制】按钮；点击【重新编制】按钮，巡视计划变更为“计划编制”状态，可重新编制后安排出去。

11. 设备详情

进入巡视记录页面，点击【设备详情】，右侧弹出设备详情页面，如图 5–111 所示。页面主要展示该条巡视计划下的全量设备详情，页面上方主要展示查询条件，包含设备名称、设备类型（杆塔、电缆、柱上变压器、箱式变压器、开关站、环网柜、配电室、配电变压器、电缆分支箱）、其他（新增缺陷、新增隐患、必拍设备、已签到、未签到）等查询条件。

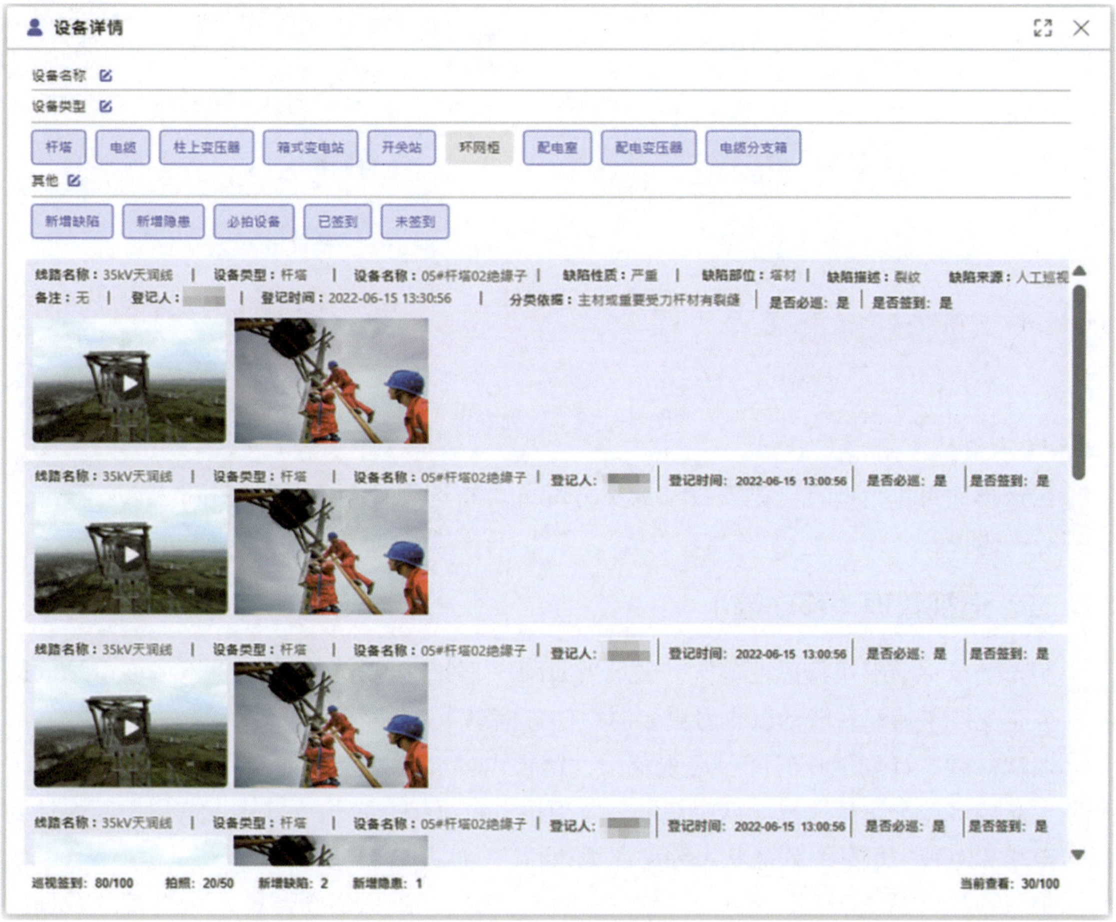

图 5–111　设备详情

页面下方主要以卡片形式展示设备详情，字段以拼接方式展示，具体如下：

设备基础信息：线路名称、设备类型、设备名称、电压等级、是否签到、巡视方式。

缺陷设备：缺陷性质、缺陷部位、缺陷描述、分类依据、登记人、登记时间。

隐患设备：隐患内容、隐患等级、登记人、登记时间。

必拍设备：必拍数量、照片名称、照片（含水印，可放大查看照片）。

12. 计划安排

进行巡视计划安排时，点击【计划安排】按钮，弹出人员选择页面，如图 5-112 所示。

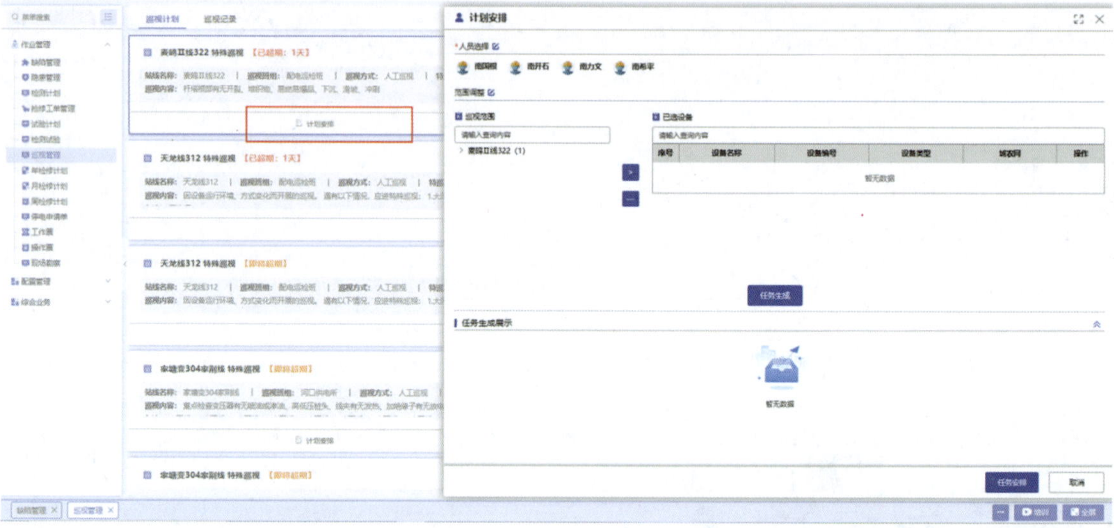

图 5-112　计划安排

在该页面可进行巡视计划安排和人员分配，可将巡视计划内的设备按人员进行分配，进行分段巡视。

二、巡视管理（移动端）

用户登录移动端执行巡视工作，展示当前用户业务角色所在组织管辖下的变电站的巡视任务（支持卡片左右滑动以查看更多巡视任务信息）。

巡视标题、计划工作时间、巡视范围、巡视内容、巡视人员（常用人员）、关联维护任务（支持多选）均从巡视计划中获取，无须再进行维护。点击【安排】按钮，巡视计划流转至相关巡视人员处，任务状态为“巡视执行”，如图 5-113 所示。

进入巡视详情页面后，若有配置巡视路径，则分别展示巡视路径区域设备的数据抄录、缺陷跟踪、作业卡查看等。

（一）数据抄录

页面滑至【数据抄录】页，如图 5-114 所示，展示当前巡视路径下的需要抄录的所有设备信息，以及当前设备抄录项的历史趋势图（上下滑动可加载展示更多设备），抄录值默认带出当前抄录项的上一次历史值，点击【+】或【-】可进行数据微调。

图 5-113　巡视管理

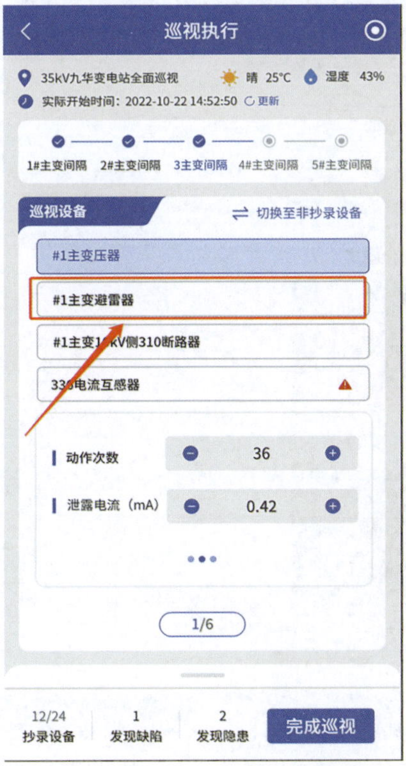

图 5-114　数据抄录

（二）缺陷跟踪

页面滑至【缺陷跟踪】页，如图 5-115 所示，展示当前巡视路径下未消缺的设备信息，以跟踪未消除缺陷的劣化程度的发展趋势。展示区展示当前设备的未消缺信息，主要包括缺陷设备、缺陷描述、缺陷附件信息。对存在的缺陷信息，在操作区可手动拖动进度条以调整当前缺陷较上次的严重程度。

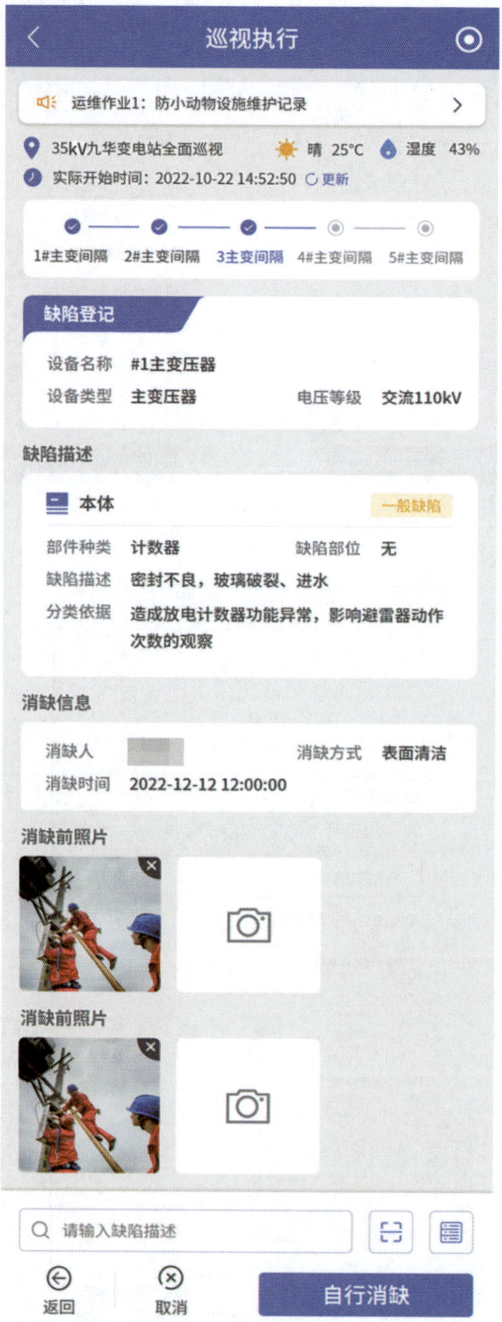

图 5-115 缺陷跟踪

（三）作业卡查看

页面滑至【作业卡查看】页，如图 5-116 所示，展示区按照间隔、设备的维度展示当前巡视路径下设备作业卡信息，支持上下滑动以加载展示更多设备作业卡信息。

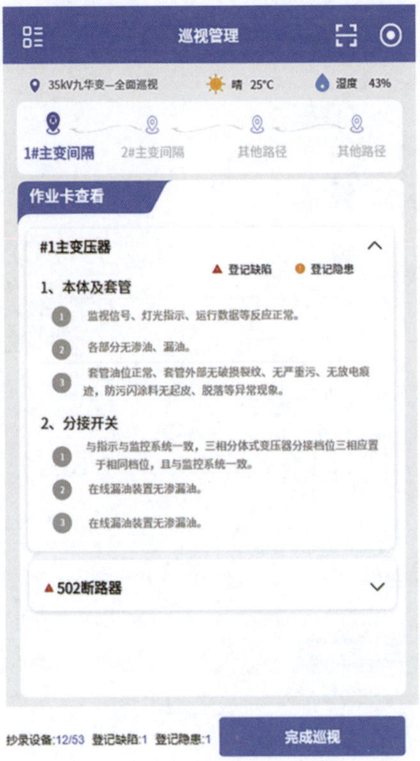

图 5-116 作业卡查看

若发现异常情况，点击展示区作业卡某一项，可为当前设备登记缺陷。此时操作区展示缺陷登记信息，输入缺陷描述后点选标准库信息，拍照上传。点击【发送缺陷】，完成缺陷登记并同步至 PC 端缺陷管理模块中，返回上一级页面。点击【返回】，放弃缺陷登记，返回上一级页面。

缺陷登记成功后，展示区设备缺陷数量 +1，同时在当前巡视路径区域，新增一个缺陷信息。

（四）添加关联任务

滑动至【添加关联任务】页，展示当前任务已关联的运维工作，支持上下滑动，如图 5-117 所示。

页面上方展示区展示运维作业的工作类型、巡视时间。运维过程中，若发现设备异常，则记录设备异常。若未发现设备异常，则巡视完成后，关联的维护任务同步完成并生成对应维护记录。

图 5-117 添加关联任务

（五）登记缺陷 / 隐患

巡视过程中若发现异常，则点击按钮，进入登记缺陷 / 隐患页面，如图 5-118 所示。扫描设备实物 ID 二维码获取设备信息，若无法成功扫描到设备信息，可点击按钮，手动选择当前巡视计划内变电站的设备信息，仅支持单选。输入缺陷 / 隐患描述，点选标准库信息，进行缺陷、隐患登记。

（六）隐患排查

展示当前巡视站线下的待排查设备，上下滑动可加载展示更多待排查设备信息。

（1）隐患排查内容：设备大类、设备类型、电压等级、隐患登记、排查方法、隐患原因、判断依据、隐患内容。

（2）设备排序：根据巡视路径配置中的排序，依次展示设备信息。

（3）单个待排查设备展示信息：设备名称、电压等级、设备型号、投运日期、生产厂家，上下滑动可展示更多的设备信息。

（4）隐患排查执行操作：巡视人员在巡视过程中，针对待排查设备进行现场排查工作，当确认设备存在隐患时，在【有隐患】后面打钩；当确认设备无隐患时，在【无隐患】后面打钩，系统实时保存打钩操作，如图 5-119 所示。

巡视计划记录确认后，针对已确认的设备，系统将调用隐患登记接口自动根据隐患设备、隐患内容等生成对应数量的隐患。

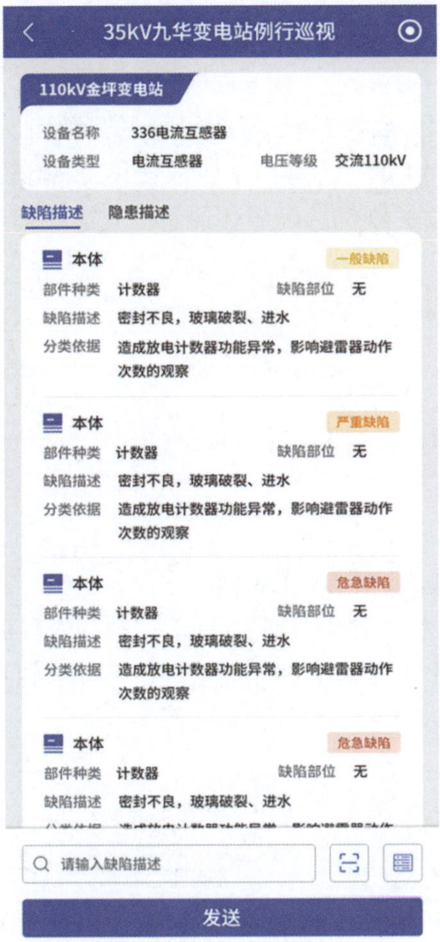

图 5-118　登记缺陷

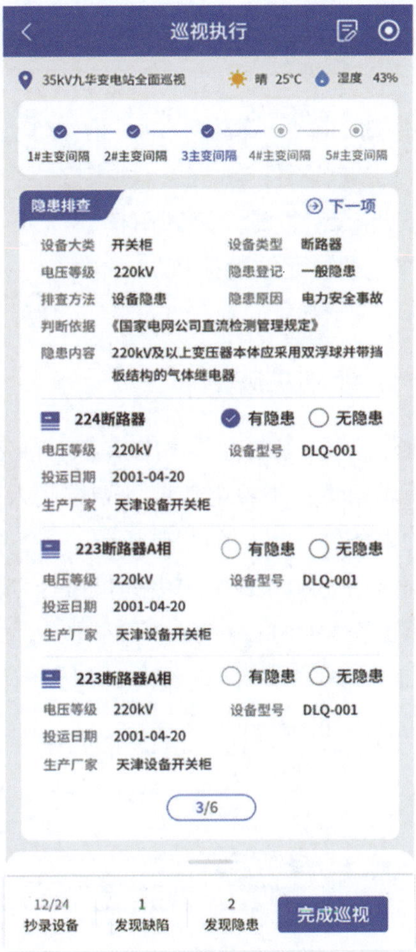

图 5-119　隐患排查

（七）完成巡视

点击【完成巡视】，数据抄录和运维工作任一项未完成，会提示先完成工作项；当数据抄录和运维工作都已完成后，巡视任务成功完成。巡视时间和巡视人员会自动填充并同巡视内容信息一起回传至 PC 端。

模块六　不停电作业管理

模块说明　本模块介绍不停电作业管理，不停电作业管理主要包括不停电作业计划生成、不停电作业计划审核、不停电作业计划派发功能，目前仅在 PC 端流转，实现计划生成、计划审核、计划派发，以及关联信息配置化展示，支撑不停电作业全过程线上运转。

一、计划生成

操作路径：【配电不停电作业】→【不停电作业计划】→【我的】。

使用角色：不停电作业计划编制人。

约束条件：已分配菜单权限。

功能描述：计划生成由周检修计划点击【发送至不停电】流转。

（1）登录 PMS3.0 配电不停电作业账号，显示不停电作业主页面，包括【我的】和【全部】标签页；不停电作业计划为周计划，点击【发送至不停电】按钮可推送到不停电作业环节，如图 5-120 所示。

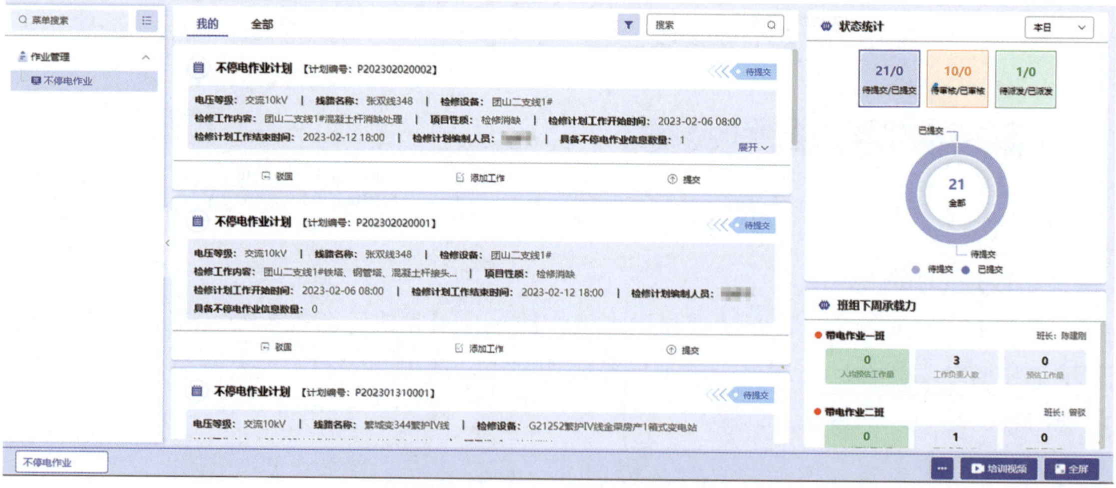

图 5-120　不停电作业主页面

（2）点击【筛选】按钮，可按计划状态、检修计划编制人员、项目性质、检修设备、检修计划工作开始时间来筛选预期的不停电计划，如图 5-121 所示。

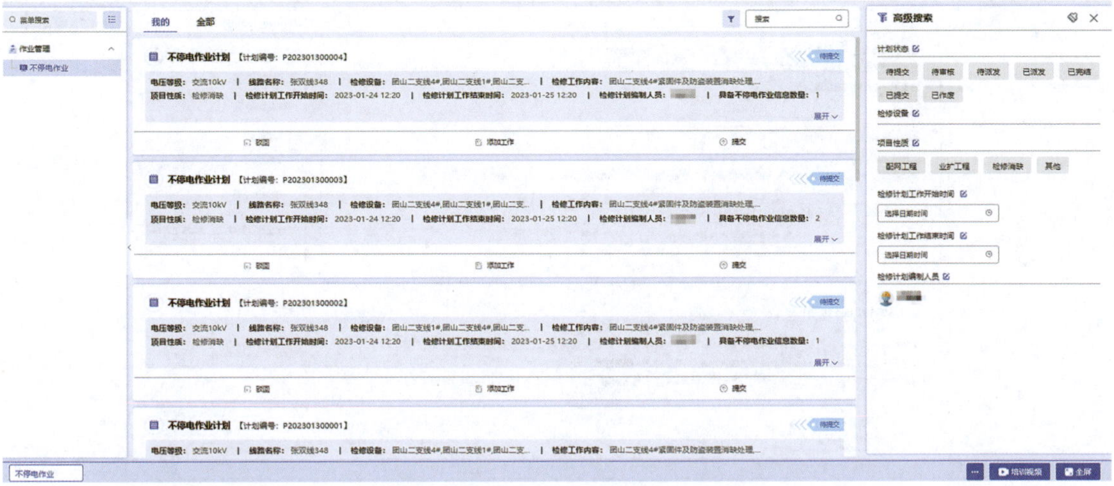

图 5-121 不停电计划条件筛选

（3）点击不停电作业计划编号，可弹出该条不停电作业计划的详情，包括不停电作业中心、电压等级、线路名称、检修设备、检修工作内容、项目性质、检修计划工作开始和结束时间、检修计划编制人员，如图 5-122 所示。

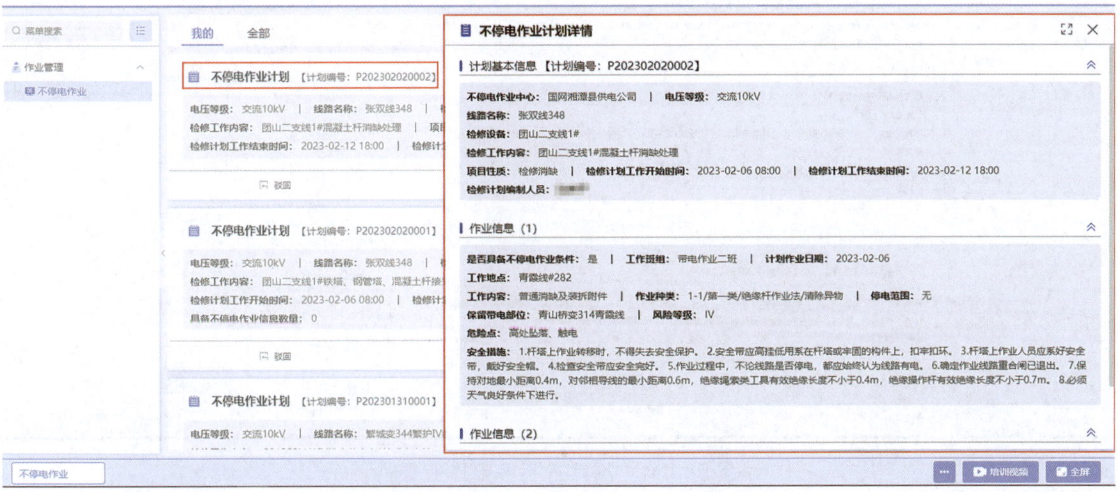

图 5-122 不停电作业计划详情

（4）确认检修接入计划是否具备不停电作业条件，选择工作地点，根据不停电作业种类标准库选择作业种类（四大类、33 小类）。根据作业种类带入作业序号、作业类型、作业方式、作业方法、工作内容、风险等级、停电范围、应采取的安全措施等信息。可点击中间的【添加工作】按钮新增多条作业信息，如图 5-123 所示。

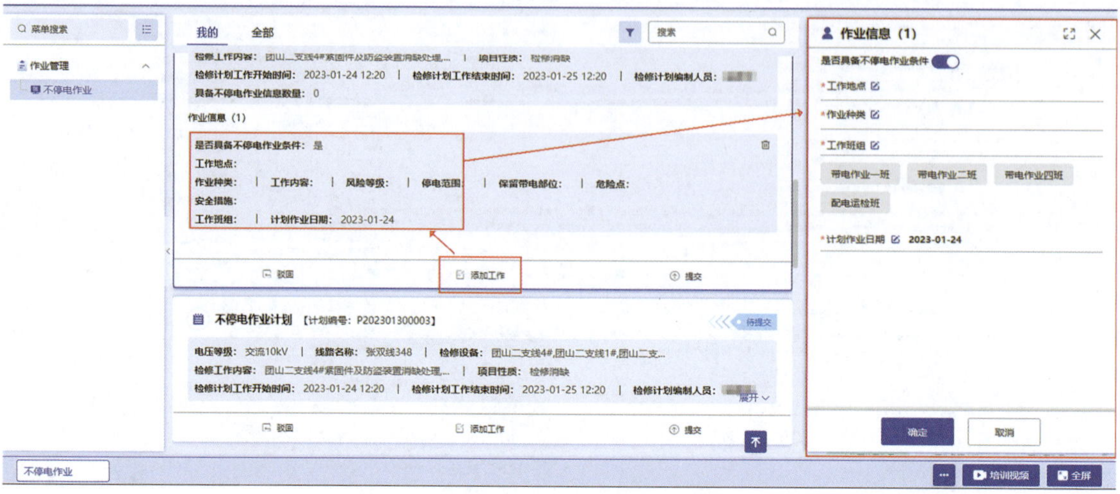

图 5-123　添加工作

（5）当该计划不具备不停电作业条件时，点击按钮进行关闭，选择工作地点并填写该计划不具备不停电作业的原因，点击【确定】，如图 5-124 所示。

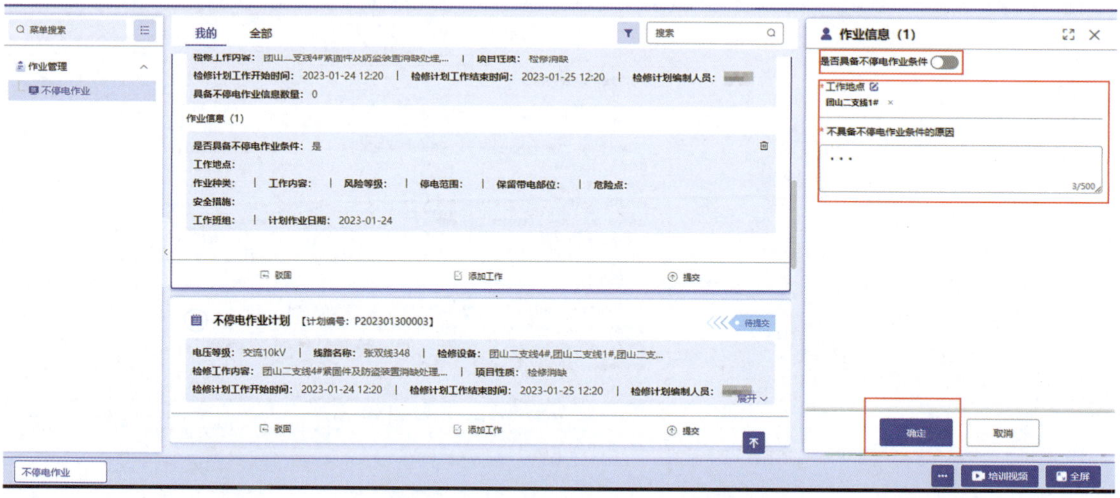

图 5-124　不具备不停电作业条件

（6）点击选择工作地点，右侧弹出设备选择卡片，通过模糊搜索获得对应的工作地点后点击【确定】，如图 5-125 所示。

（7）点击选择作业种类，右侧弹出作业种类选择卡片，点击选择相应的作业种类，选择完成后点击【确定】，完成添加工作，如图 5-126 所示。

（8）点击选择工作班组、计划作业日期，点击【确定】按钮即可将该条不停电作业计划保存，点击【提交】按钮至待审核阶段，如图 5-127 所示。

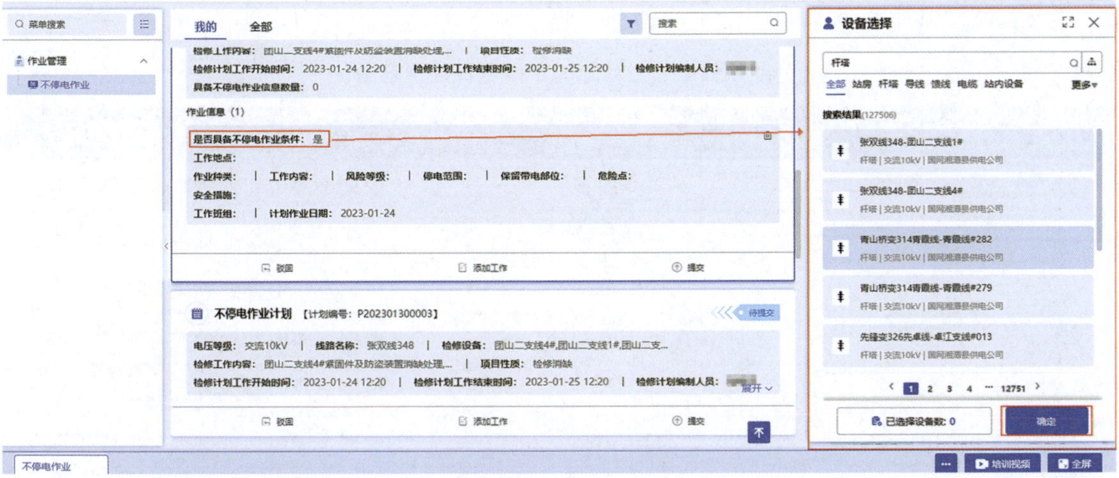

图 5-125 设备选择

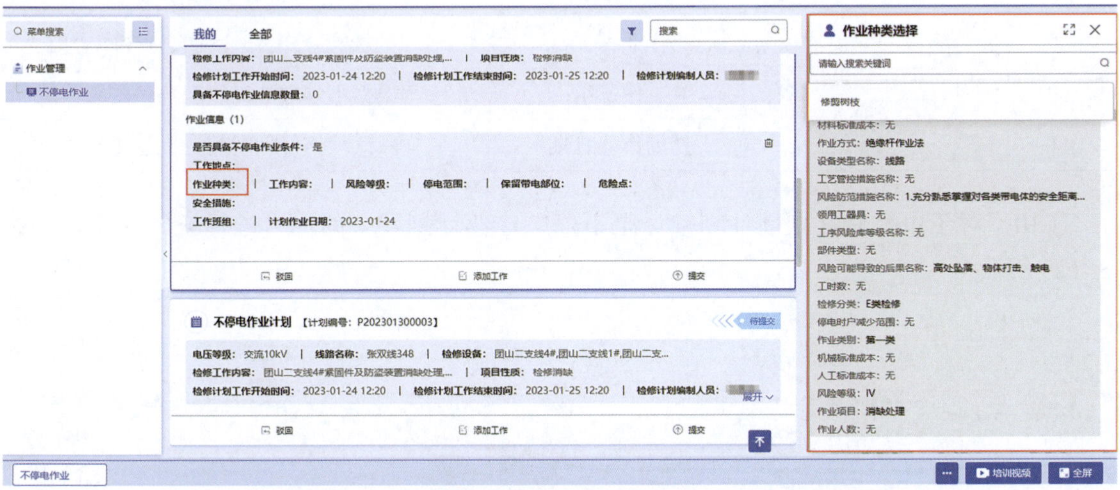

图 5-126 作业种类选择

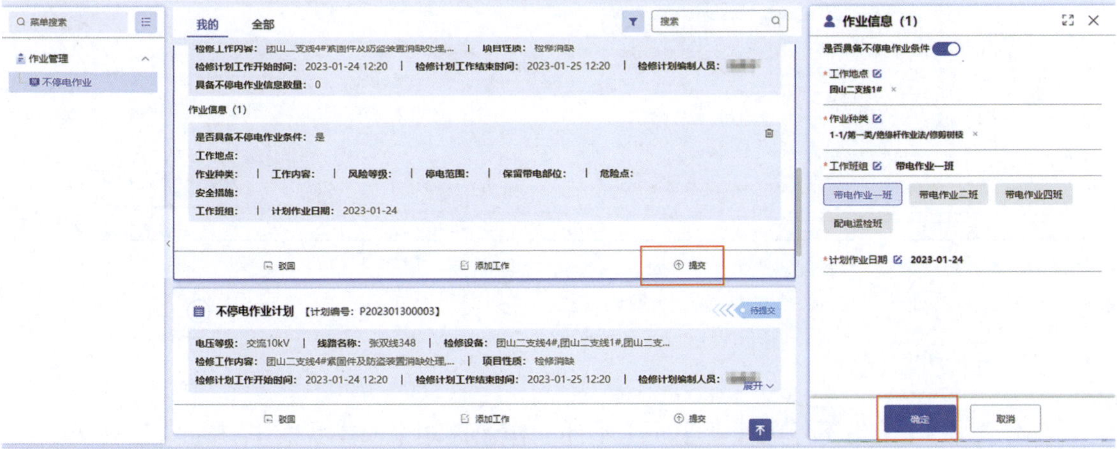

图 5-127 计划提交

（9）不停电作业计划的相关字段名及数据来源见表 5-1。

表 5-1　　不停电作业计划的字段名及数据来源

序号	应用	字段名	数据来源
1	不停电作业计划	工作内容	根据不停电作业种类标准库生成
2		风险等级	根据不停电作业种类标准库生成
3		停电范围	根据不停电作业种类标准库生成
4		保留带电部分	根据不停电作业种类标准库生成
5		危险点	根据不停电作业种类标准库生成
6		安全措施	根据不停电作业种类标准库生成
7		是否具备不停电作业计划条件	手动维护
8		工作地点	根据设备模糊查询组件生成
9		作业种类	根据不停电作业种类标准库生成
10		工作班组	根据不停电业务组织角色配置生成
11		计划作业日期	默认检修计划时间，支持手动维护

（10）对于由检修计划周计划推送至不停电作业计划环节的，可进行驳回操作，如图 5-128 所示。

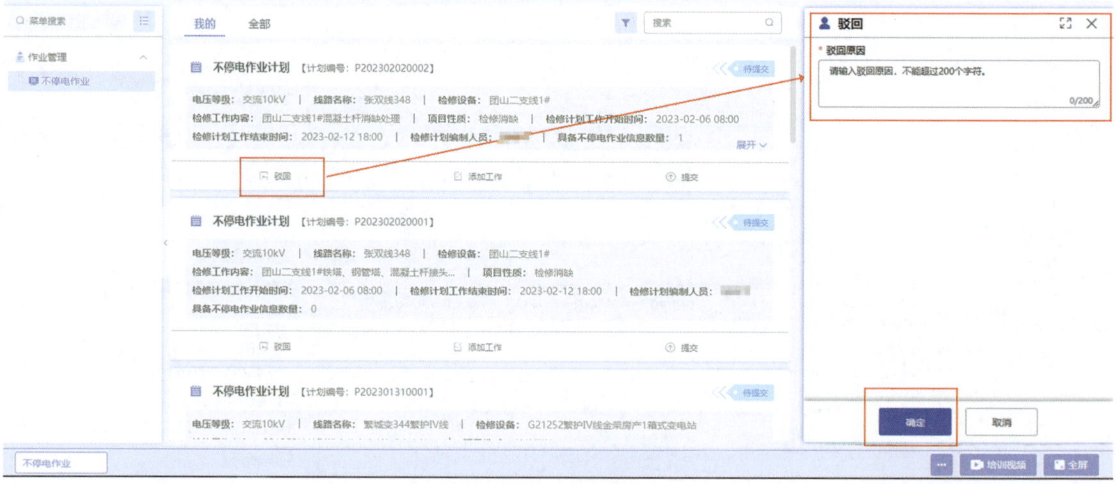

图 5-128　计划驳回

二、计划审核

操作路径：【配电不停电作业】→【不停电作业计划】→【我的】。

使用角色：不停电作业计划审核人。

约束条件：已分配菜单权限。

功能描述：在卡片区展示待审核计划内容，可查看详情；点击【通过】代表审核通过，点击【驳回】代表审核不通过。

点击【通过】按钮，完成审核通过操作，进入待派发阶段；点击【驳回】按钮，填写驳回原因，点击【确定】按钮后，完成审核不通过操作，数据回到上一流程节点。

（1）点击【我的】，查看待审核的不停电作业计划，如图 5–129 所示。

图 5–129　计划审核

（2）点击不停电作业计划下方【驳回】按钮，填写完驳回原因，可将该条计划驳回至待提交状态，如图 5–130 所示。

图 5–130　计划驳回

（3）计划审核人点击【通过】按钮，弹出发送成功提示，即可将该条不停电作业计划发送到待派发计划，由不停电计划派发人进行派发，如图 5–131 所示。

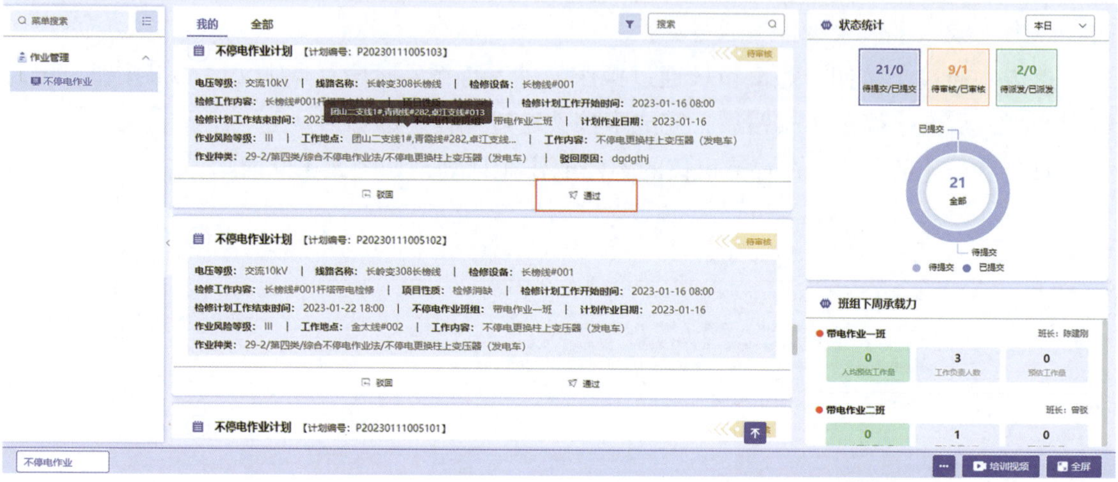

图 5–131　计划通过

三、计划派发

操作路径：【配电不停电作业】→【不停电作业计划】→【我的】。

使用角色：不停电作业计划派发人。

约束条件：已分配菜单权限。

功能描述：点击【派发】按钮，代表不停电作业计划可以执行，将不停电作业计划派发至工作班组，工单状态变更为“已派发”。不停电作业计划派发至班组后，调用工作票编制服务，将计划派发人所在单位、工作班组、计划作业日期、工作地点、工作内容、作业种类、安全措施自动带入并生成工作票。点击【驳回】按钮，填写驳回原因，点击【确定】按钮后，将计划退回至计划审核环节。

（1）点击【我的】，可查看待派发的不停电作业计划，如图 5–132 所示。

（2）不停电作业计划派发人可点击【驳回】按钮，填写完驳回原因后点击【确定】，可将该条计划驳回至待审核状态，如图 5–133 所示。

（3）当该条计划合理时，点击【派发】按钮，弹出派发成功后可在已派发计划里查看该条已派发完成的计划，如图 5–134 所示。

四、已派发计划

计划派发后，在两票应用中自动生成一张工作票，工作票流程完成后，同步更新不停电计划的状态，如图 5–135 所示。

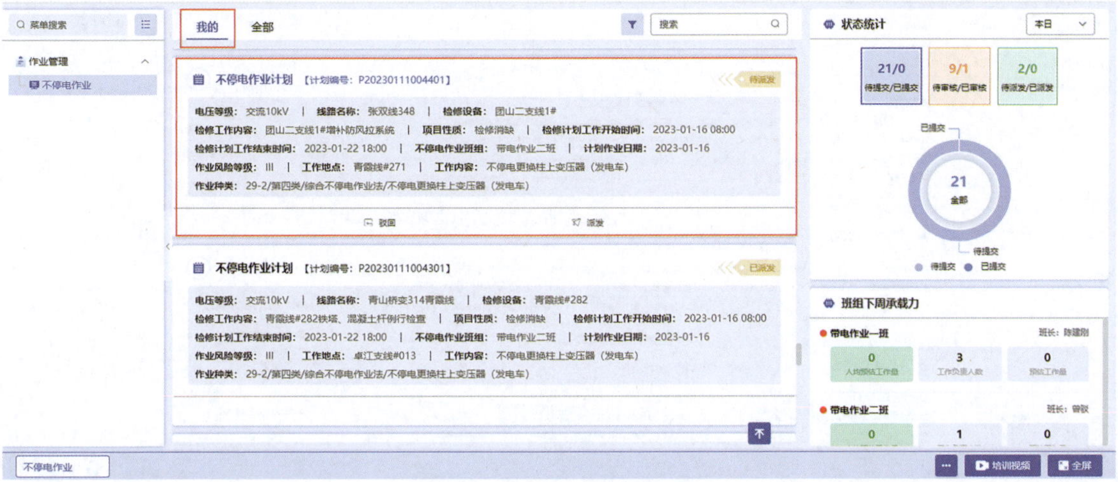

图 5-132　待派发计划

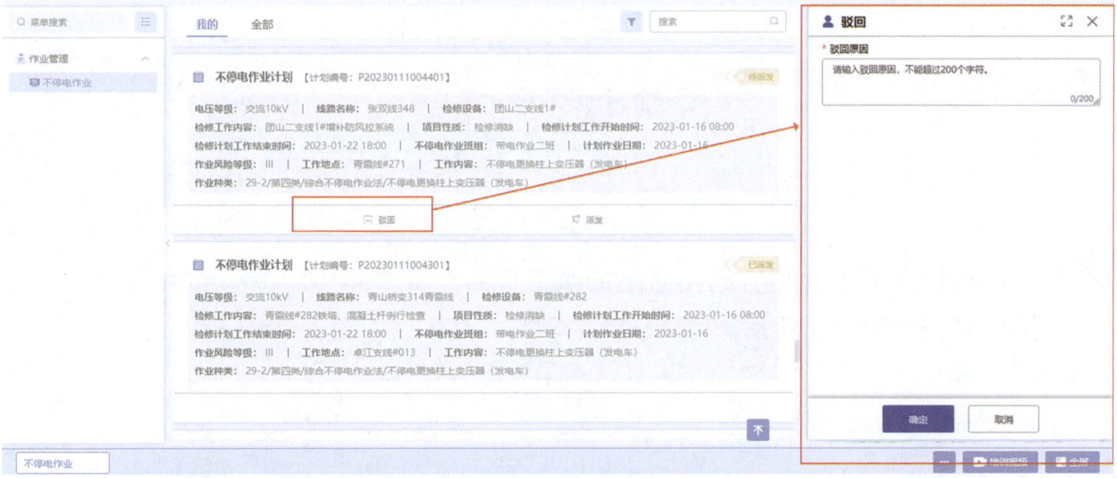

图 5-133　待派发计划驳回

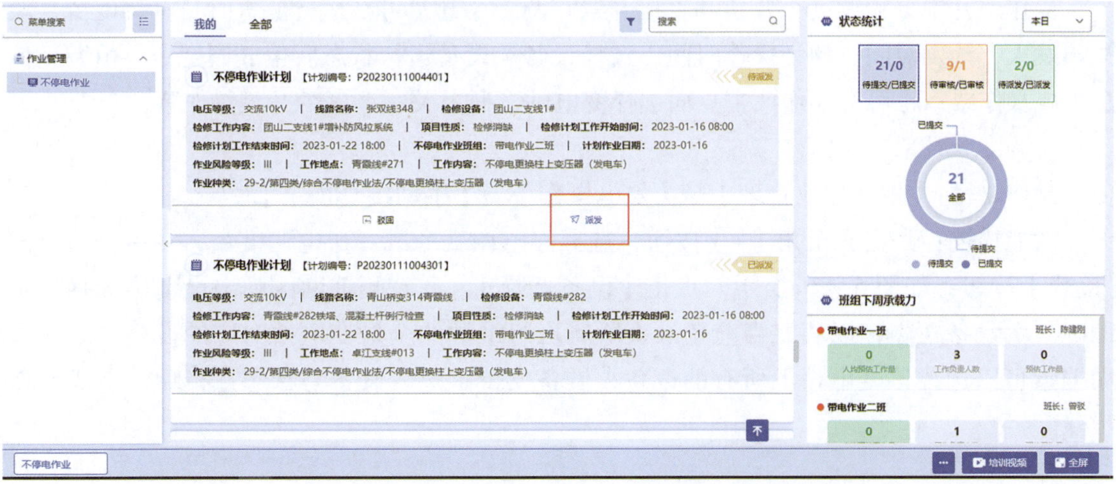

图 5-134　待派发计划派发

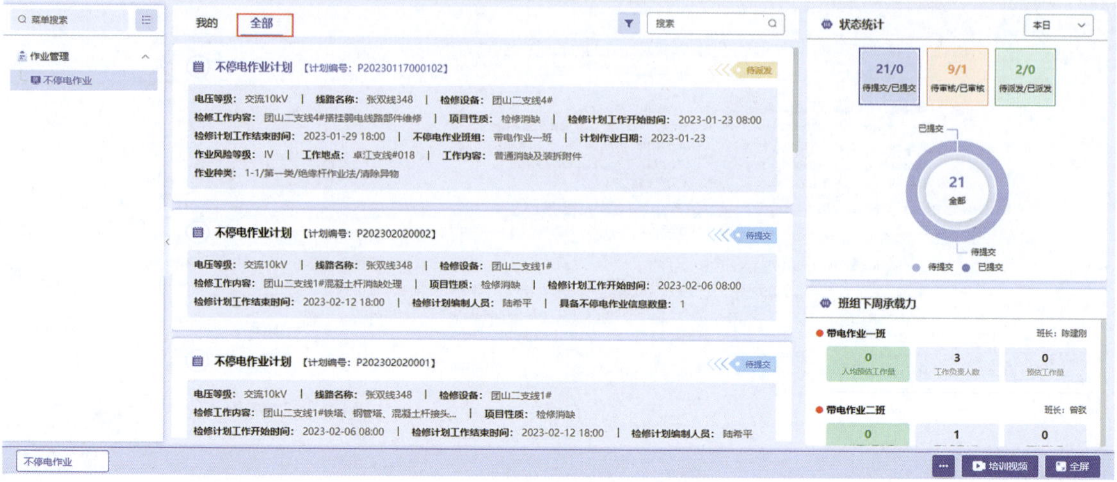

图 5-135　已派发计划

模块七　操作票

模块说明　本模块主要介绍如何在 PMS3.0 中，通过 PC 端和移动端对工作中的操作票进行管理，包括操作票开票、审核、会审、执行和归档等操作。

一、操作票（PC 端）

（一）操作票开票

操作票开票分为调度令开票和直接开票。调度令开票可在运行值班时开具调度令，填写预发人、预发时间、预计操作时间，选择设备、设备运行状态后生成调度令，由调度信息生成操作票；也可在操作票主页面选择变电站，通过关联调度令开具操作票。

1. 调度令开票

操作路径：【生产作业管理】→【停电操作】→【手动接受预令】。

功能描述：点击右上角【+】按钮，选择停电调度令或者送电调度令，在主页面点击【接令】按钮，如图 5-136 所示。点击【设备选择】，在右侧辅助区弹出设备供选择。辅助区展示设备逻辑，以获取当前登录人所属班组维护的全量变电站对应的设备。通过模糊搜索可以选择该变电站下所有的设备，设备支持多选。设备与状态选择后，生成操作步骤。

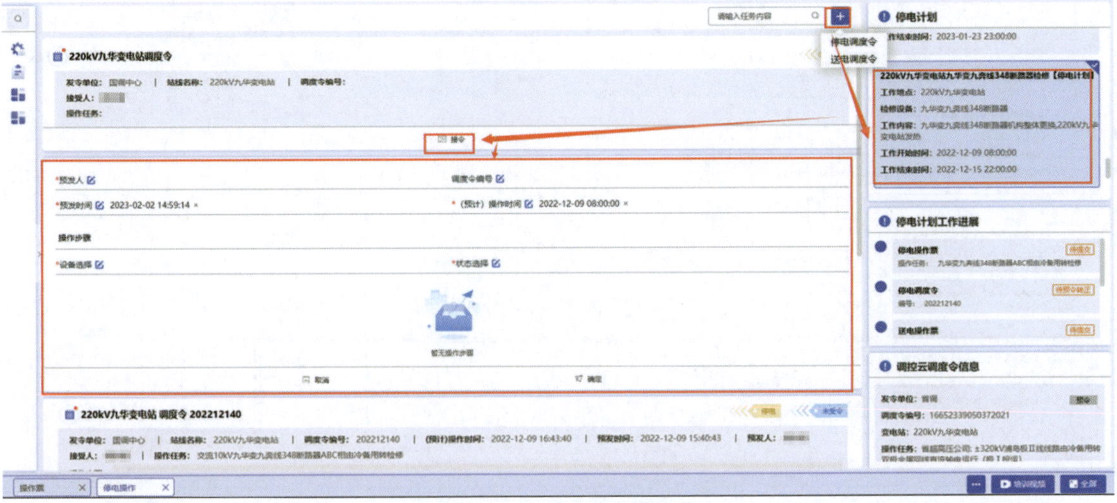

图 5-136　手动接受预令

接受预令时，可通过点击右侧删除键，删除该条操作步骤，如图 5-137 所示。

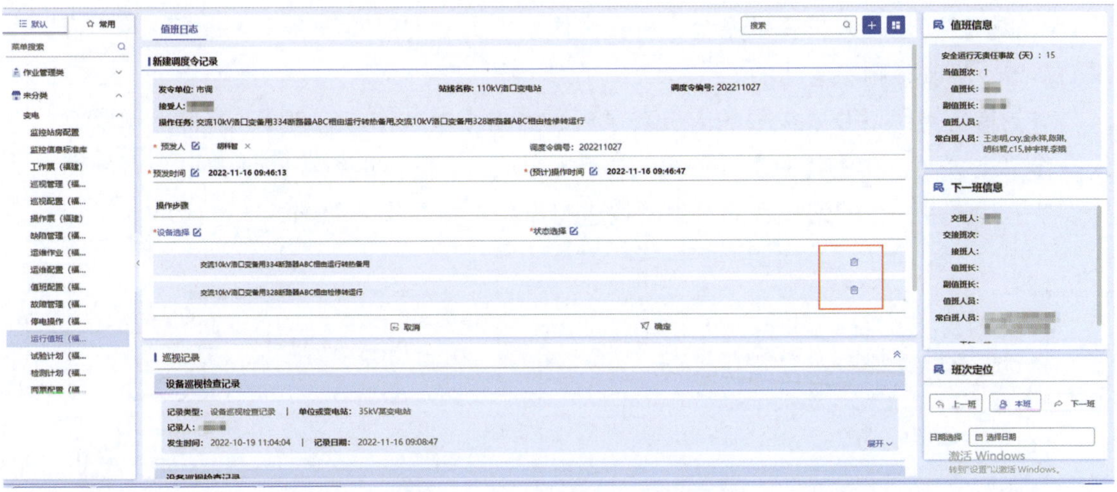

图 5-137　手动接受预令—删除

点击【确定】后，保存该条调度令，调度令状态为“未受令”。系统根据调度令操作步骤自动开具操作票，此时操作票发令人、接令人、接令时间不会带入且不能手动添加，生成的操作票同步在操作票模块主页面展示。调度令生成操作票如图 5-138 所示。

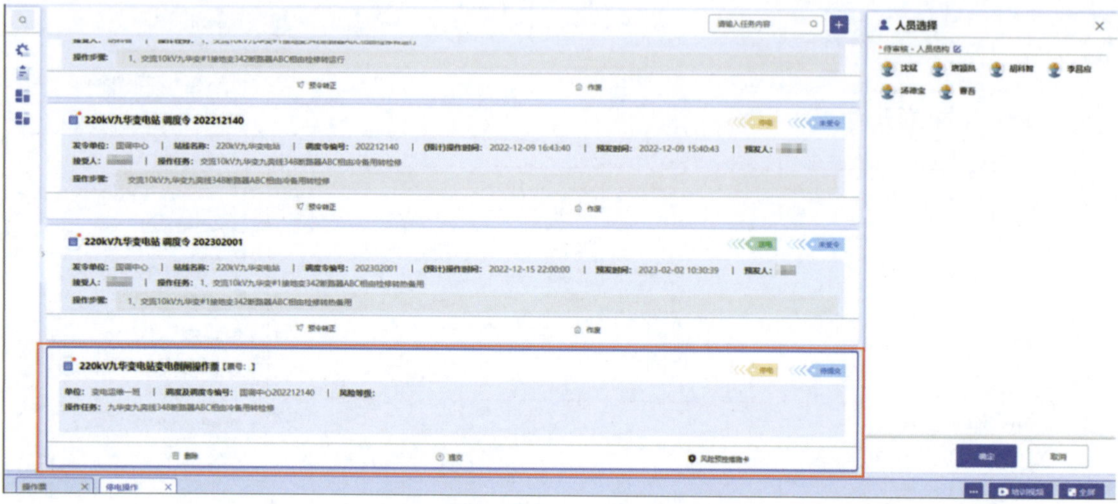

图 5-138　调度令生成操作票

2. 直接开票

操作路径：【生产作业管理】→【操作票】→【我的】。

功能描述：运维人员登录系统，可在操作票主页面实现操作票开票功能，并实现操作票的新增、修改、删除等功能。

（1）具备操作票开票权限的人员登录后，点击【生产作业管理】，通过操作票菜单进入操作票主页面，在【我的】标签页右上角点击【+】按钮进行操作票开票，右侧弹出选择设备卡片，可进行搜索或者通过设备树进行设备选择操作，如图 5-139 所示。

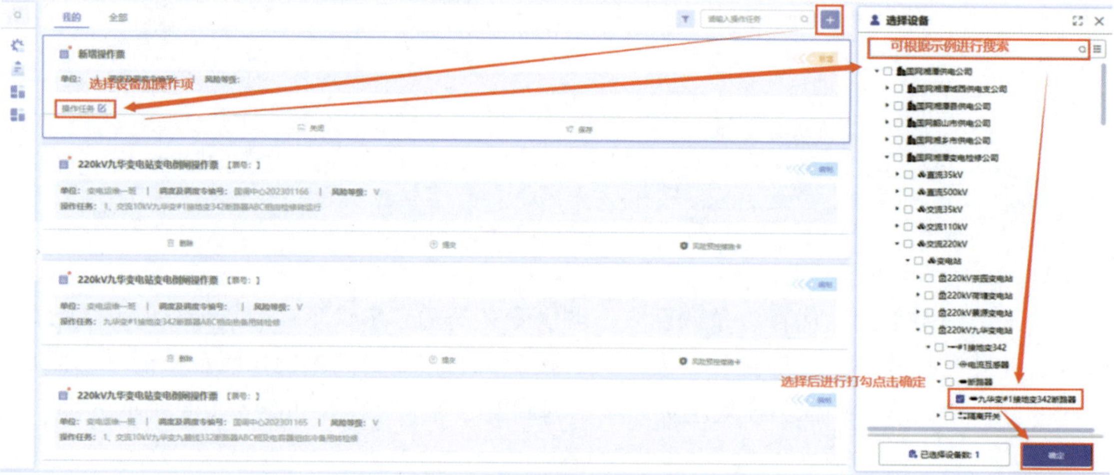

图 5-139　操作票开票—选择设备

（2）在右侧选择设备后会弹出操作类型卡片，选择具体的操作类型或手动新增操作类型后点击【确认】按钮，操作任务选填成功，如图 5-140 所示。

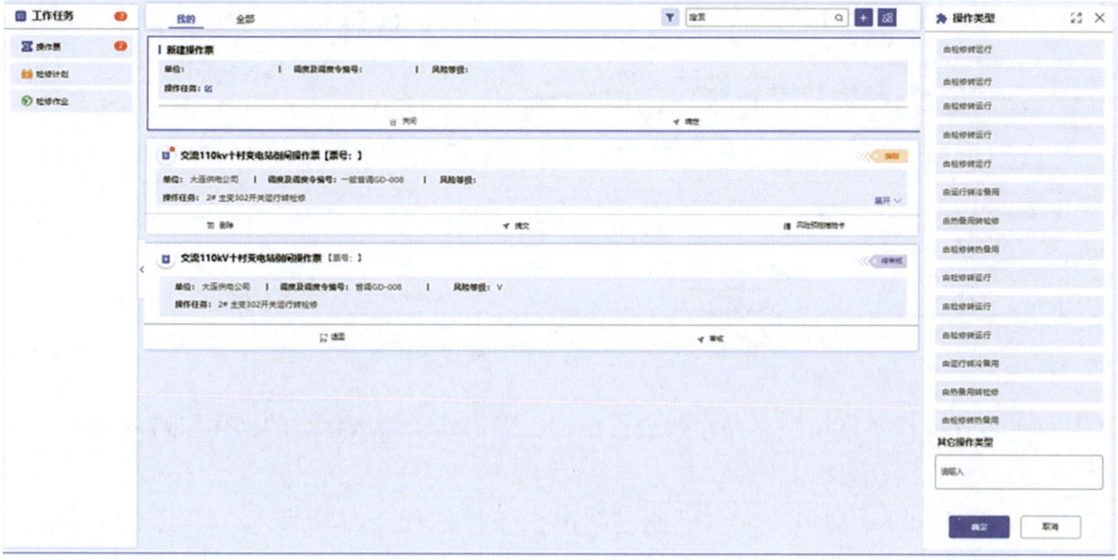

图 5-140　操作票开票—选择操作类型

（3）在【我的】标签页下方找到【保存】按钮并点击，卡片页面会自动赋值，即开票成功，如图 5-141 所示。

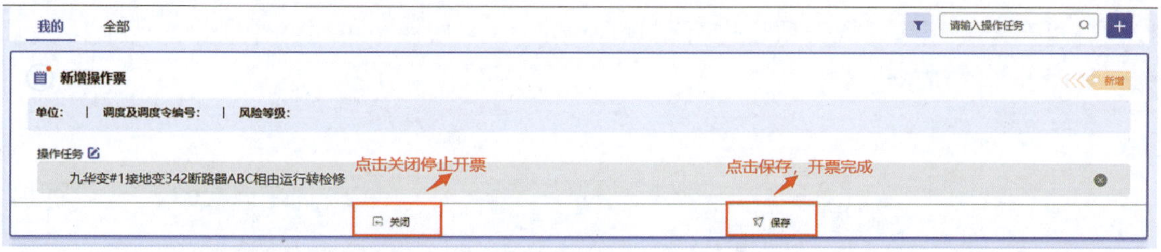

图 5-141　操作票开票—操作票保存

（4）保存成功后可对新建操作票进行编辑、删除。在卡片区域点击【风险等级】会在右侧弹出风险等级卡片以供选择，点击【操作类型】会在右侧弹出操作类型卡片以供选择，如站端一键顺控、远程一键顺控、常规等，如图 5-142 所示。选中站端一键顺控或远程一键顺控时，不自动生成操作项目，选择常规则可自动生成操作项目。点击【操作任务】会在右侧弹出操作任务卡片以对其进行编辑，点击【删除】可对操作票进行删除，点击【提交】可将操作票提交至审核阶段，点击【风险预控措施卡】可对风险预控措施卡进行查看。

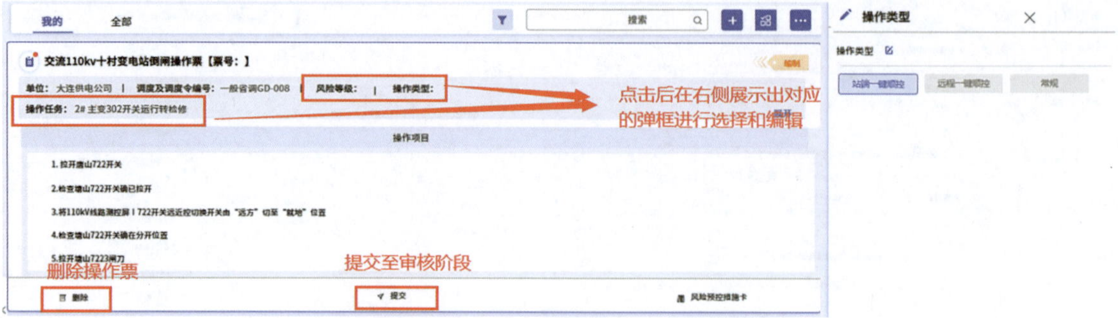

图 5-142　操作票开票—操作票编辑

（5）可在操作票详情中对操作票进行编辑，点击处于新增状态的操作票进入编辑，单位默认为登录人所在班组上一级。

操作任务：可手动填入，也可通过图形设备操作任务自动带入，即点击 接线图 按钮，在右侧展示接线图模块，在接线图中对相应设备进行框选从而将其自动带入操作任务中。

操作项目：分为复制典型票带入和复制历史票带入，也可对每行进行编辑。点击【修改】按钮，可通过设备选择 + 操作类型带入；点击【文本查看】按钮，可对操作项目进行文本查看；点击 + 按钮，可在操作项目下方弹出的输入框中编辑操作项目；点击 按钮，可对需要删除的操作项目进行删除；点击 按钮，可对操作项目进行上移和下移，如图 5-143 所示。

图 5-143　操作票开票—操作项目编辑

1）复制典型票带入。可在 PC 端点击【复制典型票】按钮，在右侧展示典型票数据，也可对需要的变电站进行搜索获得，如图 5-144 所示。

2）复制历史票带入。可在 PC 端点击【复制历史票】按钮，在右侧展示历史票数据，也可对需要的变电站进行搜索获得，如图 5-145 所示。

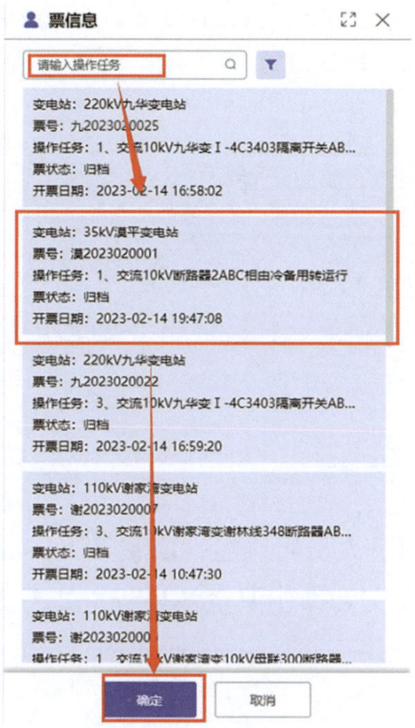

图 5-144 操作票开票—复制典型票

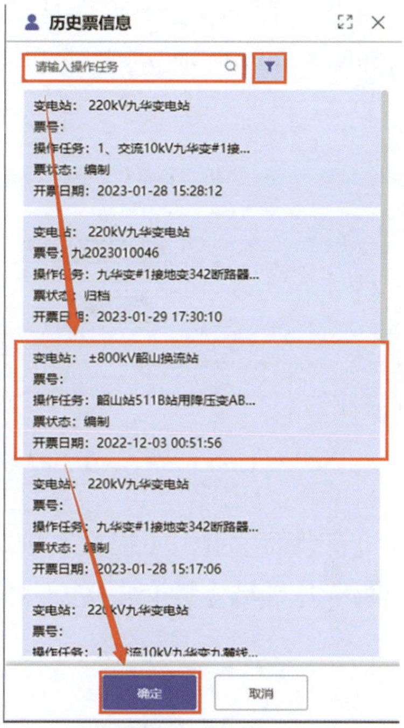

图 5-145 操作票开票—复制历史票

（6）在编制、待审核、待执行状态，可自动生成风险预控措施卡。点击【风险预控措施卡】按钮，会在右侧弹出风险预控措施卡详情，如图 5-146 所示。

风险预控措施卡

变电站倒闸操作风险预控措施卡

操作任务：九华变#1接地变342断路器ABC相由运行转检修

执行人员： 执行时间：

序号	危险点分析	预控措施	执行
1	1.断路器气室防爆膜破裂，造成人身伤害；2.断路器严重漏气，造...	1.严禁现场操作断路器，监控后台操作前提醒现场人员远离操作设备...	
2	1.断路器爆炸，造成人身伤害；2.断路器严重漏气，造成人身伤害。	1.严禁现场操作断路器，监控后台操作前提醒现场人员远离操作设备...	
3	1.断路器爆炸，造成人身伤害；2.断路器严重漏气，造成人身伤害...	1.严禁现场操作断路器，监控后台操作前提醒现场人员远离操作设备...	
4	一次误操作	操作时认真执行监护、唱票、复诵和“三核对”制度，严禁随意使...	
5	倒闸操作前及倒闸操作过程中未认真核对监控后台信号，造成误操...	倒闸操作前，监护人和操作人应对监控系统进行全面信号核对，确...	
6	危险点分析及预控措施落实不到位或没有针对性，导致操作及监护...	认真开展危险点分析与预控措施讨论，危险点分析预控时，参与操...	
7	发布操作指令过迟，导致现场拟票时间紧张，增加操作票编审批不...	原则上计划性倒闸操作，Ⅰ级、Ⅱ级风险倒闸操作，相应调度应提...	
8	安全工器具检查不到位，导致使用不合格的安全工器具。	根据操作任务，认真准备所用的安全帽、绝缘手套、绝缘靴、验电...	
9	安排的操作人员和监护人员精神状态不佳或人员技能不足。	合理安排操作人员，不安排当天精神状态不佳、身体有恙的值班员...	
10	拟写及审核操作票不正确，导致操作票错误。	严格落实操作票拟票、审票要求，副值、正值、值长逐级审票正确。	
11	操作对象错误，造成误操作。	认真履行操作监护制和唱票复诵制，操作前严格执行三核对，认真...	
12	操作过程中临时发生影响倒闸操作的异常时，处置不当，引起误操...	操作过程中，出现操作异常时应立即停止操作，禁止跳项操作，认...	
13	操作过程中发生触电、电缆沟坠落、爬梯坠落等人身伤害。	操作过程中应注意保持与低压设备之间的距离，注意防止电缆沟坠...	
14	误入间隔	操作时加强监护，选择操作设备前核对设备双重名称，认真执行唱...	
15	调度指令及操作目的未与现场设备状态实际核对，导致和调度指令...	接收调度指令后，应与现场设备运行方式核对正确后，再与调度核...	

图 5-146 操作票开票—风险预控措施卡

（7）点击【打印】按钮可对操作票进行打印，点击【风险等级】可对风险等级进行填写，如图 5-147 所示。

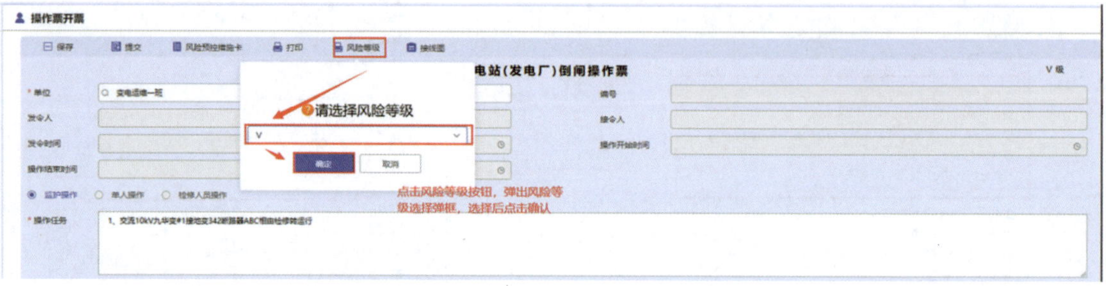

图 5-147　操作票开票—选择风险等级

（8）在票面中点击【提交】按钮，在右侧弹框中通过人员组织树选取签发人，或点击该操作票卡片区域【提交】按钮在右侧选取签发人，提交到操作票审核环节，如图 5-148 所示。

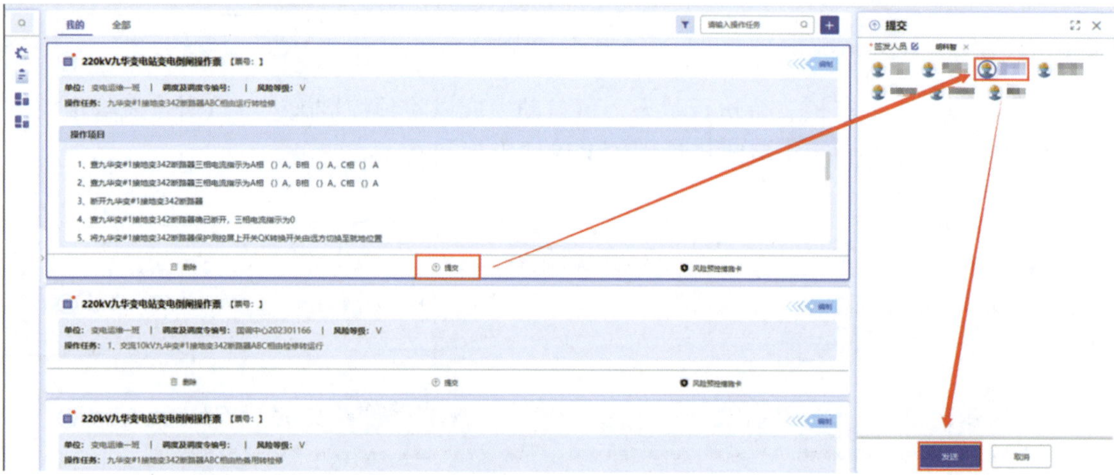

图 5-148　操作票开票—提交审核

（二）操作票审核

运维班长对运维人员提交的操作票进行审核。具备操作票审核权限的人负责操作票审核，在审核环节可获取当前审核人员信息；选择会审人员后发送流程到会审环节，若审核不通过即可进行操作票退回操作。

1. 操作票卡片审核

操作路径：【生产作业管理】→【操作票】→【我的】。

功能描述：具备操作票审核权限的运维班人员（或共维班组成员）登录后，点击【生产作业管理】→【操作票】进入操作票主页面，在【我的】标签页下方找到需要审核的操作票，在卡片页面对票面信息进行审核后，点击【审核】按钮获取执行环节及执行人员，右侧展示人员树，选择执行人员后，点击【发送】按钮发送流程至执行阶段，如图 5–149 所示。

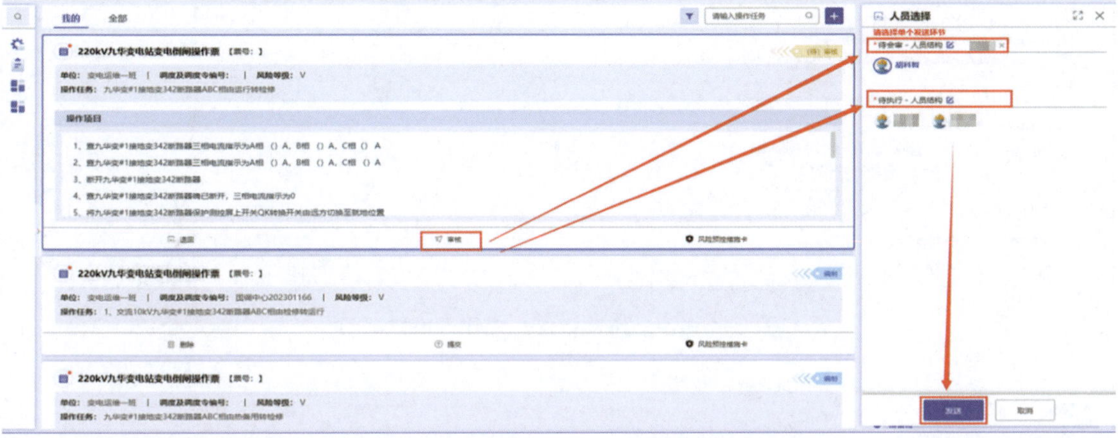

图 5–149　操作票审核—操作票卡片审核

2. 操作票票面审核

操作路径：【生产作业管理】→【操作票】→【我的】。

功能描述：具备操作票审核权限的运维班人员（或共维班组成员）登录后，点击【生产作业管理】→【操作票】进入操作票主页面，在【我的】标签页下方找到需要审核的操作票，进入操作票详情页面对操作票进行审核，审核无误后，点击【发送】按钮，选择人员后，发送至待执行环节或者待会审环节。待会审环节可跳过，直接进入待执行环节。

3. 操作票审核退回

操作路径：【生产作业管理】→【操作票】→【我的】。

功能描述：具备操作票审核权限的运维班人员（或共维班组成员）登录后，点击【生产作业管理】→【操作票】进入操作票主页面，在【我的】标签页下方找到需要审核的操作票，审核不通过时，点击【退回】按钮，弹出填报退回原因页面，默认显示“填写不规范”，可对其进行修改，点击【确定】按钮，发送流程到原填票人的开票环节（若为会审则退回到审核环节），如图 5–150 所示。

4. 操作票审核追回

操作路径：【生产作业管理】→【操作票】→【我的】。

功能描述：操作票状态为待审核且上一环节处理人为当前登录人，进入【我的】标签页，点击【追回】按钮，可将流程待办追回，同时清空该环节维护的票面信息，如图 5–151 所示。

图 5-150　操作票审核—操作票审核退回

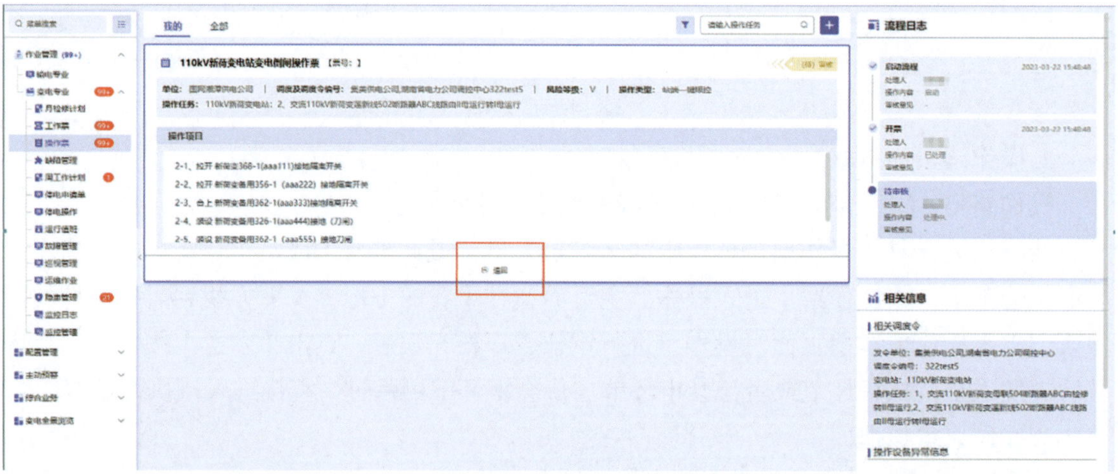

图 5-151　操作票—操作票审核追回

（三）操作票会审

运维班长对运维人员提交的操作票进行会审。具备操作票会审权限的人负责操作票会审，会审环节可自动获取当前会审人员信息；选择执行人员后发送流程到执行环节，若审核不通过即可进行操作票退回操作。

1. 操作票会审

操作路径：【生产作业管理】→【操作票】→【我的】。

功能描述：具备操作票会审权限的运维班人员（或共维班组成员）登录后，点击【生产作业管理】→【操作票】进入操作票主页面，在【我的】标签页下方找到需要会审的操作票，在卡片页面对票面信息进行会审后，点击【审核】按钮获取执行环节及执行人员，右侧展示人员树，选择执行人员后，点击【发送】按钮发送流程至执行环节；或进入操作票详情票面中点击【发送】按钮，在弹出的页面中选择执行人员，然后点击【确认】，发送流程至执行环节，如图 5–152 所示。

图 5–152 操作票会审

2. 操作票会审退回

操作路径：【生产作业管理】→【操作票】→【我的】。

功能描述：具备操作票会审权限的运维班人员（或共维班组成员）登录后，点击【生产作业管理】→【操作票】进入操作票主页面，在【我的】标签页下方找到需要会审的操作票，会审不通过时，点击【退回】按钮，弹出填报退回原因页面，默认显示“填写不规范”，可对其进行修改，点击【确定】，将流程退回到审核环节，如图 5–153 所示。

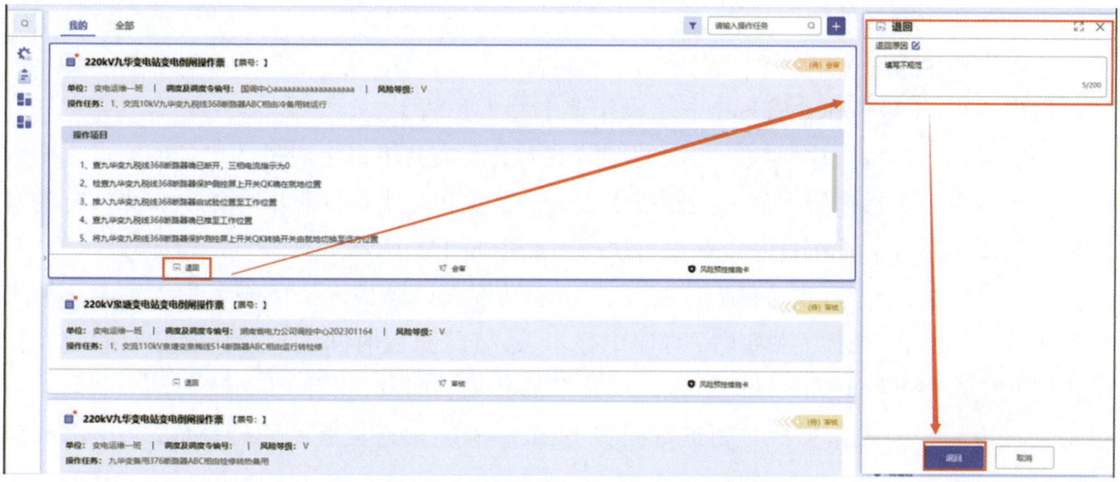

图 5–153 操作票会审—操作票会审退回

3. 操作票会审追回

操作路径：【生产作业管理】→【操作票】→【我的】。

功能描述：操作票状态为待会审且上一环节处理人为当前登录人，进入【我的】标签页，点击【追回】按钮，将流程待办追回，同时清空该环节维护的票面信息，如图 5–154 所示。

图 5–154　操作票会审—操作票会审退回

（四）操作票执行

运维班人员（或共维班组成员）具备操作票执行权限的人负责操作票的执行操作。若为调度令开票，则需进入【生产作业管理】，点击【停电操作】，找到该操作票未受令状态的调度令，点击【预令转正】按钮，将调度令转为正令即可。审核通过的操作票有执行、未执行和作废三种操作。

1. 操作票执行

操作路径：【生产作业管理】→【操作票】→【我的】。

功能描述：具备操作票执行权限的运维班人员（或共维班组成员）登录后，点击【生产作业管理】→【操作票】进入操作票主页面，在【我的】标签页下方找到需要执行的操作票，选择【执行】按钮对操作票进行执行，如图 5–155 所示。

（1）PC 端执行。点击【执行】按钮，完成操作人、监护人、值班负责人签名（值班负责人在配电中不显示，在变电 / 直流中显示），按照执行时间选择操作开始时间和操作结束时间（操作开始时间可通过移动端第一项操作项目时间进行同步，操作结束时间可通过移动端最后一项操作项目时间进行同步），最后确定发送流程到归档环节，如图 5–156 所示。

（2）执行回填。在操作票开票环节，填写操作项目的执行情况时，可在操作项目文本中，增加“( )【 】[ ]”特殊符号；在操作票执行环节，双击操作项目，如果存在“( )[ ]【 】”特殊符号，可弹出操作项目的编辑框，进行电流、电压等数值填写。

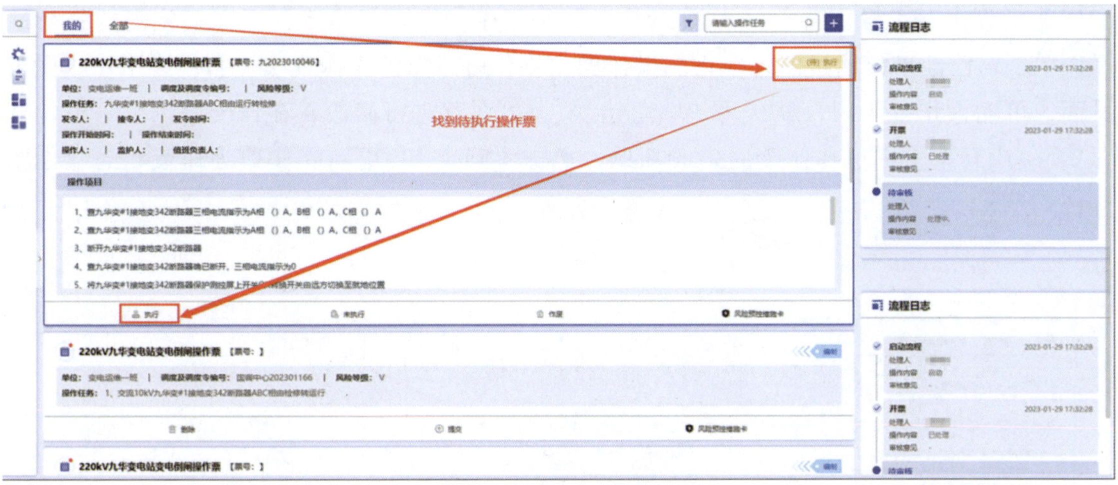

图 5-155　待执行操作票

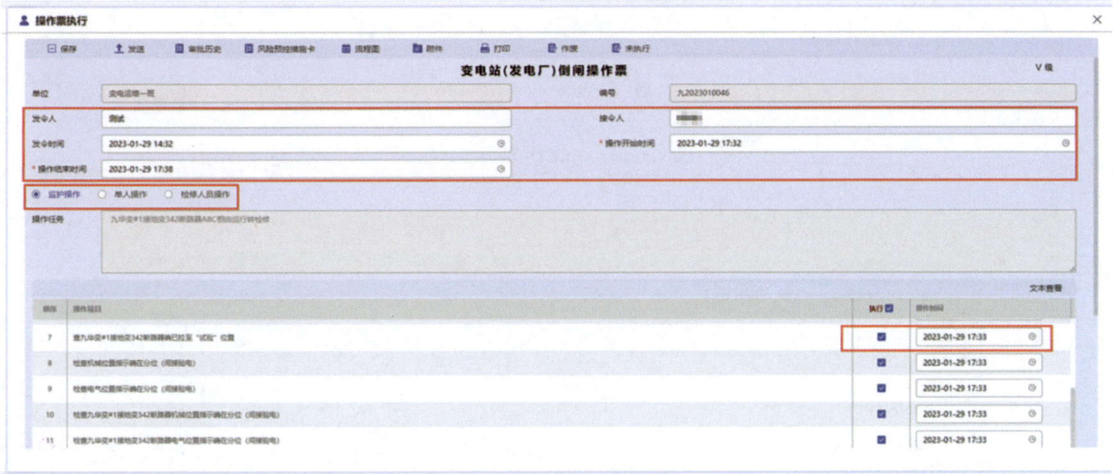

图 5-156　操作票执行

2. 操作票未执行

操作路径：【生产作业管理】→【操作票】→【我的】。

功能描述：具备操作票执行权限的运维班人员（或共维班组成员）登录后，点击【生产作业管理】→变电（直流 / 配电）业务→点击【操作票】进入操作票主页面，在【我的】标签页下方找到需要执行的操作票，对已经审核通过的操作票允许未执行，点击【未执行】按钮，未执行原因默认为“天气原因”，可对其进行修改，然后更新操作票为未执行状态，如图 5-157 所示。

3. 操作票作废

操作路径：【生产作业管理】→【操作票】→【我的】。

功能描述：具备操作票执行权限的运维班人员（或共维班组成员）登录后，点击【生产作业管理】→【操作票】进入操作票主页面，在【我的】标签页下方找到需要执行的操作票，对已经审核通过但未执行的操作票允许作废，点击【作废】按钮，显示作废设置页面，可输入作废原因，默认为“填写错误”，可对其进行修改，在作废原因框下方勾选【是否生成新票】则可在作废后生成新票，点击【确定】，更新操作票为作废状态，如图 5-158 所示。

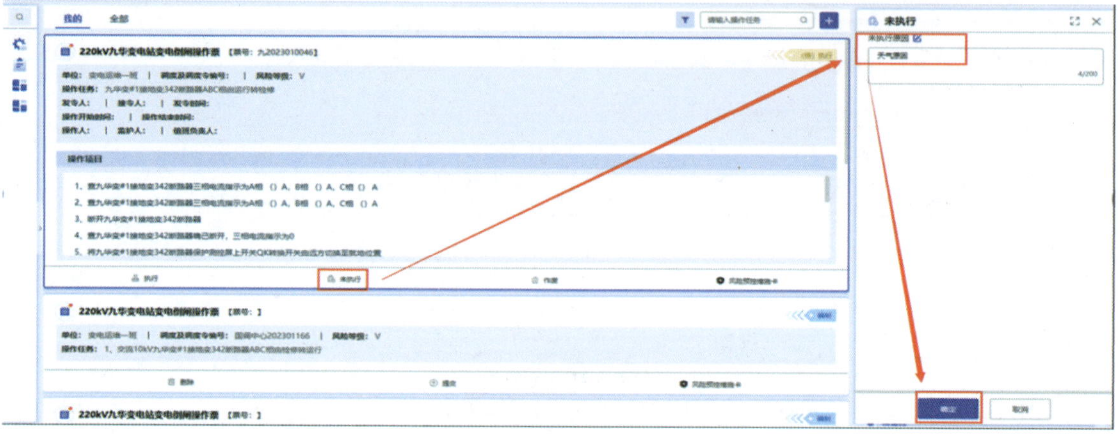

图 5-157　操作票未执行

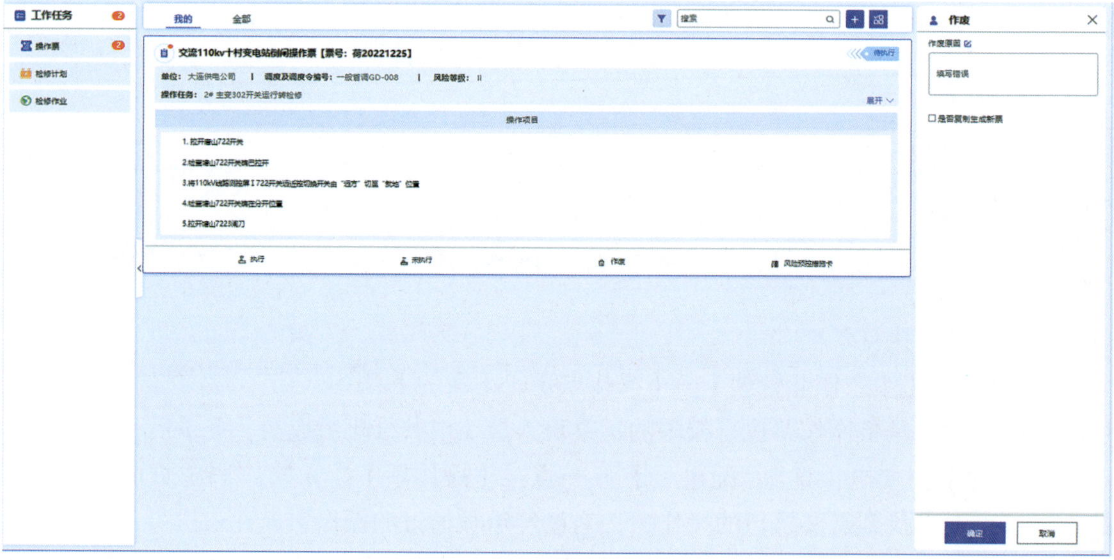

图 5-158　操作票作废

（五）操作票归档

操作路径：【生产作业管理】→【我的 / 全部】。

功能描述：操作票执行完毕后转为归档状态，具备操作票开票、审核、执行权限的运维班人员（或共维班组成员）登录后，点击【生产作业管理】→【操作票】进入操作票主页面，在【我的】或【全部】标签页下方可看到当前用户所在组织管辖下的电站 / 工作地点的处于归档状态的操作票，在操作票下方点击【转典型】后可将操作票转为典型票，已转典型票的提示该票已经是典型票，如图 5–159 所示。

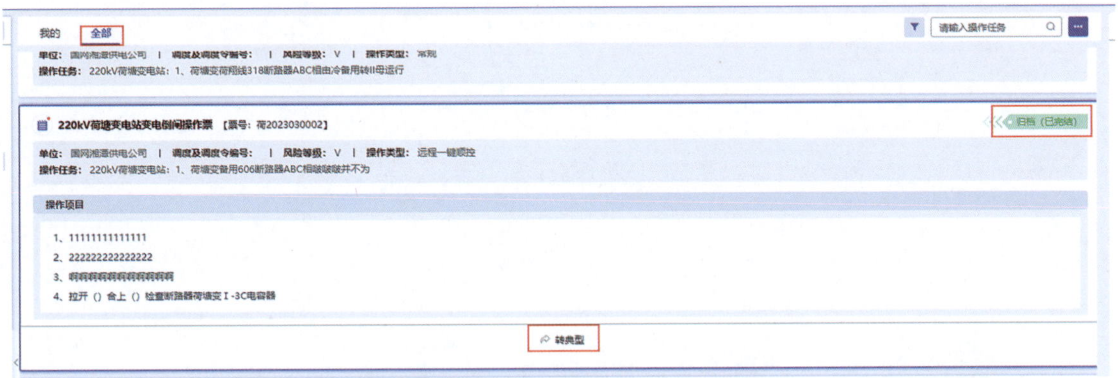

图 5–159　操作票归档—操作票转典型票

【全部】标签页中增加了导出功能，点击 ··· 按钮，可以展开【导出】按钮。点击【导出】按钮，展示操作票可导出的字段；点击需要导出的字段，在“已选择导出字段”后，再次点击则取消导出；点击【导出本页】可导出已加载数据，点击【导出全部】可导出所有数据，点击【取消】则退出导出页面，如图 5–160 所示。

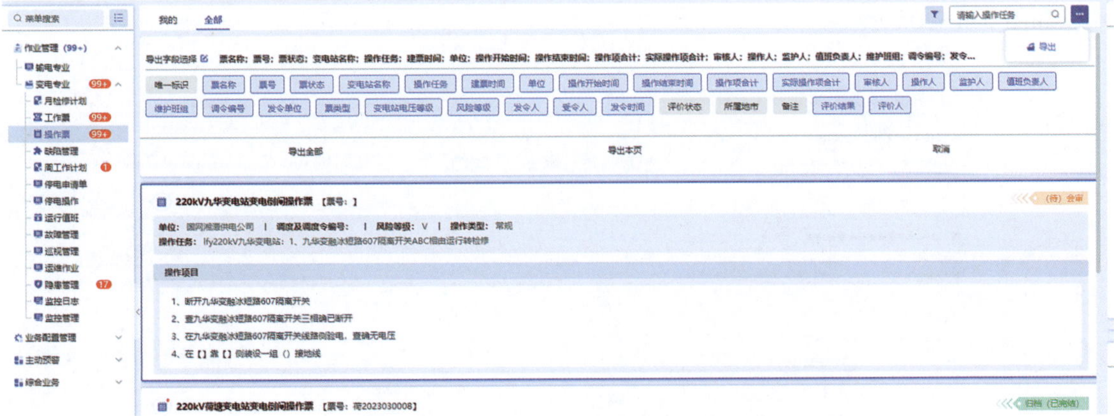

图 5–160　操作票归档—操作票导出

【全部】标签页中状态为“归档”的操作票提供评价功能，班组、工区、公司可对操作票开展评价。点击【评价】按钮，右侧辅助区展示评价页面，包含评价级别、评价人、评价时间、评价结果、说明，如图 5–161 所示。

图 5-161　操作票归档—操作票评价

（六）操作票草稿

操作路径：【生产作业管理】→【操作票】→【草稿】。

功能描述：在调度令接收之前创建操作票，待调度令接收后，可快速关联。在【草稿】标签页，新增的操作票处于草稿状态。选中一个草稿票后，通过点击按钮【关联调度令】展开调度令列表。选择调度令的指令步骤，点击【确定】后完成关联。关联后操作票状态更新为“新建”状态，操作票的“调控及调度令号”更新为关联调度令的调度令编号，如图 5-162 所示。

图 5-162　操作票草稿

（七）典型操作票

1. 典型操作票新增

操作路径：【配置管理】→【两票配置】→【变电典型票管理】。

功能描述：由运维班组进行典型操作票的新增、修改、删除、提交审核、发布等功能。操作票开票时支持复制已经发布的典型票来完成开票。典型操作票新增如图 5–163 所示。

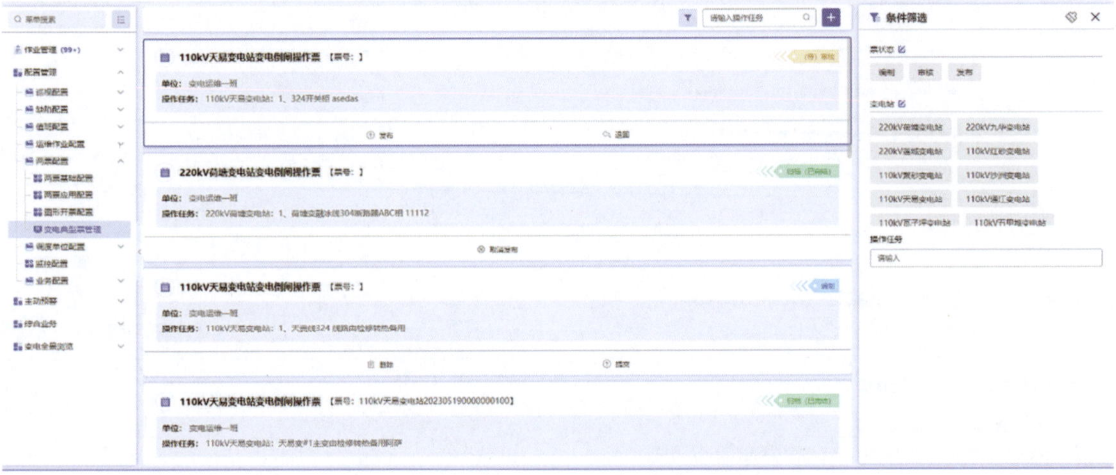

图 5–163　典型操作票新增

点击【提交】按钮，获取下一环节及环节执行人，右侧显示发送流程节点人员选择页面，选择审核人后，发送流程至审核环节。

2. 典型操作票审核

操作路径：【配置管理】→【两票配置】→【变电典型票管理】。

功能描述：具备操作票审核权限的运维班人员（或运维班组成员）登录后，具备典型操作票审核权限的人负责典型操作票审核。在卡片区点击【发布】按钮，发布典型操作票，其状态为典型票发布状态。点击【退回】按钮，显示填报退回原因页面，默认显示为“填写不规范”，可对其进行修改，点击【确定】，退到典型票编制状态，如图 5–164 所示。

3. 典型操作票取消发布

操作路径：【配置管理】→【两票配置】→【变电典型票管理】。

功能描述：具有审核权限的人，可以取消发布典型操作票。对处于发布状态的典型票，点击【取消发布】，可将典型票状态变更为编制状态，并可对其进行修改。将操作票转为典型票，在典型票管理菜单展示为发布状态，取消发布即不展示在典型票管理菜单，如图 5–165 所示。

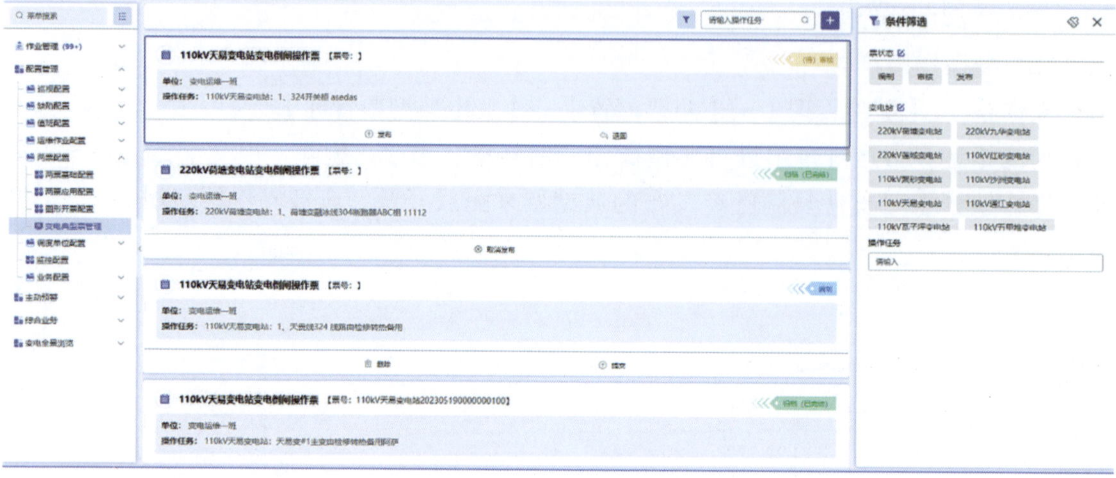

图 5-164　典型操作票审核

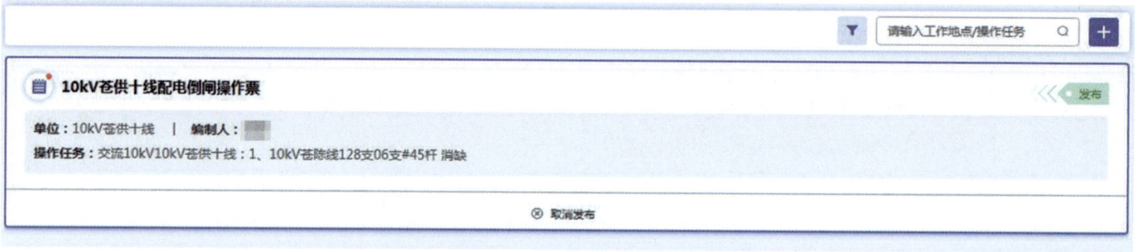

图 5-165　典型操作票取消发布

二、操作票（移动端）

（一）操作票开票

操作路径：【生产作业管理】→【操作票】。

功能描述：运维人员登录系统，可在操作票主页面实现操作票开票功能，以及操作票的新增、修改、删除等功能。具备操作票开票权限的人员登录后，进入操作票主页面，点击右下角【+】按钮进入操作票开票主页面，如图 5-166 所示。

进入操作任务页面，可以通过扫码或点击中间区域进行设备选择（设备可多选）。选择设备后，设备信息在上方展示，操作类型在下方展示，然后选择一个操作类型，点击【确认】后直接进入操作票详情页面，如图 5-167 所示。

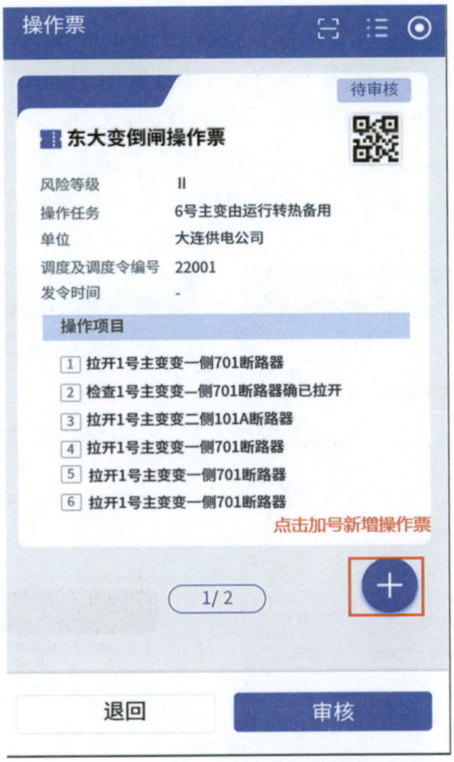

图 5-166　操作票开票主页面

图 5-167　操作票开票—选择设备

进入操作票详情页面，可以对操作票进行编辑，如图 5–168 所示。操作任务内容：根据开票时选择的设备 + 设备类型自动带入，可对其进行修改，选择操作票风险等级和操作类型。选中站端一键顺控或远程一键顺控时，不自动生成操作项目；选择常规时，操作项目可通过设备和状态选择生成，并支持手动修改。支持复制历史票带入，并可对操作项进行上移和下移、新增和删除等操作，还可根据设备 + 作业项目自动生成风险预控措施。

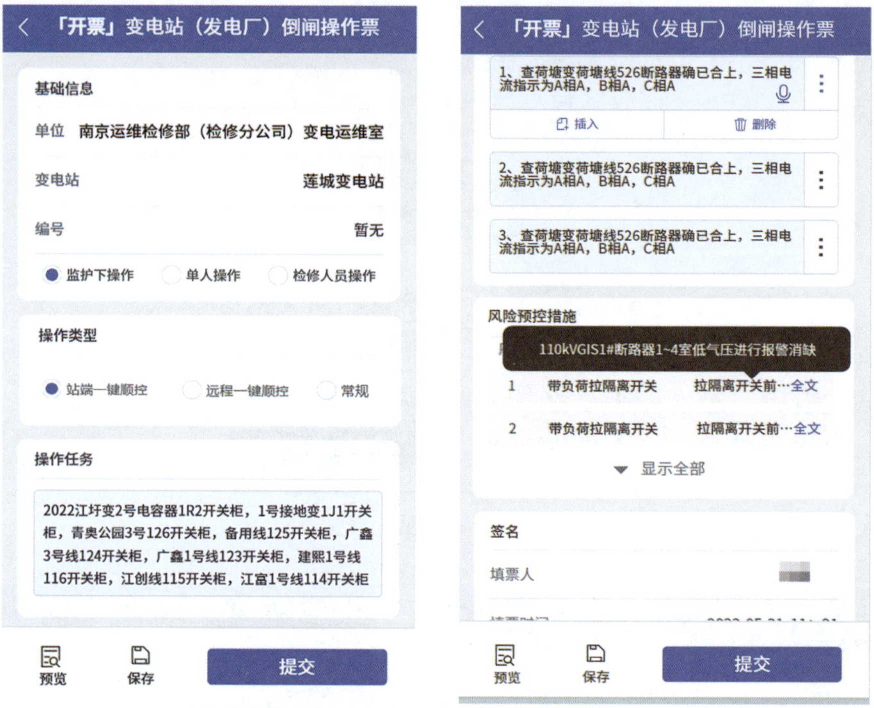

图 5–168　操作票开票—票面编辑

编辑完成后点击【预览】可对操作票进行预览，点击【保存】可对填入数据进行保存，填写完成后点击【提交】可将操作票发送至审核环节，如图 5–169 所示。

（二）操作票审核

运维班长对运维人员提交的操作票进行审核。具备操作票会审权限的人负责操作票会审，会审环节自动获取当前会审人员信息，选择执行人员后发送流程到执行环节，若审核不通过则可进行操作票退回操作。

1. 操作票审核

操作路径：【生产作业管理】→【操作票】。

功能描述：具备操作票审核权限的运维班人员（或共维班组成员）登录后，进入【生产作业管理】，找到需要审核的操作票，对操作票进行审核，审核无误后点击【审核】按钮，选择执行人员，发送到执行环节或者会审环节（会审环节可跳过，直接进入待执行环节），如图 5–170 所示。

图 5-169　操作票开票—发送审核

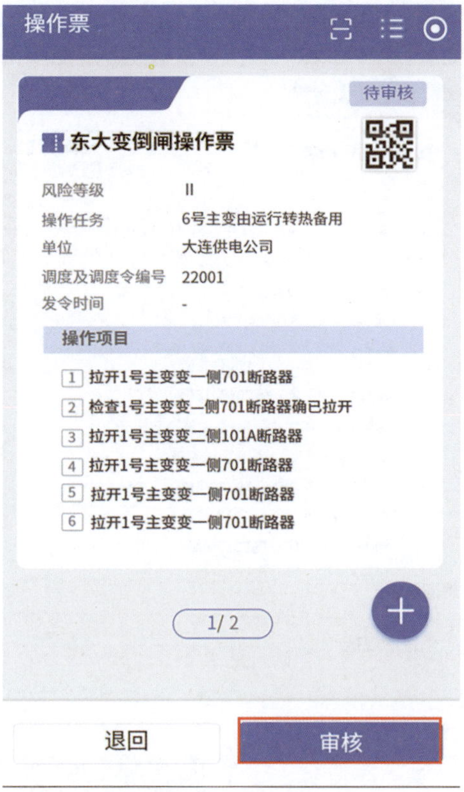

图 5-170　操作票审核

2. 操作票审核退回

操作路径：【生产作业管理】→【操作票】。

功能描述：具备操作票审核权限的运维班人员（或共维班组成员）登录后，进入【生产作业管理】，找到需要审核的操作票，对操作票进行审核，审核不通过时，点击【退回】按钮，显示填报退回原因页面，默认显示为“填写不规范”，可对其进行修改，点击【确定】，发送流程到原填票人的开票环节（若为会审则退回到审核环节），如图 5-171 所示。

（三）操作票执行

运维班人员（或共维班组成员）中具备操作票执行权限的人负责操作票执行操作。审核通过的操作票有未执行、执行和作废三种操作。

1. 操作票未执行

功能描述：具备操作票执行权限的运维班人员（或共维班组成员）登录后，进入【生产作业管理】，找到需要执行的操作票，点击【未执行】按钮，弹出未执行原因，默认为天气原因，可对其进行编辑修改，操作票状态更新为“未执行”，结束流程，如图 5-172 所示。

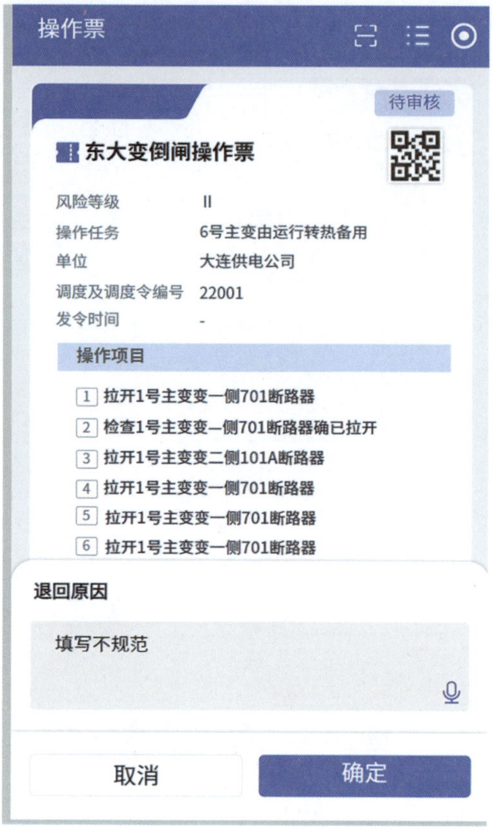

图 5-171　操作票审核退回

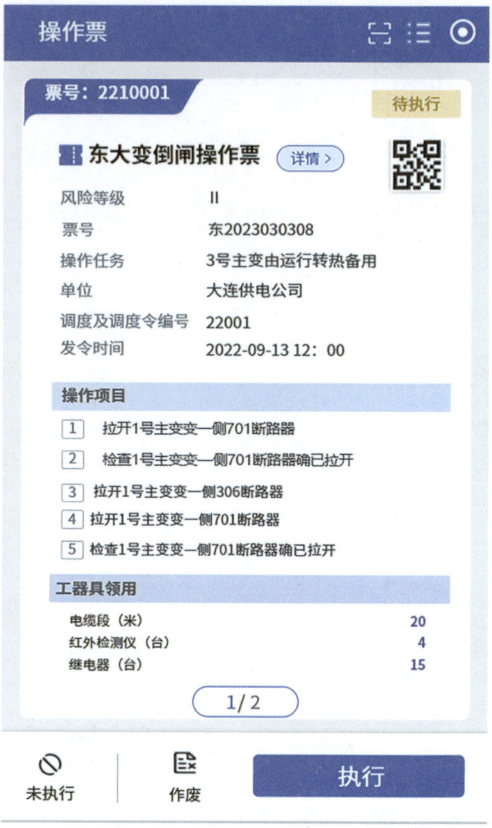

图 5-172　操作票未执行

2. 操作票执行

功能描述：具备操作票执行权限的运维班人员（或共维班组成员）登录后，进入【生产作业管理】，找到需要执行的操作票，对操作票进行执行，在卡片区下方“正在执行”区域展示一条待操作的操作项目，点击打钩，依此逐项完成操作。打钩到最后一个操作项目后，自动完成操作票执行，操作票流转到归档状态。

录音暂停：点击录音【暂停】按钮可暂停录音。

工器具领用：在操作票待执行或执行中，工作人员点击右上角按钮扫码，可获取二维码信息，所领取的工器具及数量会展示在操作票“工器具领用”区块卡片中。

操作票执行—工器具领用和录音如图 5-173 所示。

若操作需要暂停，则点击【中断操作】，提示“是否确认中断操作，不再执行后续步骤。”点击【确认】,【完成操作】按钮亮化，可以点击【完成操作】，转到终结页面，如图 5-174 所示。

图 5-173 操作票执行—工器具领用和录音

图 5-174 操作票执行—中断操作

3. 操作票作废

操作路径：【生产作业管理】→【操作票】。

功能描述：具备操作票执行权限的运维班人员（或共维班组成员）登录后，进入【生产作业管理】，找到需要执行的操作票，点击【作废】，弹出【不执行】按钮，填写不操作原因，对操作票进行作废操作；若需要生成新票，则需要勾选“是否复制生成新票”，如图 5–175 所示。

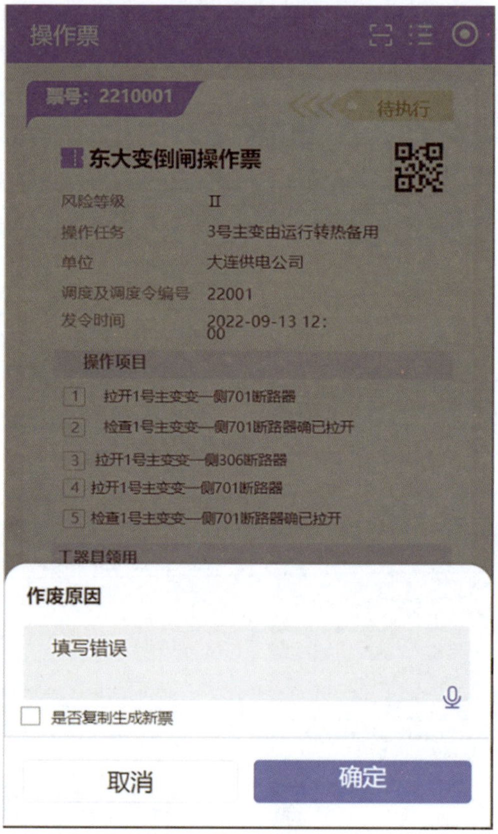

图 5–175　操作票作废

（四）操作票归档

操作路径：【生产作业管理】→【操作票】→【我的 / 全部】。

功能描述：操作票执行完毕后转为归档状态，具备操作票开票、审核、执行权限的运维班人员（或共维班组成员）登录后，点击【生产作业管理】。操作票执行完毕后，直接进入操作票卡片列表页面，可进行操作票评价或点击主页面右上角浏览全部的图标，进入操作票列表页面，点击归档状态的操作票，点击【评价】，可对已归档的操作票进行评价，分别支持班组评价、工区评价、单位评价。点击【转典型票】，可将完结的操作票转为典型票，显示已转典型票则提示该票已经是典型票。操作票归档如图 5–176 所示。

图 5-176　操作票归档

模块八　设备异动管理

模块说明　本模块主要介绍如何在 PMS3.0 中，对工作中的设备异动进行管理，包括流程发起、台账创建和同源维护等操作。

一、流程发起

用谷歌浏览器打开电网资源管理微应用，网址：http://25.213.0.139:31005/yj-pms-portalui/default.html。

操作路径：【配电业务】→【投运转资管理】→【设备投运】。打开待办任务，点击【设备变更管理】，维护设备变更单信息，如图 5-177 和图 5-178 所示。

功能描述：发起设备变更任务单，对新投、切改、退役等异动设备进行维护。

图 5-177　设备变更发起路径

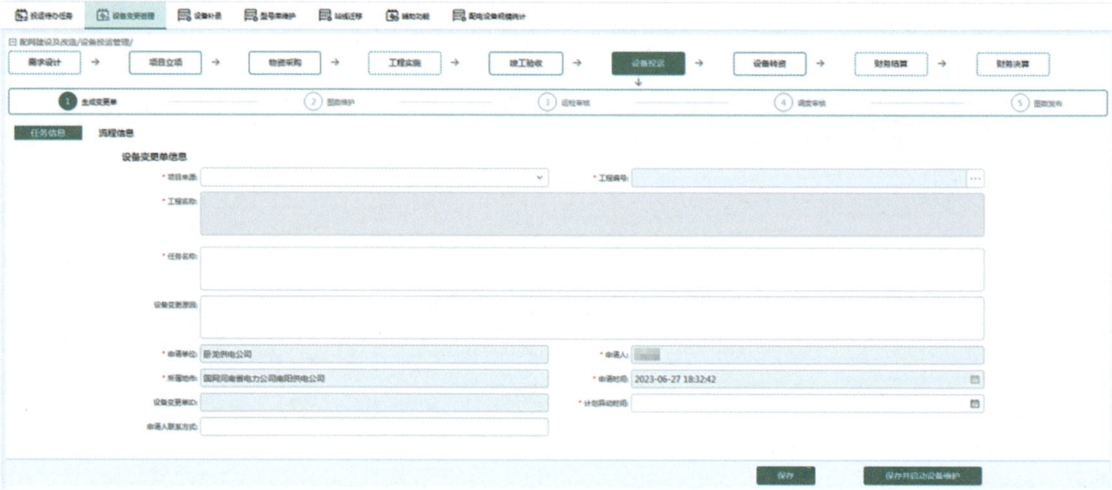

图 5-178　设备变更单信息维护

二、台账创建

操作路径：【i 国网】→【融 e 通】→【移动采录】→【中低压采录】，如图 5–179 所示。

功能描述：通过移动端 App 进行柱上变压器等设备的台账创建。

（1）点击新建的任务单进入设备维护。

（2）点击右上角【+】按钮选择存量馈线，搜索异动设备所属线路名称，选择线路后自动进入任务页面。

（3）点开杆塔选项，找到异动设备所属杆塔，点击杆塔，在弹出的选项中选择【新增设备】，选择设备类型，输入设备名称并选择是否创建同步设备，点击【确定】。

图 5-179 移动端融 e 通

（4）系统自动返回设备列表，点开变压器选项，找到新建的变压器，选择【台账维护】，通过“扫一扫”功能扫描新建台账，自动带出新建设备台账信息，点击【绑定台账】并保存。

三、同源维护

操作路径：【配电业务】→【投运转资管理】→【配电图形客户端】。

功能描述：通过配电图形客户端对异动设备进行图模维护。

（1）找到异动设备所属线路，点击右键选择【编辑单线图】进入单线图维护页面，如图 5-180 所示。

图 5-180　打开单线图维护页面

（2）选择新投设备所属杆塔，在右侧选择对应图元进行图模维护，如图 5-181 和图 5-182 所示。

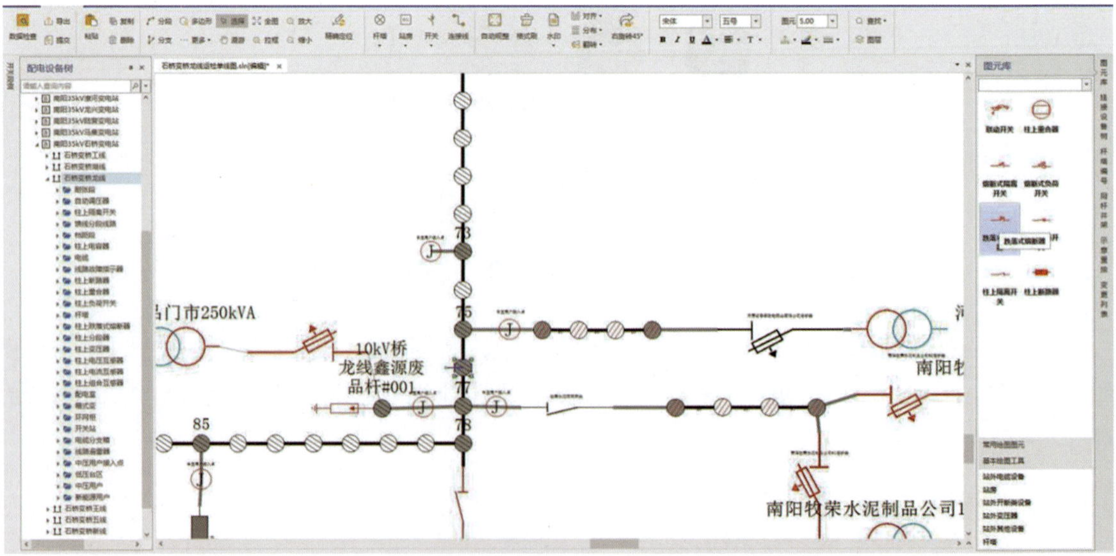

图 5-181　选择图元进行图模维护

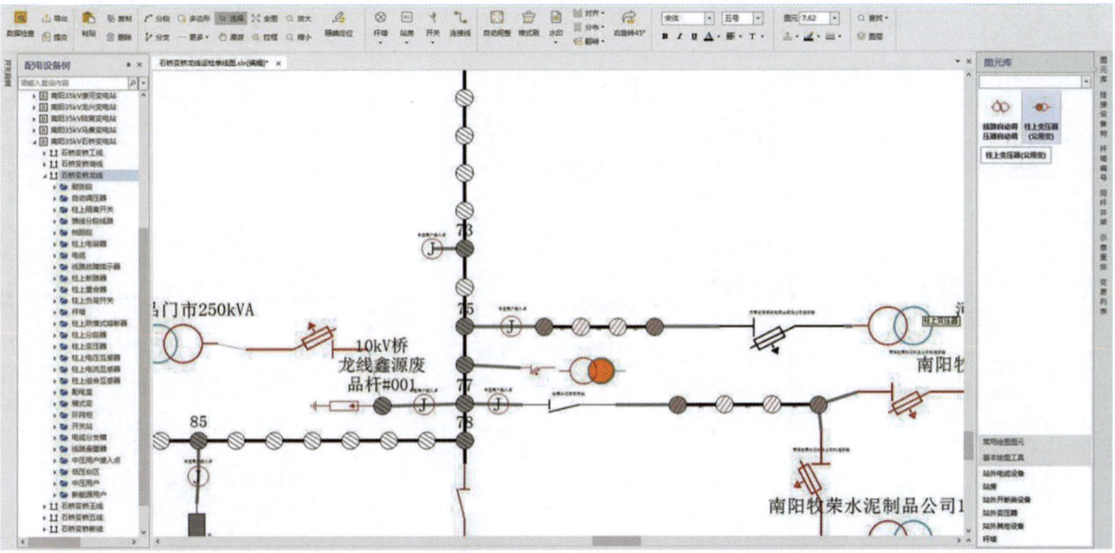

图 5-182　完成图模维护（例新增跌落和变压器）

（3）选择新投设备，点击右键选择【设备台账】进行设备台账信息的维护，如图 5-183 和图 5-184 所示。

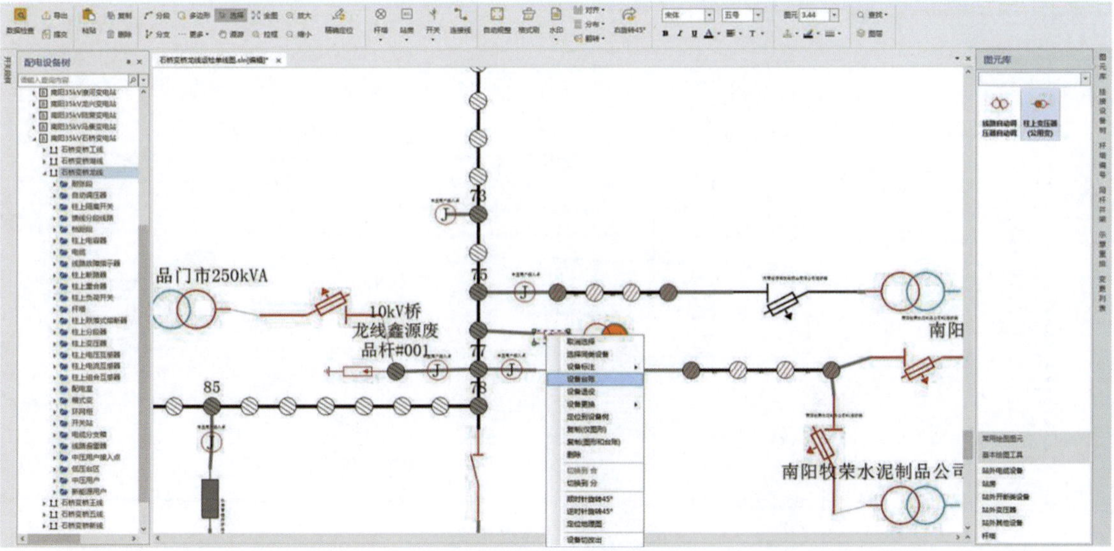

图 5-183　选择设备台账

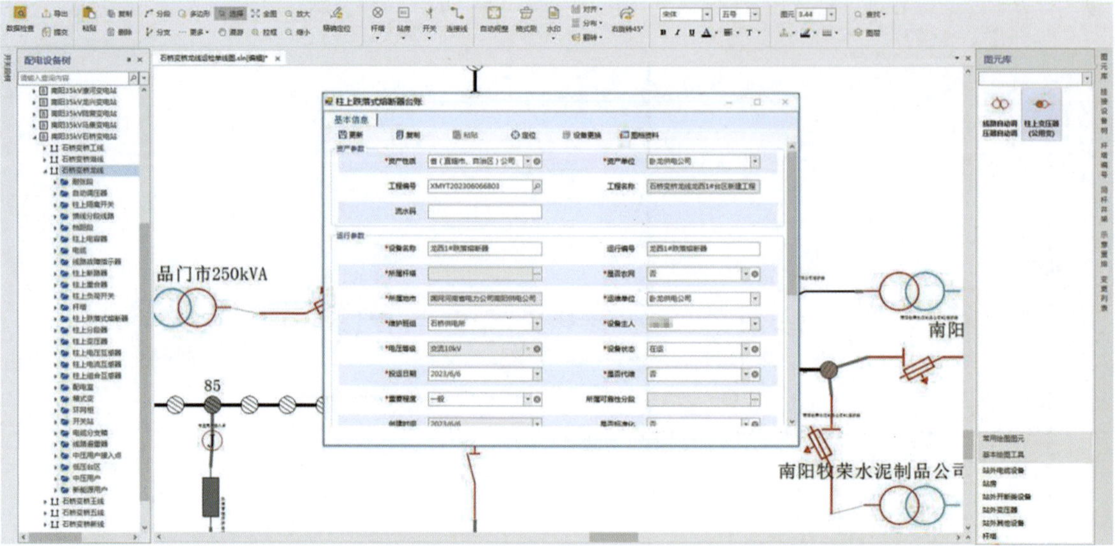

图 5-184　维护设备台账

（4）图模维护完毕，点击左上角【数据检查】进行数据质量检查，如图 5-185 所示。

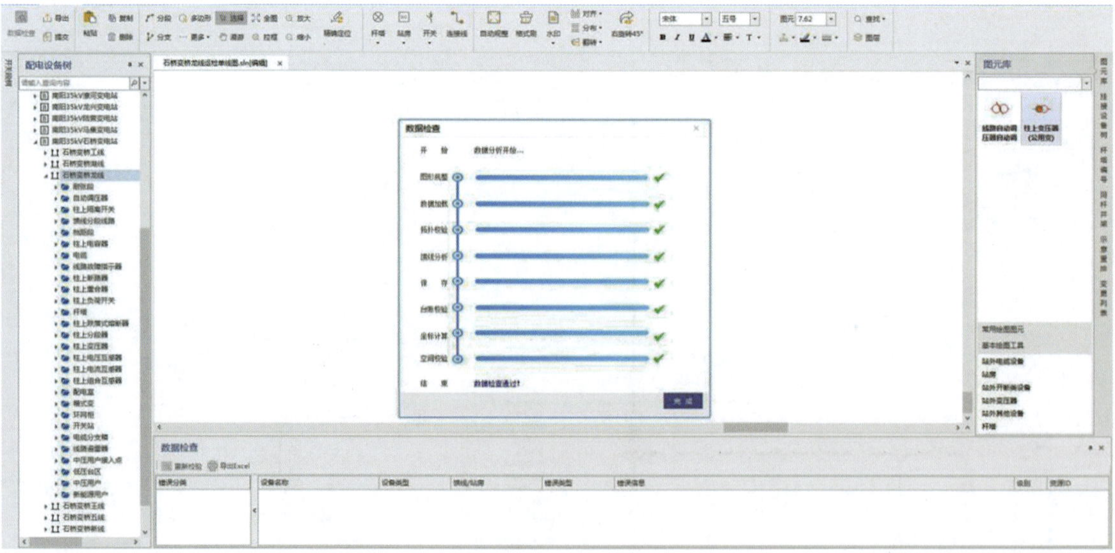

图 5-185　数据检查

（5）检查通过后，点击左上角【提交】按钮，发送给审核人员进行运检审核，如图 5-186 和图 5-187 所示。

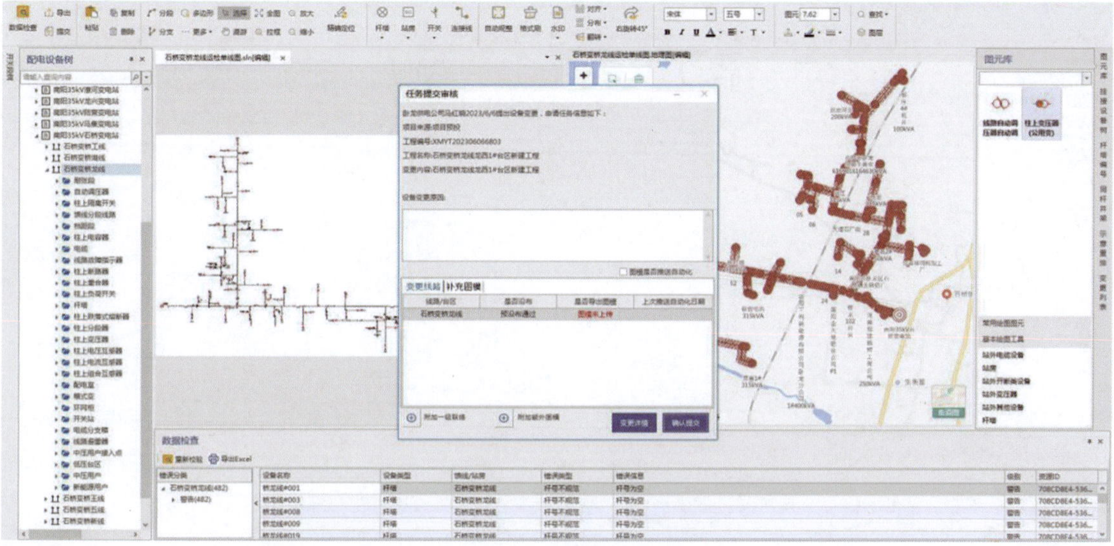

图 5-186　任务提交审核

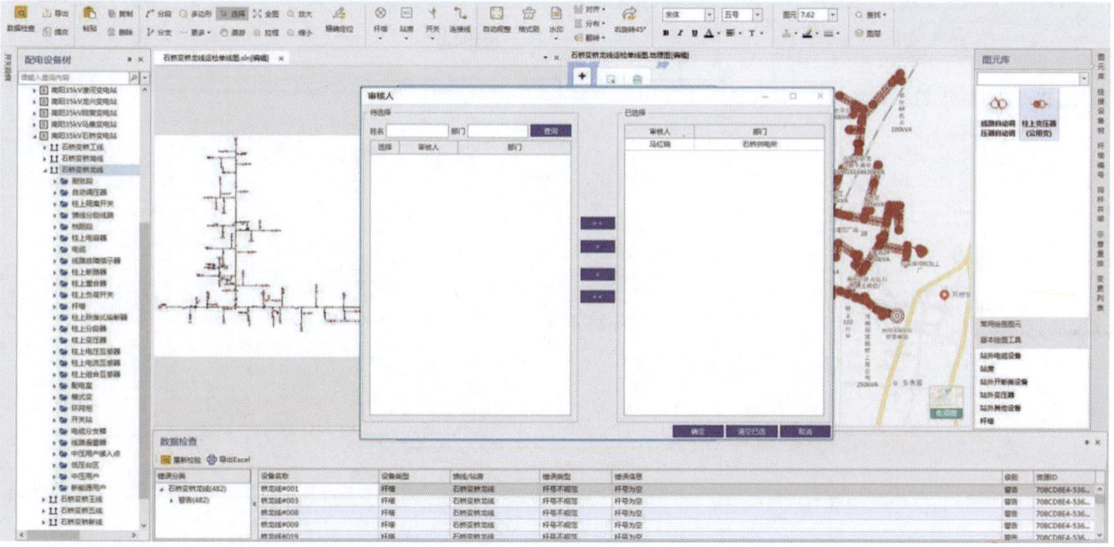

图 5-187　选择审核人员

（6）登录运检审核人员账号，找到该任务进行审核确认并发送至调度审核，如图 5-188 和图 5-189 所示。

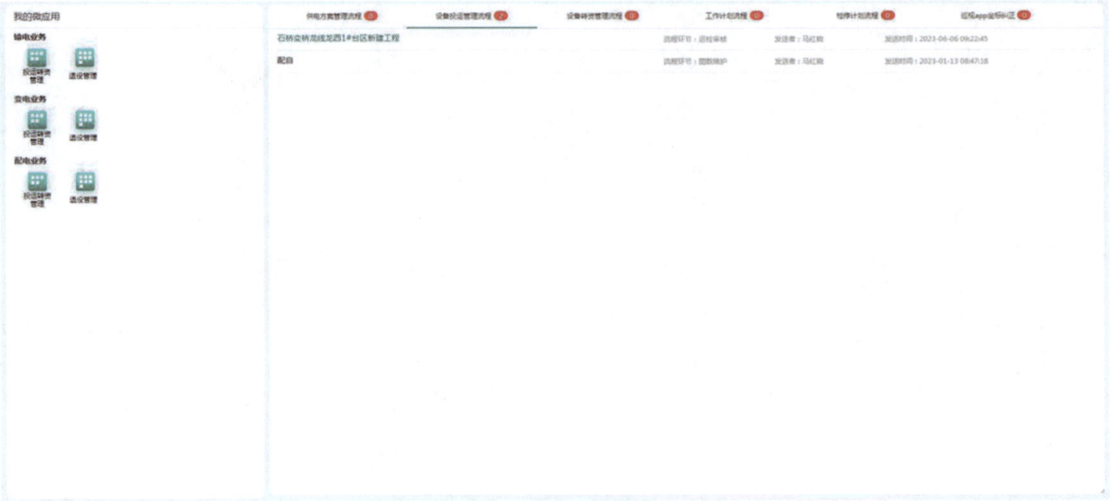

图 5-188　找到在途任务单

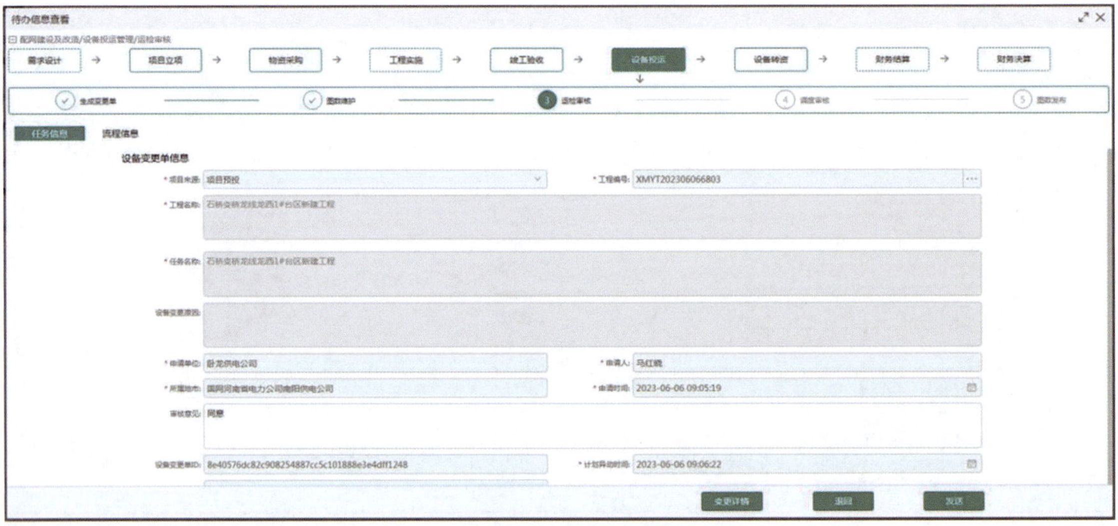

图 5-189　运检审核并发送至调度审核

（7）登录调度审核人员账号，找到该任务进行调度审核，审核无误后进行图数发布，完成设备变更流程，如图 5-190 和图 5-191 所示。

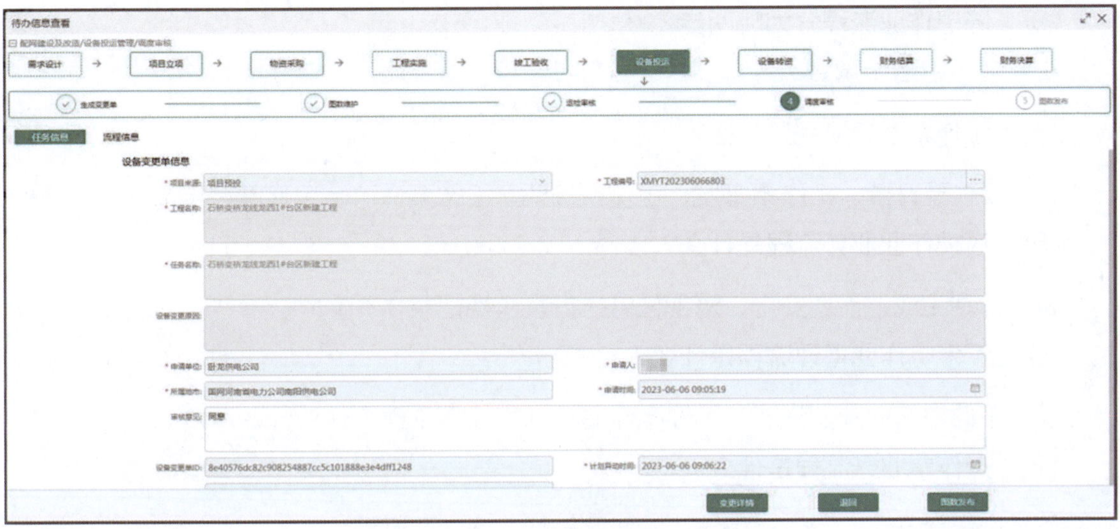

图 5-190　调度审核

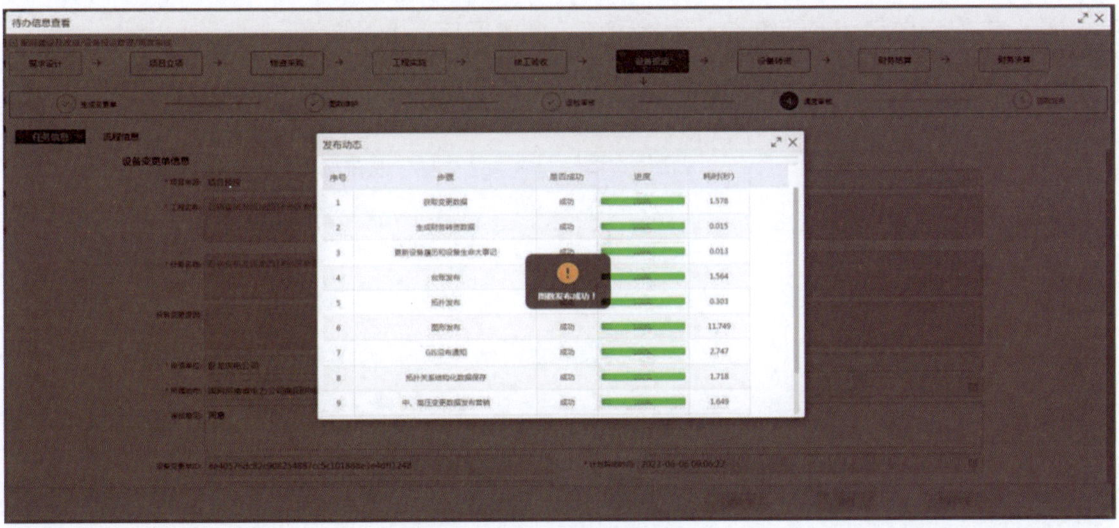

图 5-191　进行图数发布

思考与练习

1　PMS3.0 系统可以通过哪两种方式访问？

答：PC 端访问、移动端访问。

2　PC 端缺陷处理流程是什么？

答：缺陷登记、缺陷审核、检修专责审核、缺陷验收。

3　隐患作业流程分为哪两步?

答：隐患登记、隐患审核。

4　工作票业务流程是什么?

答：工作票开票、工作票签发、工作票接票、工作票许可、工作票终结。

5　巡视作业业务流程是什么?

答：计划生成、计划安排、巡视任务执行及巡视记录。

6　不停电作业管理流程是什么?

答：不停电作业计划生成、不停电作业计划审核、不停电作业计划派发。

7　操作票业务流程是什么?

答：操作票开票、操作票审核、操作票执行、操作票归档。

8　设备变更流程是什么?

答：生成变更单、图数维护、运检审核、调度审核、图数发布。

第六章
一体化电量与线损管理系统

模块一　系统概述

模块说明　本模块主要介绍一体化电量与线损管理系统（简称“同期系统”）的常用功能，包括档案管理、关口管理、同期线损管理、理论线损管理、电量计算与统计、电量与线损监测分析、基础信息维护。

一、系统简介

依据国家电网有限公司建设同期系统的战略部署，同期系统将为公司线损管理提供全过程技术支持，满足线损四分三率管理、降损决策和业务协同运作需要。

在此背景下，提出同期系统与发策部、营销部、运检部、国调中心等专业部门的数据集成方案，按照国家电网有限公司统一要求建立健全相应的组织机构，完善相关工作流程，建立并完善数据标准，以数据治理为抓手，以数据中心建设为依托，强化数据管控，提升数据质量，逐渐消除信息壁垒，促进业务融合，支撑“三集五大”体系建设，服务电网全面发展。

同期系统的建设，必将加强电量与线损管理，客观准确反映发、供、售电量与各级电网线损情况，及时发现电量与线损管理的薄弱点，有效制定针对性措施以降低损耗、挖掘增效，不断提升国家电网有限公司精益化管理水平。

二、建设目标

（1）统抄表手段。由于供、售电量发行不同步，发电量与售电量增速不匹配，线损率失真，其应有的监控、指导作用也难以发挥。同时，长期以来由于缺乏统一的线损管理系统，各单位线损管理方式相对粗放，系统支撑存在明显差异，各专业的不同线损管理需求也导致线损管理很难满足国家电网有限公司线损跨专业协同管理需求，与公司线损管理要求存在一定脱节。

（2）同期系统。充分利用信息化成果，以加强基础管理、支撑专业分析、满足高级应用、辅助降损决策为功能主线，实现电量源头采集、线损自动生成、指标全过程监控、业务全方位贯通，推进电量与线损管理标准化、智能化、精益化和自动化，有力支撑电网科学发展与经营管理提升。依托国家电网有限公司一体化信息平台，通过系统集成、数据共享、业务融合，满足公司的发展需求。

三、相关系统

（1）SCADA：调度系统，主要包含所有变电站以及主变压器、线路、母线平衡、开关间隔等信息。同期系统中所有变电站档案从此接入。

（2）PMS 系统：运检系统，主要包含所有变电站下线路、变压器、开关等信息。同期系统中线路档案从此接入。

（3）SG186 系统：营销系统，主要包含所有台区、高压用户、低压用户、分布式电源等档案信息。同期系统中台区等档案从此接入。

（4）用电信息采集系统：营销系统，主要用于高压用户、低压用户智能电能表采集。同期系统中高压用户、低压用户电能表表底从此接入。

（5）变电站信息采集系统：营销系统，主要用于变电站关口电能表采集。同期系统中线路关口电能表表底从此接入。

模块二　档案管理

模块说明　本模块主要介绍如何通过同期系统，查看线路档案、台区档案以及高压用户档案等信息。

一、线路档案管理

功能介绍：查询线路档案信息。

功能路径：【档案管理】→【线路档案管理】，通过组织机构树选择单位，在右侧条件筛选框中输入线路名称 / 线路编号等进行查询，如图 6-1 所示。

功能操作：点击蓝色字体可以钻取，如点击线路名称，可以查看该线路下挂接的专用变压器、公用变压器信息，如图 6-2 所示。

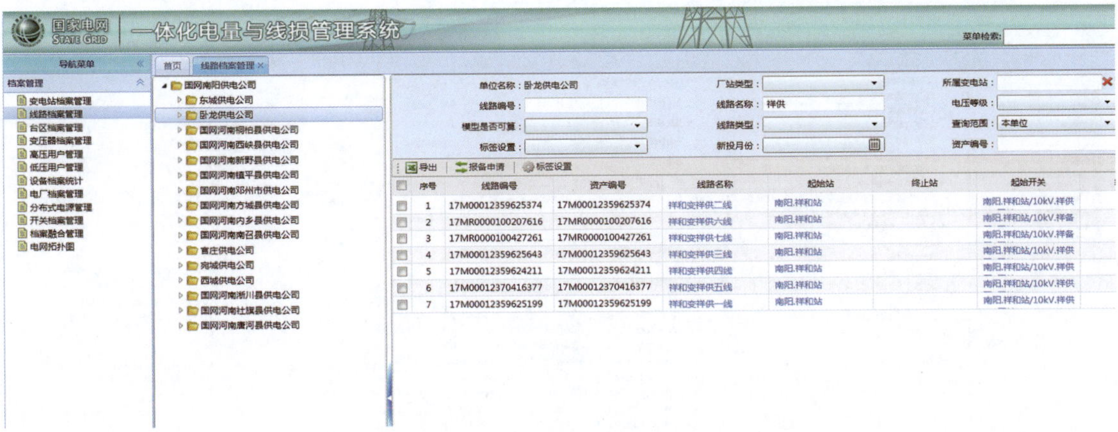

图 6-1　线路档案管理

图 6-2　配电线路详情信息

二、台区档案管理

功能介绍：查询台区档案信息。

功能路径：【档案管理】→【台区档案管理】，通过组织机构树选择单位，在右侧条件筛选框中输入台区名称 / 台区编号等进行查询，如图 6–3 所示。

三、高压用户管理

功能介绍：查询高压用户档案信息。

功能路径：【档案管理】→【高压用户管理】，通过组织机构树选择单位，在右侧条件筛选框中输入用户名称 / 用户编号等进行查询，如图 6–4 所示。

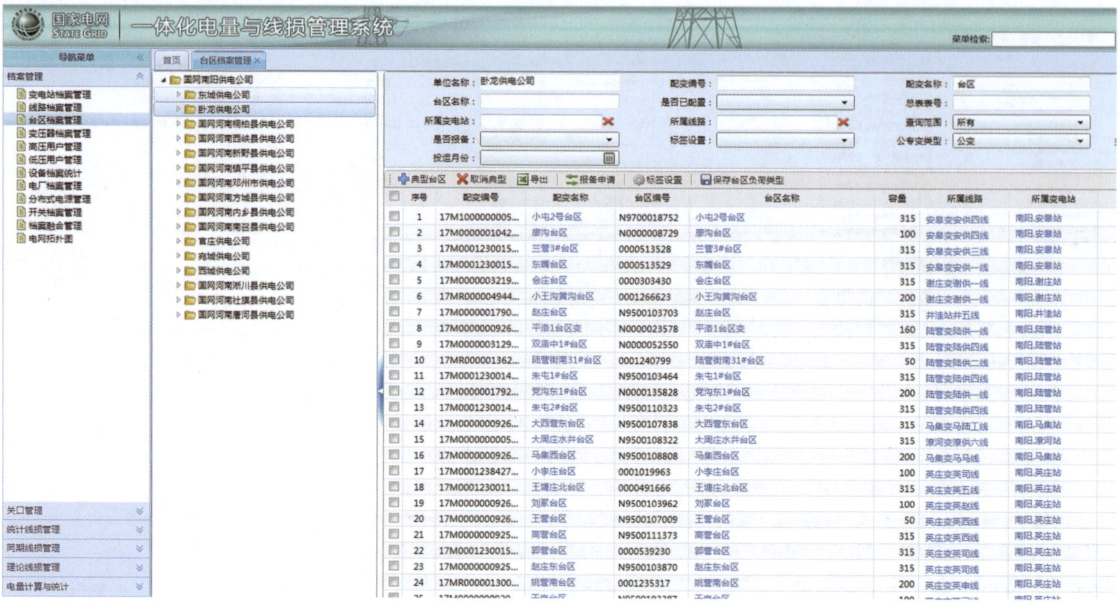

图 6-3　台区档案管理

图 6-4　高压用户管理

模块三　关口管理

模块说明　本模块主要介绍如何通过同期系统，进行元件关口模型配置，以及线路关口和台区关口信息查看。

一、元件关口模型配置

功能介绍：线路关口模型配置，常用的有配置拉手线路、模型自动生成、联络开关配置等。

功能路径：【关口管理】→【元件关口模型配置】，通过【设备选择 / 设备检索】找到配电线路，在右侧选择对应功能按钮进行操作，如图 6–5 所示。

图 6–5　元件关口模型配置

（1）配置拉手线路。选择【打包 / 拆包】，通过条件搜索或在线路清单内找到需要配置的子线路，勾选后点击【选择】，维护拉手线路信息后点击【保存】，如图 6–6 所示。

图 6–6　拉手线路配置

（2）模型自动生成。选择【模型配置】，点击【自动生成】，在弹出的提示窗口选择【确定】，系统自动进行模型输入、输出配置，如图 6–7 所示。

图 6-7　模型自动生成

（3）联络开关配置。选择【模型配置】，点击【联络开关配置】，在弹出的窗口内选择【新增】，打开新增联络关系配置页面，如图 6-8 所示，然后根据提示进行联络开关模型配置。

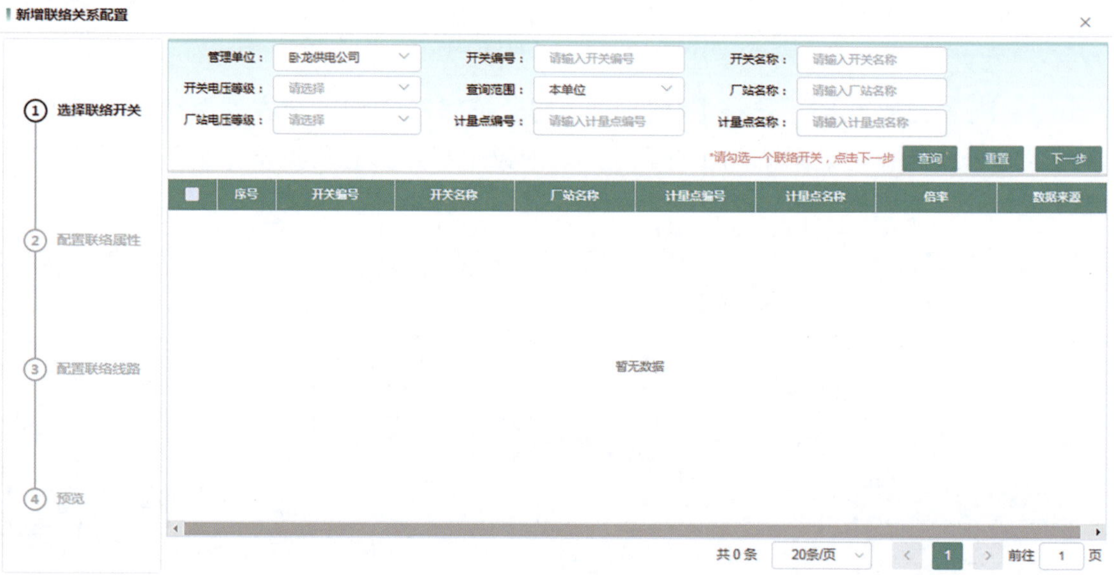

图 6-8　联络开关配置

二、线路关口一览表

功能介绍：查看已配置的线路关口模型信息。

功能路径：【关口管理】→【线路关口一览表】，通过组织机构树选择单位，在右侧条件筛选框中输入计量点编号 / 计量点名称等进行查询，如图 6-9 所示。

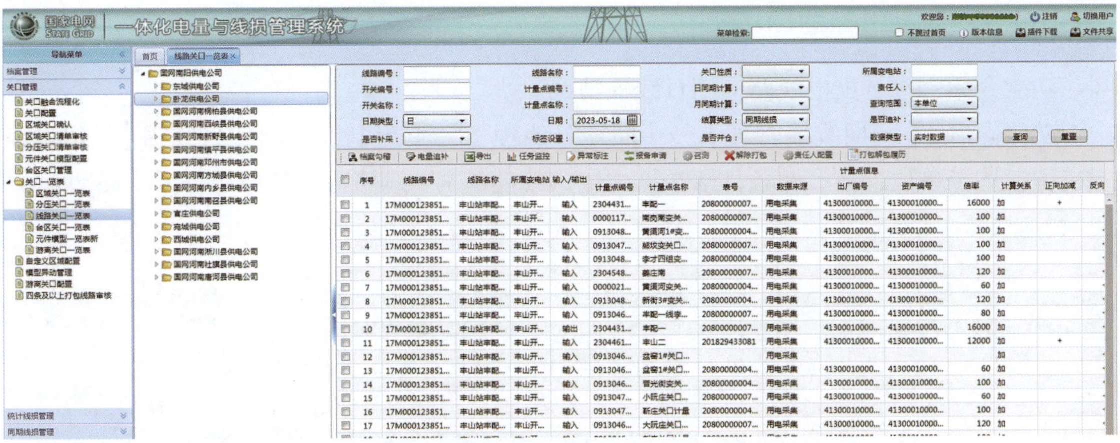

图 6-9　线路关口一览表

三、台区关口一览表

功能介绍：查看已配置的台区关口模型信息。

功能路径：【关口管理】→【台区关口一览表】，通过组织机构树选择单位，在右侧条件筛选框中输入计量点编号 / 计量点名称、台区编号 / 台区名称等进行查询，如图 6-10 所示。

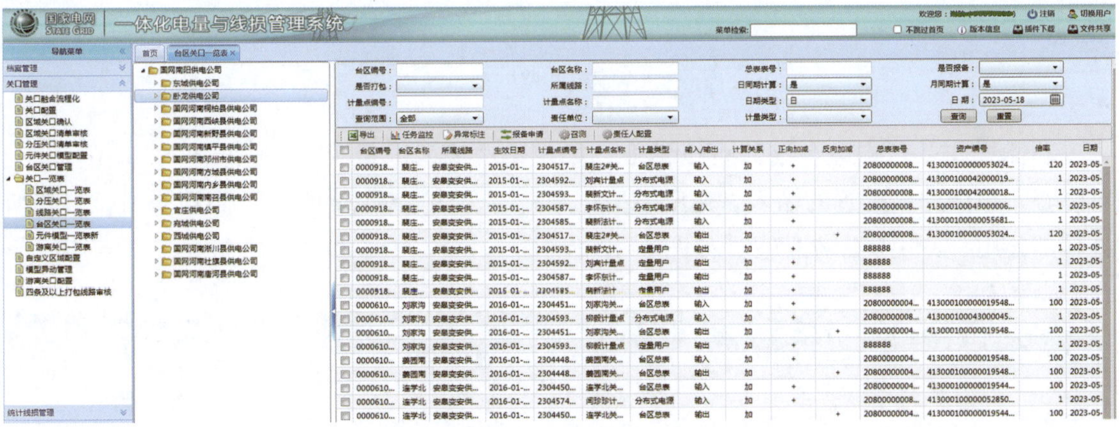

图 6-10　台区关口一览表

模块四　同期线损管理

模块说明　本模块主要介绍如何通过同期系统，查看配电线路同期日线损、同期月线损等情况。

一、配电线路同期日线损

功能介绍：查看配电线路同期日线损情况。

功能路径：【同期线损管理】→【同期日线损】→【配电线路同期日线损】，通过组织机构树选择单位，在右侧条件筛选框中输入线路编号 / 线路名称等进行查询，如图 6-11 所示。

图 6-11　配电线路同期日线损

功能操作：点击蓝色字体可以钻取，如点击“输入电量”“输出电量”对应的数字，可以查看该线路已配置的输入、输出模型；点击“合计”对应的数字，可以查看该线路所挂接的公用、专用变压器信息，如图 6-12 所示。

图 6-12　线路公用、专用变压器电量明细

二、配电线路同期月线损

功能介绍：查看配电线路同期月线损情况。

功能路径：【同期线损管理】→【同期月线损】→【配电线路同期月线损】，通过组织机构树选择单位，在右侧条件筛选框中输入线路编号 / 线路名称等进行查询，如图 6–13 所示。

图 6–13　配电线路同期月线损

功能操作：点击蓝色字体可以钻取，如点击“输入电量”“输出电量”对应的数字，可以查看该线路月度冻结的输入、输出电量明细；点击“合计”对应的数字，可以查看该线路月度冻结的公用、专用变压器电量明细。

模块五　理论线损管理

模块说明　本模块主要介绍如何通过同期系统，对配网线路进行模型检查和理论线损率的查看、计算等操作。

一、配网模型检查

功能介绍：检查配网理论线损率是否可算。

功能路径：【理论线损管理】→【配网理论线损模块】→【配网模型检查】，通过组织机构树选择单位，在右侧条件筛选框中输入线路编号 / 线路名称等进行查询，如图 6–14 所示。

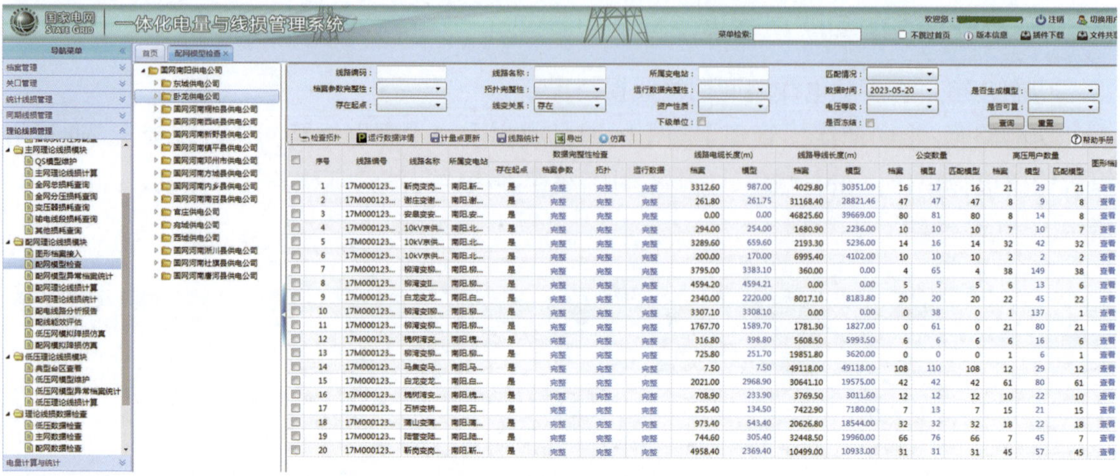

图 6-14　配网模型检查

功能操作：分别对档案参数完整性、拓扑完整性、运行数据完整性、匹配情况及存在起点进行条件筛选，对不完整数据进行治理。

二、配网理论线损率

功能介绍：查询配网理论线损率结果。

功能路径：【理论线损管理】→【配网理论线损模块】→【配网理论线损计算】，通过组织机构树选择单位，在右侧条件筛选框中输入线路编号 / 线路名称等进行查询，如图 6-15 所示。

功能操作：根据每月系统第一版计算结果，核查配线损率、铜损率、铁损率是否异常并进行治理。

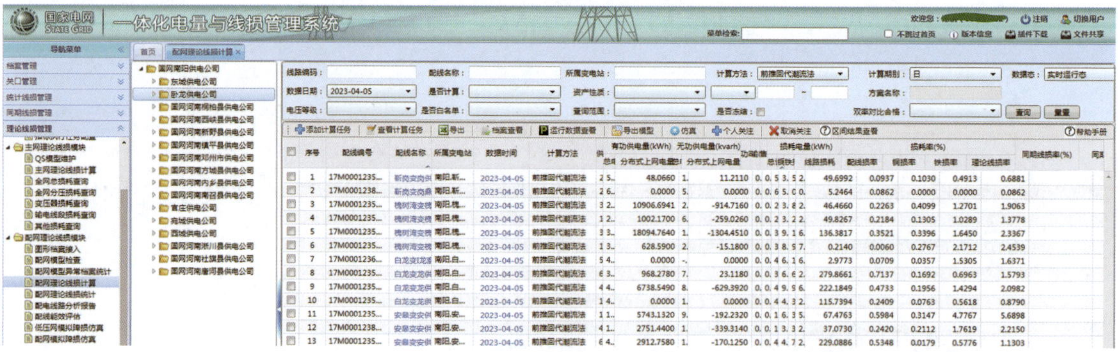

图 6-15　配网理论线损计算

模块六　电量计算与统计

模块说明　本模块主要介绍如何通过同期系统，进行高压用户同期电量查询、用户及台区换表记录查询等操作。

一、高压用户同期电量查询

功能介绍：查询高压用户同期月电量、日电量、月累计和日累计电量。

功能路径：【电量计算与统计】→【电量明细查询】→【高压用户同期电量查询】，通过组织机构树选择单位，在右侧条件筛选框中输入用户编号 / 用户名称、计量点编号 / 计量点名称等进行查询，如图 6–16 所示。

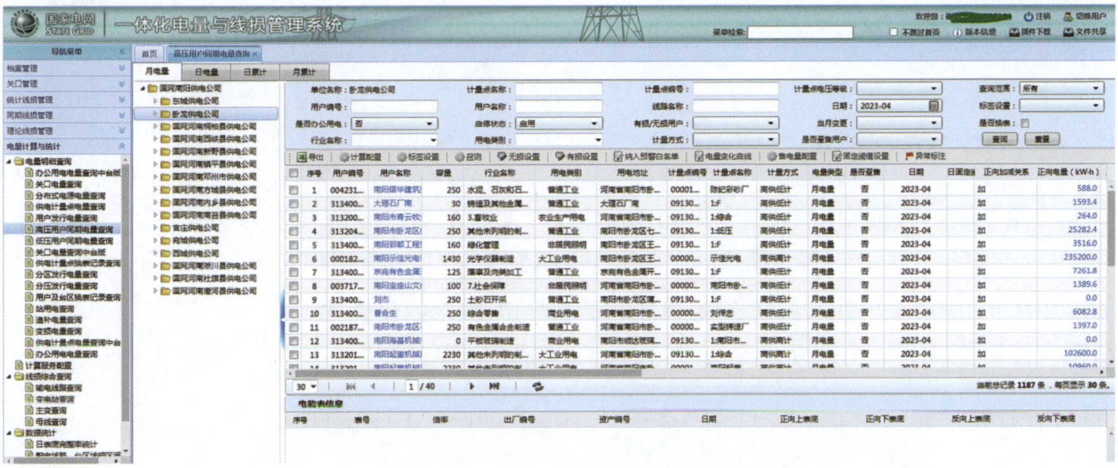

图 6–16　高压用户同期电量查询

功能操作：点击单个用户会自动在下方展示该用户电能表信息，包含表号、倍率、资产编号及上 / 下表底等信息，如图 6–17 所示。

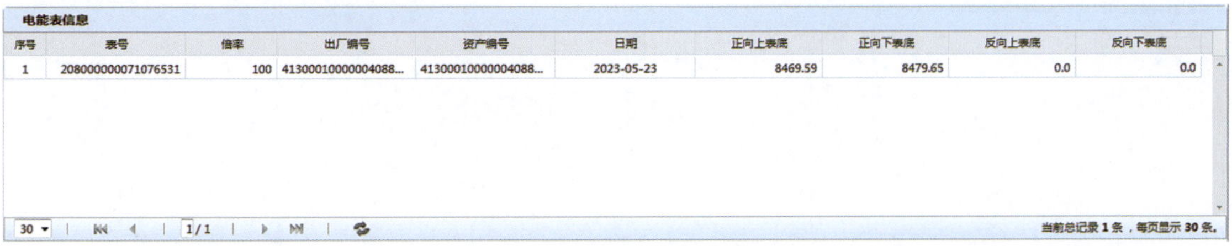
电能表信息

序号	表号	倍率	出厂编号	资产编号	日期	正向上表底	正向下表底	反向上表底	反向下表底
1	208000000071076531	100	41300010000004088...	41300010000004088...	2023-05-23	8469.59	8479.65	0.0	0.0

30 | 1/1 | 当前总记录 1 条，每页显示 30 条。

图 6–17　用户电能表信息

点击蓝色字体可以钻取，如点击电量列对应数字会弹出电量明细窗口，展示该用户电量明细并可进行导出操作，如图 6–18 所示。

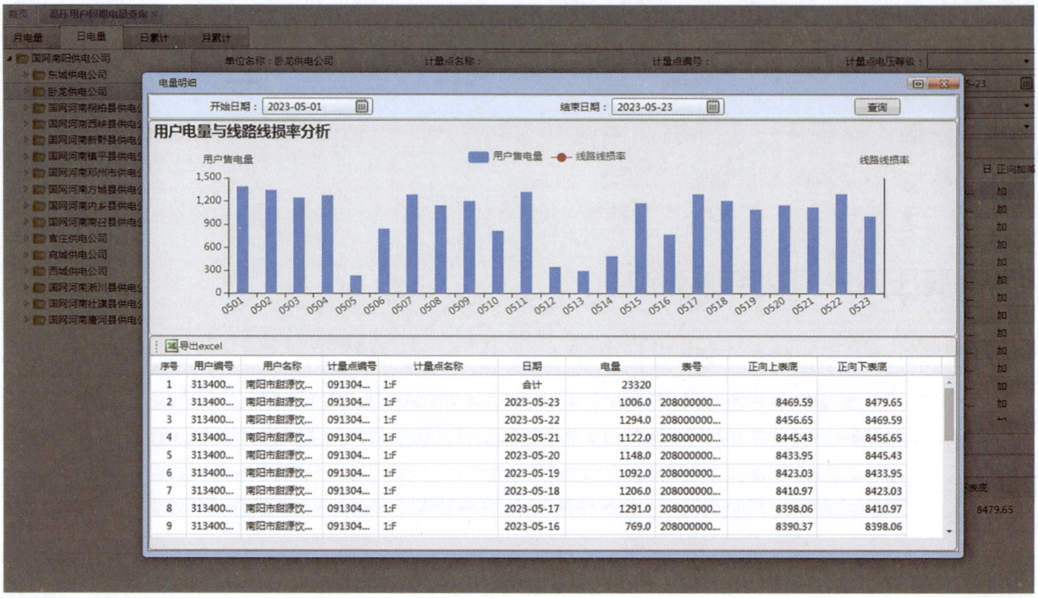

图 6–18　用户电量明细

二、用户及台区换表记录查询

功能介绍：查询用户及台区换表记录，核对换表前后表底值是否与实际一致。

功能路径：【电量计算与统计】→【电量明细查询】→【用户及台区换表记录查询】，通过组织机构树选择单位，在右侧条件筛选框中选择“数据类型”并输入用户编号 / 用户名称、计量点编号 / 计量点名称等进行查询，如图 6–19 所示。

图 6–19　用户及台区换表记录查询

功能操作：换表记录中，若发现旧表有正、反向上 / 下表底，但换表前对应的反向表底为 0，应及时联系同期项目组进行补刷，如图 6–20 所示。

图 6-20　旧表反向表底错误

模块七　电量与线损监测分析

模块说明　本模块主要介绍如何通过同期系统，进行配电线路监测分析、线路高负损监测分析和监测治理闭环等常用操作。

一、配电线路监测分析

功能介绍：监测配网日高、负损线路数量和经济运行率情况。

功能路径：【电量与线损监测分析】→【线损监测分析】→【配电线路监测分析】，选择统计周期和日期进行查询，如图 6-21 所示。

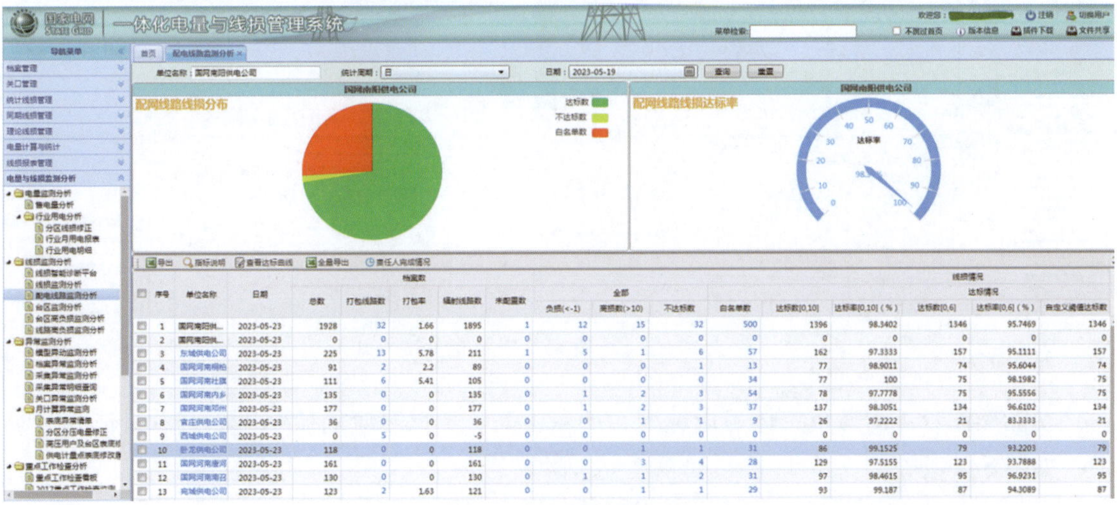

图 6-21　配电线路监测分析

功能操作：点击蓝色字体可以钻取，如点击高、负损对应的数字可以查看具体线路明细，如图 6–22 所示。

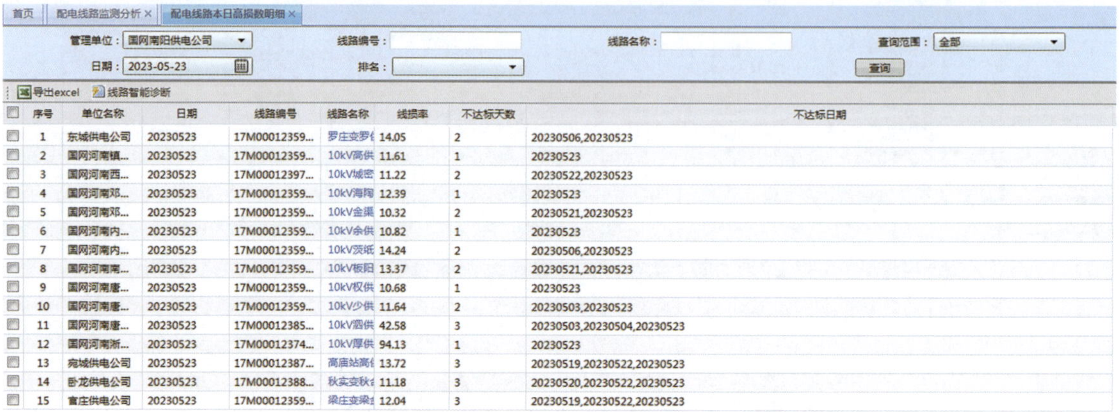

序号	单位名称	日期	线路编号	线路名称	线损率	不达标天数	不达标日期
1	东城供电公司	20230523	17M00012359...	罗庄变罗(	14.05	2	20230506,20230523
2	国网河南镇...	20230523	17M00012359...	10kV高供	11.61	1	20230523
3	国网河南西...	20230523	17M00012397...	10kV城密	11.22	2	20230522,20230523
4	国网河南邓...	20230523	17M00012359...	10kV海琪	12.39	1	20230523
5	国网河南邓...	20230523	17M00012359...	10kV金渠	10.32	2	20230521,20230523
6	国网河南内...	20230523	17M00012359...	10kV余供	10.82	1	20230523
7	国网河南内...	20230523	17M00012359...	10kV茨岖	14.24	2	20230506,20230523
8	国网河南南...	20230523	17M00012359...	10kV板阳	13.37	2	20230521,20230523
9	国网河南唐...	20230523	17M00012359...	10kV权供	10.68	1	20230523
10	国网河南唐...	20230523	17M00012359...	10kV少供	11.64	2	20230503,20230523
11	国网河南唐...	20230523	17M00012385...	10kV四供	42.58	3	20230503,20230504,20230523
12	国网河南浙...	20230523	17M00012374...	10kV厚供	94.13	1	20230523
13	宛城供电公司	20230523	17M00012387...	高庙站高(	13.72	3	20230519,20230522,20230523
14	卧龙供电公司	20230523	17M00012388...	秋实变秋(	11.18	3	20230520,20230522,20230523
15	官庄供电公司	20230523	17M00012359...	梁庄变梁(	12.04	3	20230519,20230522,20230523

图 6–22　配电线路本日高损数明细

二、线路高负损监测分析

功能介绍：监测配网高、负损占比，以及线路当月累计不达标天数。

功能路径：【电量与线损监测分析】→【线损监测分析】→【线路高负损监测分析】，选择统计日期进行查询，如图 6–23 所示。

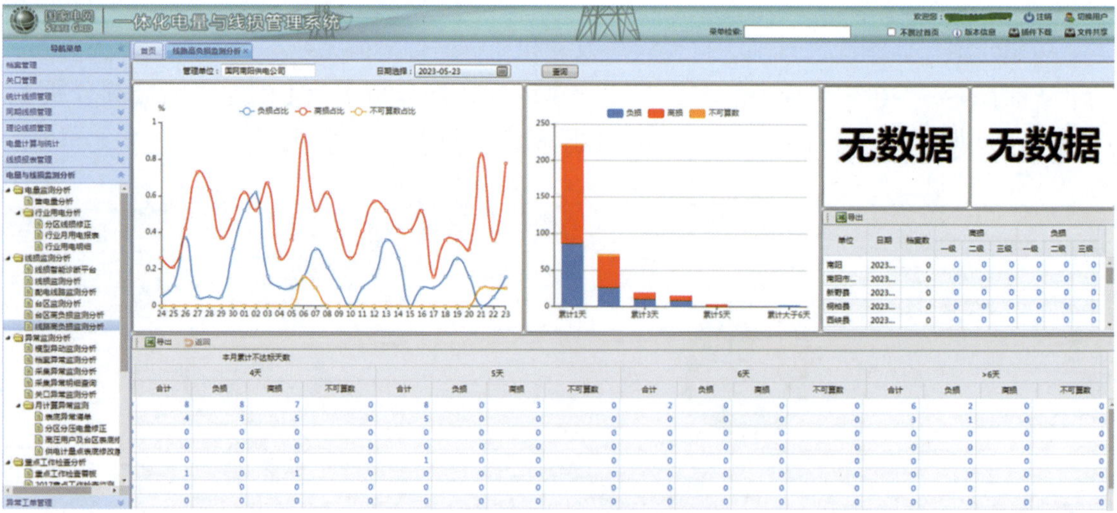

图 6–23　线路高负损监测分析

功能操作：点击蓝色字体可以钻取，如点击高、负损对应的数字可以查看具体线路明细，如图 6–24 所示。

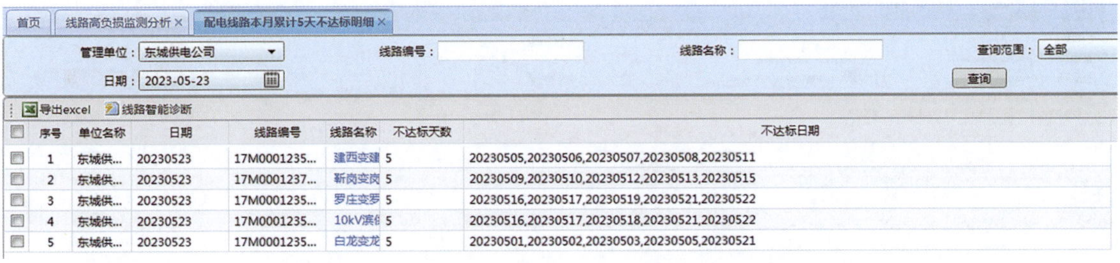

图 6-24　配电线路本月累计 5 天不达标明细

三、监测治理闭环

功能介绍：同期系统自动监测，提质增效，分析并治理异常线路。

功能路径：【电量与线损监测分析】→【线损治理闭环】→【监测治理闭环・工作台】，点击【核实阶段】并选择统计日期，查看系统发布的异常线路明细，如图 6-25 所示。

图 6-25　监测治理闭环・工作台

功能操作：降损闭环包含异常发布、核实确认、治理完成、流程归档四步。点击对应的线路名称（蓝色字体）打开核实确认页面，如图 6-26 所示。

诊断分析并确认异常台区 / 用户，在“整改治理”中选择异常分类并描述异常原因，点击【上报】完成“核实确认”。

隔天同期日线损结果出来后，再次找到该线路并点击线路名称，进入治理完成阶段，输入经验总结并点击【确定】，完成治理，如图 6-27 所示。

系统自动归档，回到监测治理闭环工作台，可以看到该线路流程状态是“流程归档”，完成降损闭环流程，如图 6-28 所示。

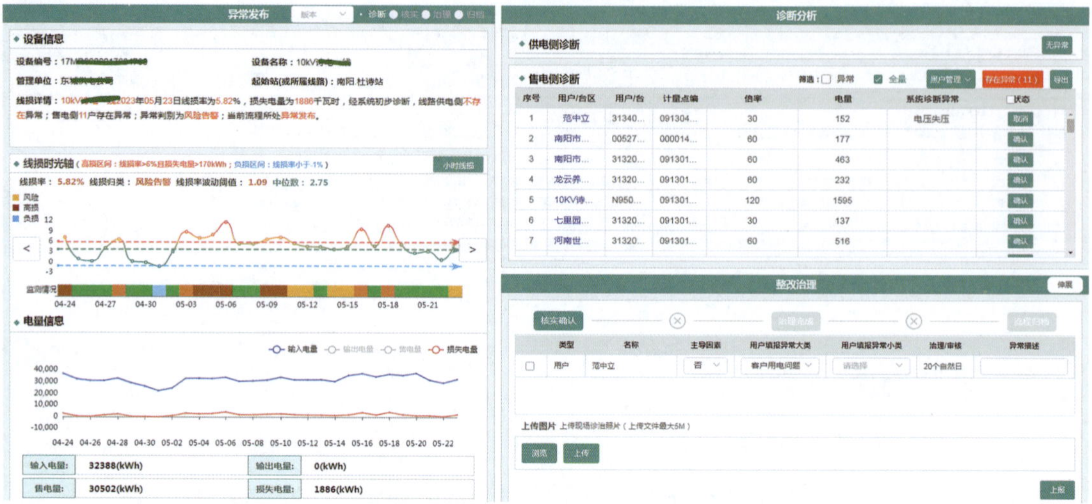

图 6-26　异常线路核实确认页面

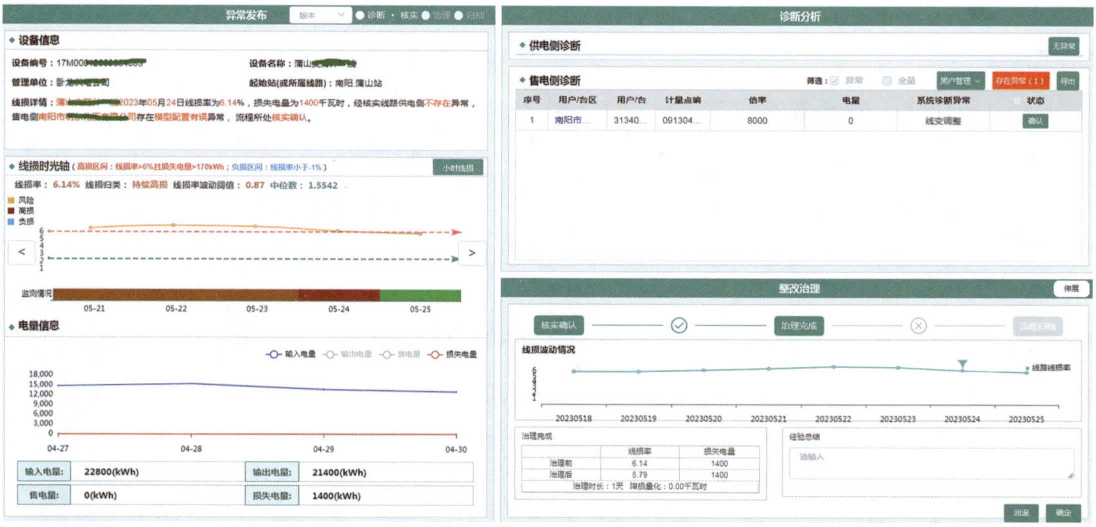

图 6-27　异常线路治理完成页面

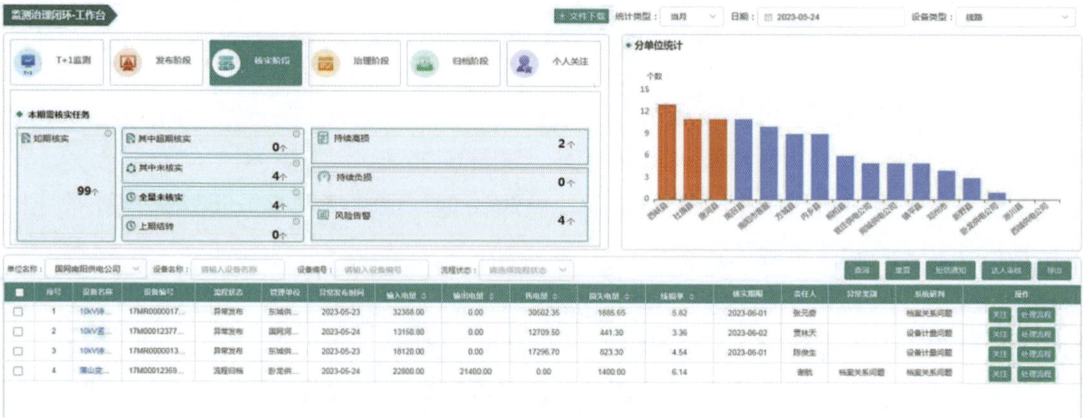

图 6-28　异常线路流程归档页面

模块八　基础信息维护

模块说明　本模块主要介绍如何通过同期系统，进行责任人管理、模型操作日志查看等操作。

一、责任人管理

功能介绍：对同期系统线路 / 台区责任人进行维护。

功能路径：【基础信息维护】→【责任人管理】，勾选未配置的线路 / 台区，点击【配置责任人】，如图 6–29 所示。

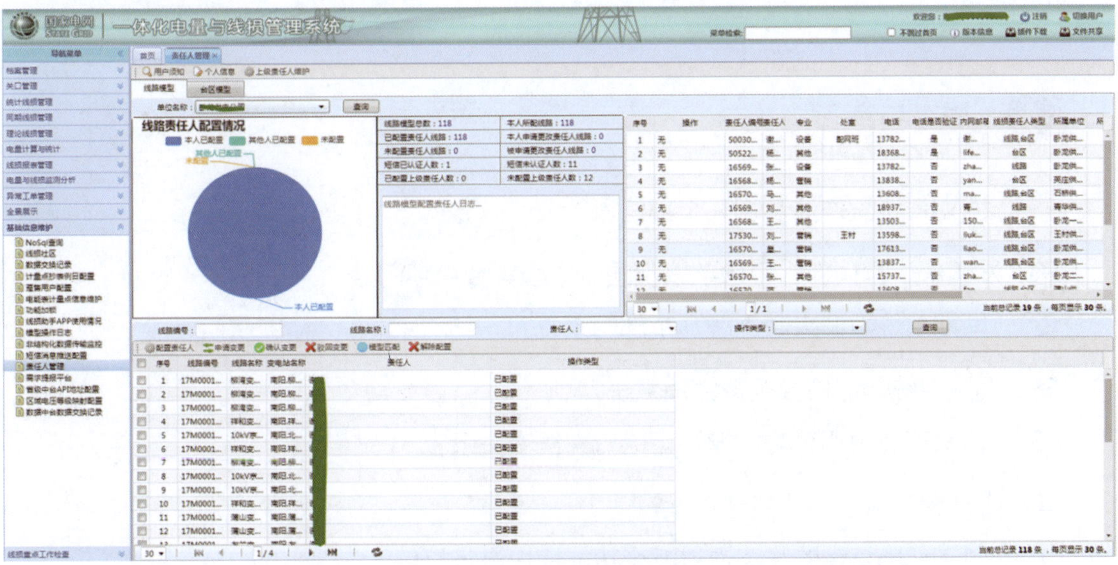

图 6–29　责任人管理

二、模型操作日志

功能介绍：系统后台自动对用户的模型操作日志进行记录，包含修改时间、管理单位、用户名称、用户 IP 以及模型相关信息。

功能路径：【基础信息维护】→【模型操作日志】，选择模型类型、起始时间、结束时间、用户名称、模型名称等进行筛选，如图 6–30 所示。

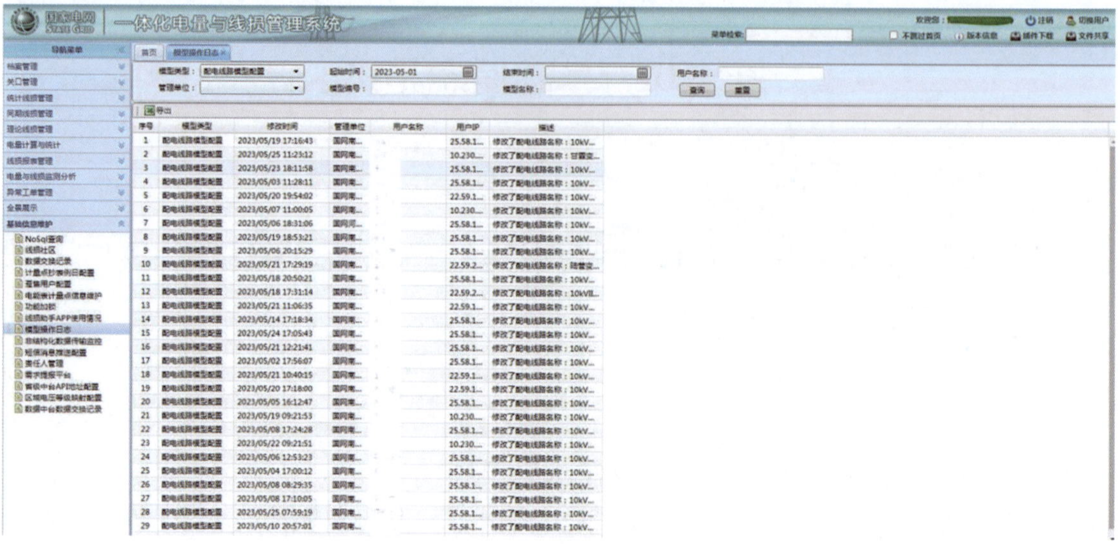

图 6-30　模型操作日志

思考与练习

1　同期系统工作涉及哪几个部门?

答：发策部、营销部、运检部以及国调中心等专业部门。

2　同期系统数据来源于哪几个部门系统?

答：调度系统、运检系统及营销系统。

3　档案管理中哪个功能模块可以查看线变关系?

答：【档案管理】→【线路档案管理】。

4　对于现场互带的线路通过哪个功能模块进行打包?

答：【关口管理】→【元件关口模型配置】。

5　线路同期日线损情况通过哪个模块可以查看?

答：【同期线损管理】→【同期日线损】→【配电线路同期日线损】。

6　理论线损率典型日为哪一天?

答：正常每月 20 日。

7 用户 / 台区换表、换倍率情况如何查看?

答:【电量计算与统计】→【电量明细查询】→【用户及台区换表记录查询】。

8 线路不达标天数在哪个功能模块可以查看?

答:【电量与线损监测分析】→【线损监测分析】→【线路高负损监测分析】。

9 新投线路 / 台区的责任人在哪个功能模块配置?

答:【基础信息维护】→【责任人管理】。

第七章
智能化配电运检移动作业平台

模块一　平台概述

模块说明　本模块主要介绍智能化配电运检移动作业平台。

智能化配电运检移动作业平台是新形势下对现场巡视工作的精益化、数字化体现，旨在加强日常运维管理、提高供电可靠性，其登录页面如图 7–1 所示。智能化配电运检移动作业平台适合现场巡视人员使用。

图 7–1　智能化配电运检移动作业平台登录页面

模块二　配电巡检

模块说明　本模块主要介绍如何进行巡视任务管理、巡视报告查看等操作。

一、线路巡视

（一）巡视任务管理

功能介绍：对线路巡视任务进行查询、编辑操作。

功能路径：【配电巡检】→【线路巡视】→【巡视任务管理】，可以通过任务名称、负责人名称、完成时间等进行条件筛选，如图 7–2 所示。

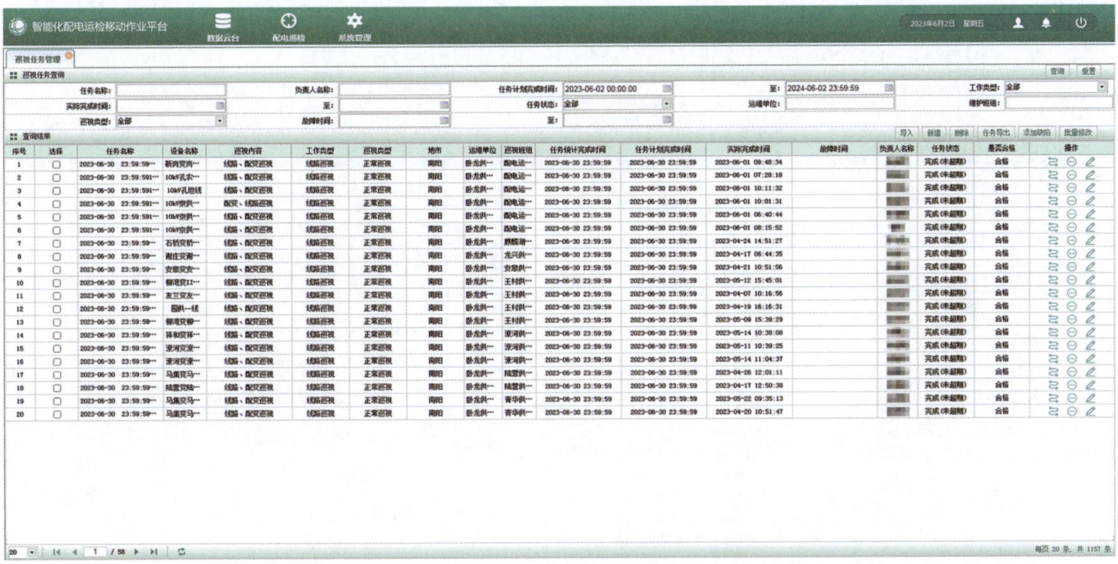

图 7–2　巡视任务管理

功能操作：可以通过功能按钮进行巡视任务的导入、新建、删除、导出以及缺陷添加、批量修改等操作。

（二）巡视周期管理

功能介绍：对线路巡视周期进行查询、编辑操作。

功能路径：【配电巡检】→【线路巡视】→【巡视周期管理】，可以通过巡视周期名称、负责人名称、工作类型等进行条件筛选，如图 7–3 所示。

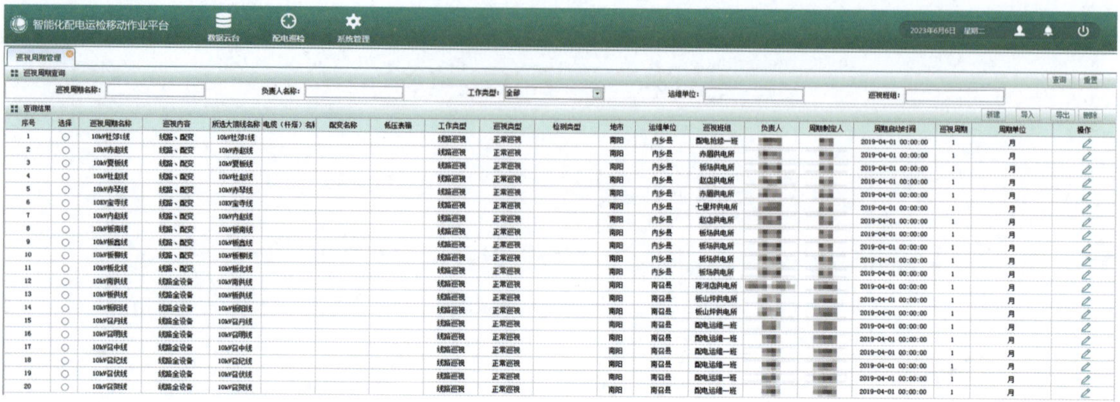

图 7-3　巡视周期管理

功能操作：可以通过功能按钮进行巡视周期新建、导入、导出、删除等操作。

（三）巡视人员监控

功能介绍：监控线路巡视人员。

功能路径：【配电巡检】→【线路巡视】→【巡视人员监控】，可以选择巡视人员进行监控，如图 7-4 所示。

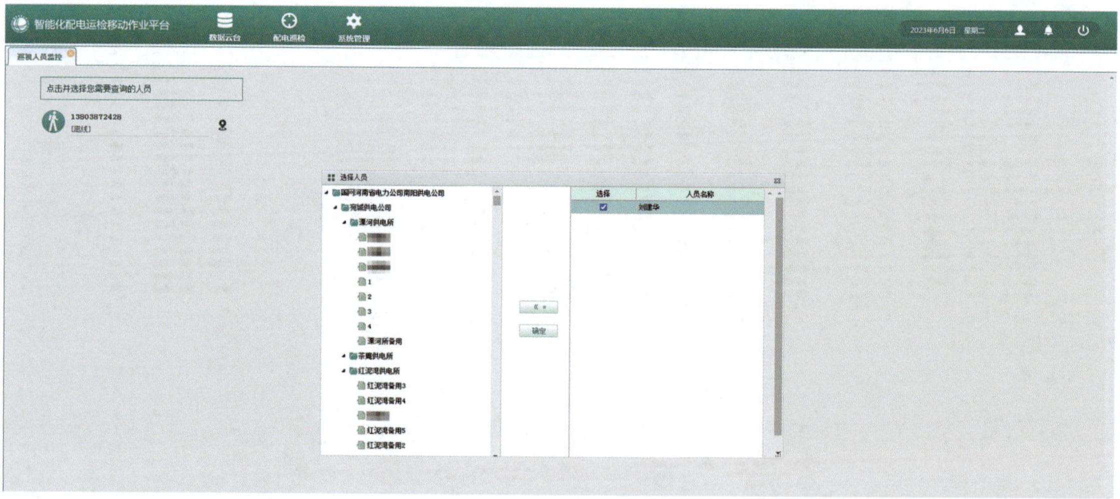

图 7-4　巡视人员监控

二、巡视报告

（一）异动管理

功能介绍：查看巡视人员上传的异动报告。

功能路径：【配电巡检】→【巡视报告】→【异动管理】，可以通过发现班组、发现人、发现时间等进行异动查询，如图 7-5 所示。

图 7-5　异动查询

（二）现场环境

功能介绍：查看巡视人员上传的现场环境。

功能路径：【配电巡检】→【巡视报告】→【现场环境】，可以通过发现班组、发现人、发现时间等进行现场环境查询，如图 7-6 所示。

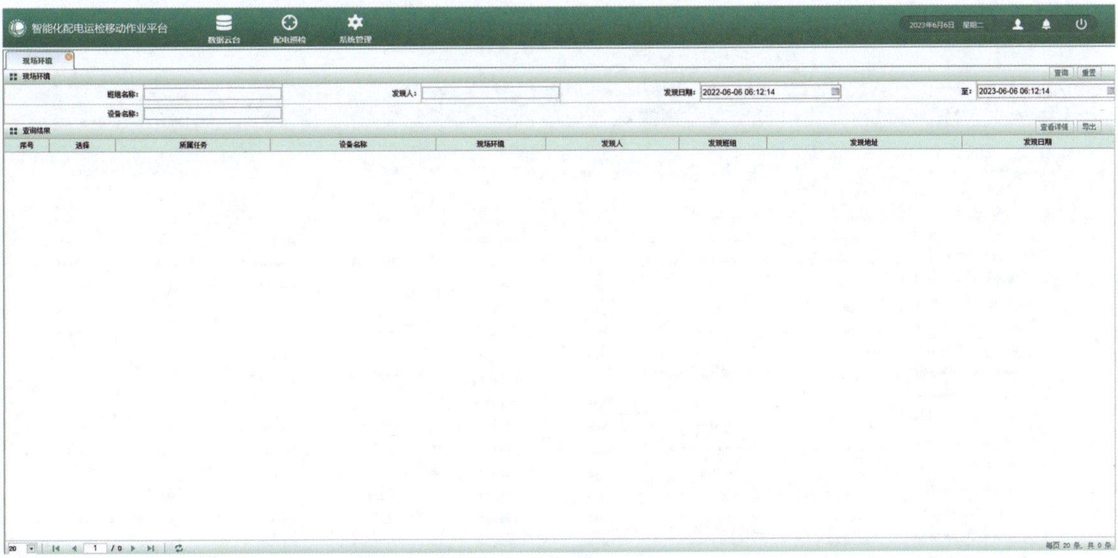

图 7-6　现场环境查询

（三）缺陷记录

功能介绍：查看巡视人员上传的缺陷记录。

功能路径：【配电巡检】→【巡视报告】→【缺陷记录】，可以通过发现班组、发现人、发现时间等进行缺陷记录查询，如图 7-7 所示。

图 7-7　缺陷记录查询

（四）隐患记录

功能介绍：查看巡视人员上传的隐患记录。

功能路径：【配电巡检】→【巡视报告】→【隐患记录】，可以通过发现班组、发现人、发现时间等进行隐患记录查询，如图 7-8 所示。

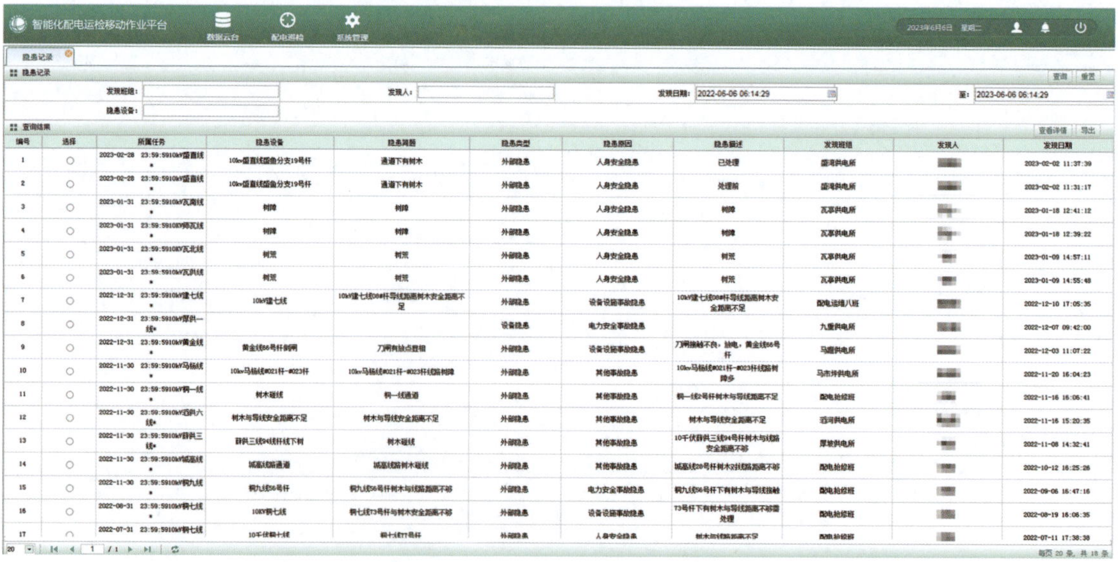

图 7-8　隐患记录查询

模块三　数据云台

模块说明　本模块主要介绍如何通过数据云台进行可视化统计，以及线路巡视情况的查看等操作。

一、可视化统计

功能介绍：可视化统计共分为八大板块，用于直观展示当月巡检情况综合统计、全景地图可视化监控、缺陷闭合管理综合分析、设备打卡情况统计、设备打卡准确率统计、周期任务执行情况综合统计、带电检测综合统计以及设备核查综合分析，如图 7–9 所示。

功能路径：【数据云台】→【可视化统计】→【线路巡视可视化】，可以根据账号等级进行展示，同时选择全景地图的不同区域可以实现图数联动。

图 7–9　线路巡视可视化

二、线路巡视

（一）设备运维工作情况

功能介绍：查看设备运维工作情况。

功能路径：【数据云台】→【线路巡视】→【设备运维工作情况】，可以通过统计类型、统计日期两个维度进行设备运维工作情况查询，如图 7–10 所示。

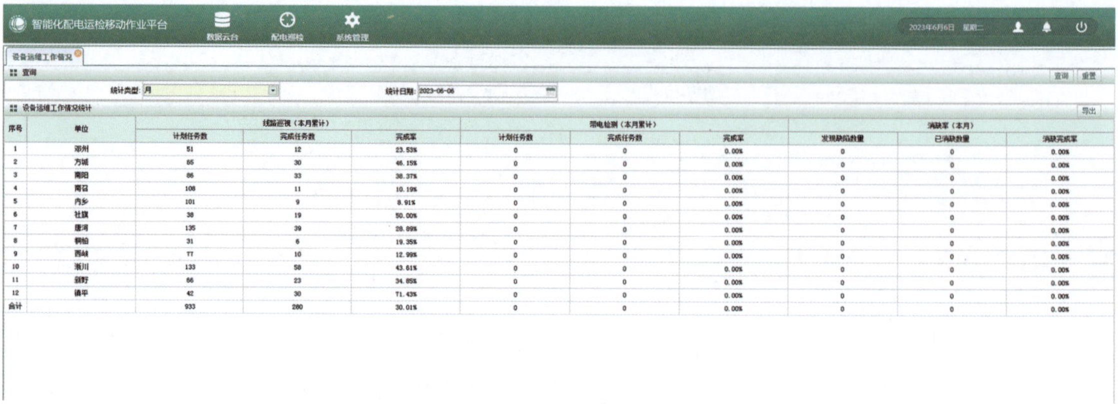

图 7-10　设备运维工作情况查询

（二）巡视任务完成率

功能介绍：查看巡视任务完成率。

功能路径：【数据云台】→【线路巡视】→【巡视任务完成率】，可以通过供电单位、统计周期、统计年月以及是否显示县公司进行巡视任务完成率查询，如图 7-11 所示。

图 7-11　巡视任务完成率查询

（三）线路周期覆盖率

功能介绍：查看线路周期覆盖率。

功能路径：【数据云台】→【线路巡视】→【线路周期覆盖率】，可以通过统计年月、统计维度进行线路周期覆盖率查询，如图 7-12 所示。

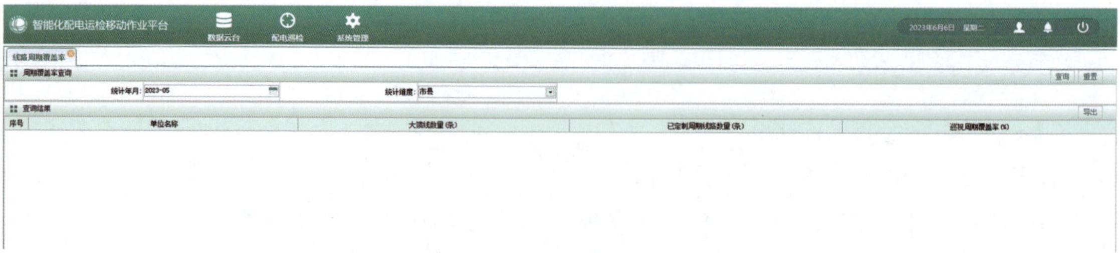

图 7-12　线路周期覆盖率查询

（四）打卡准确率

功能介绍：查看打卡准确率。

功能路径：【数据云台】→【线路巡视】→【打卡准确率】，可以通过统计年月、统计维度进行打卡准确率查询，如图 7–13 所示。

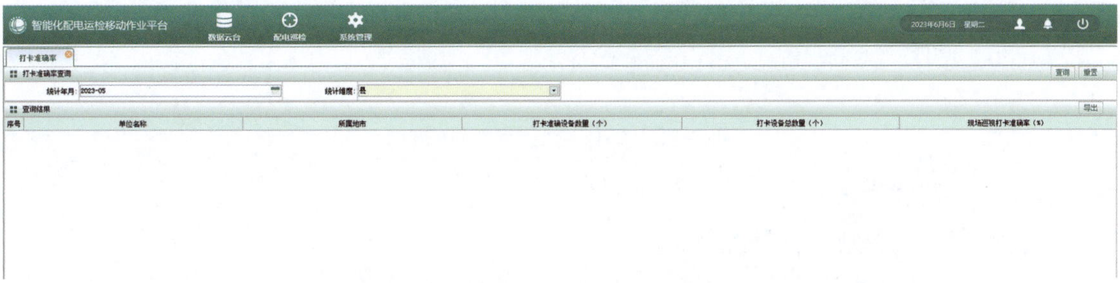

图 7–13　打卡准确率查询

（五）主动巡视执行率

功能介绍：查看主动巡视执行率。

功能路径：【数据云台】→【线路巡视】→【主动巡视执行率】，可以通过统计年月、统计维度进行主动巡视执行率查询，如图 7–14 所示。

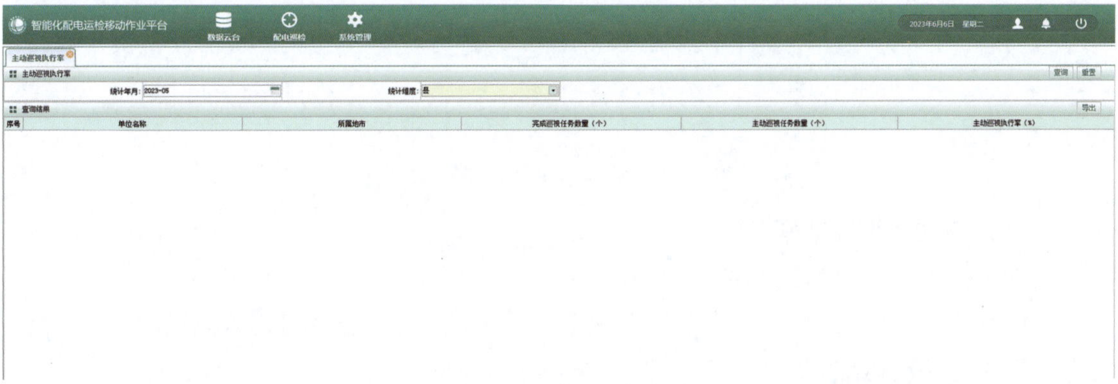

图 7–14　主动巡视执行率查询

（六）工作类型统计

功能介绍：查看工作类型统计情况。

功能路径：【数据云台】→【线路巡视】→【工作类型统计】，可以通过任务类型、统计日期以及是否显示县公司进行工作类型统计情况查询，如图 7–15 所示。

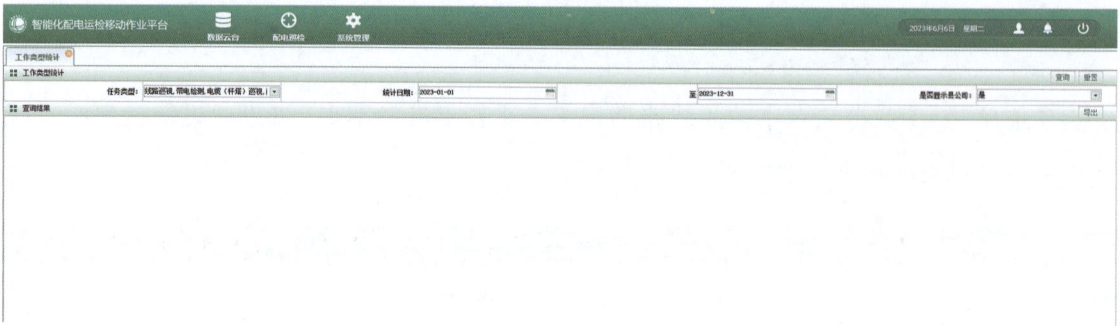

图 7-15　工作类型统计情况查询

（七）缺陷类型统计

功能介绍：查看缺陷类型统计情况。

功能路径：【数据云台】→【线路巡视】→【缺陷类型统计】，可以通过工作类型、统计日期以及是否显示县公司进行缺陷类型统计情况查询，如图 7-16 所示。

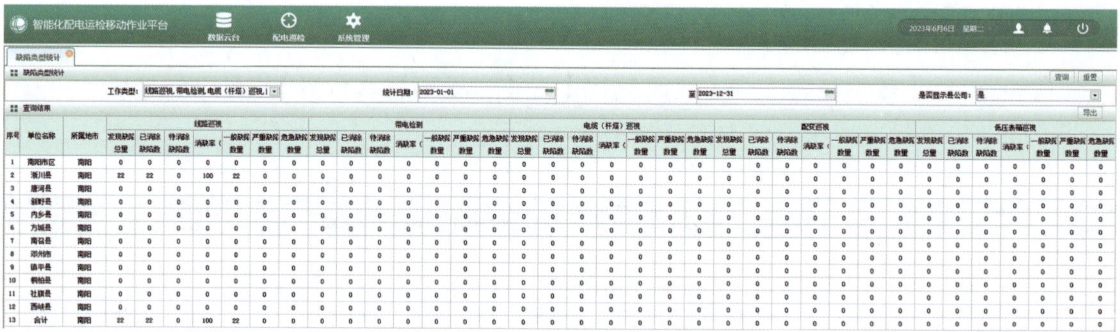

序号	单位名称	所属地市	线路巡视							带电检测							电缆（杆塔）巡视							配变巡视							低压表箱巡视						
			发现缺陷总量	已消除缺陷数	待消除缺陷数	消缺率（	一般缺陷数量	严重缺陷数量	危急缺陷数量	发现缺陷总量	已消除缺陷数	待消除缺陷数	消缺率（	一般缺陷数量	严重缺陷数量	危急缺陷数量	发现缺陷总量	已消除缺陷数	待消除缺陷数	消缺率（	一般缺陷数量	严重缺陷数量	危急缺陷数量	发现缺陷总量	已消除缺陷数	待消除缺陷数	消缺率（	一般缺陷数量	严重缺陷数量	危急缺陷数量	发现缺陷总量	已消除缺陷数	待消除缺陷数	消缺率（	一般缺陷数量	严重缺陷数量	危急缺陷数量
1	南阳市区	南阳	0	0	0	0	0	0	0	0	0	0	0	0	0	0	0	0	0	0	0	0	0	0	0	0	0	0	0	0	0	0	0	0	0	0	0
2	淅川县	南阳	22	22	0	100	22	0	0	0	0	0	0	0	0	0	0	0	0	0	0	0	0	0	0	0	0	0	0	0	0	0	0	0	0	0	0
3	唐河县	南阳	0	0	0	0	0	0	0	0	0	0	0	0	0	0	0	0	0	0	0	0	0	0	0	0	0	0	0	0	0	0	0	0	0	0	0
4	新野县	南阳	0	0	0	0	0	0	0	0	0	0	0	0	0	0	0	0	0	0	0	0	0	0	0	0	0	0	0	0	0	0	0	0	0	0	0
5	内乡县	南阳	0	0	0	0	0	0	0	0	0	0	0	0	0	0	0	0	0	0	0	0	0	0	0	0	0	0	0	0	0	0	0	0	0	0	0
6	方城县	南阳	0	0	0	0	0	0	0	0	0	0	0	0	0	0	0	0	0	0	0	0	0	0	0	0	0	0	0	0	0	0	0	0	0	0	0
7	南召县	南阳	0	0	0	0	0	0	0	0	0	0	0	0	0	0	0	0	0	0	0	0	0	0	0	0	0	0	0	0	0	0	0	0	0	0	0
8	邓州市	南阳	0	0	0	0	0	0	0	0	0	0	0	0	0	0	0	0	0	0	0	0	0	0	0	0	0	0	0	0	0	0	0	0	0	0	0
9	镇平县	南阳	0	0	0	0	0	0	0	0	0	0	0	0	0	0	0	0	0	0	0	0	0	0	0	0	0	0	0	0	0	0	0	0	0	0	0
10	桐柏县	南阳	0	0	0	0	0	0	0	0	0	0	0	0	0	0	0	0	0	0	0	0	0	0	0	0	0	0	0	0	0	0	0	0	0	0	0
11	社旗县	南阳	0	0	0	0	0	0	0	0	0	0	0	0	0	0	0	0	0	0	0	0	0	0	0	0	0	0	0	0	0	0	0	0	0	0	0
12	西峡县	南阳	0	0	0	0	0	0	0	0	0	0	0	0	0	0	0	0	0	0	0	0	0	0	0	0	0	0	0	0	0	0	0	0	0	0	0
13	合计	南阳	22	22	0	100	22	0	0	0	0	0	0	0	0	0	0	0	0	0	0	0	0	0	0	0	0	0	0	0	0	0	0	0	0	0	0

图 7-16　缺陷类型统计情况查询

（八）主动运维完成率

功能介绍：查看主动运维完成率。

功能路径：【数据云台】→【线路巡视】→【主动运维完成率】，可以通过统计类型、统计年月进行主动运维完成率查询，如图 7-17 所示。

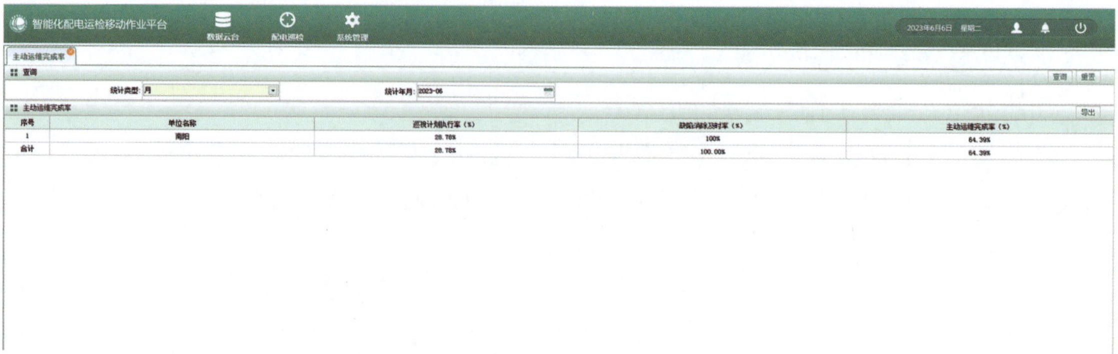

序号	单位名称	巡视计划执行率（%）	缺陷消除及时率（%）	主动运维完成率（%）
1	南阳	28.78%	100%	64.39%
合计		28.78%	100.00%	64.39%

图 7-17　主动运维完成率查询

（九）设备类型统计

功能介绍：查看设备类型统计情况。

功能路径：【数据云台】→【线路巡视】→【设备类型统计】，可以通过工作类型、统计日期以及统计维度进行设备类型统计情况查询，如图 7-18 所示。

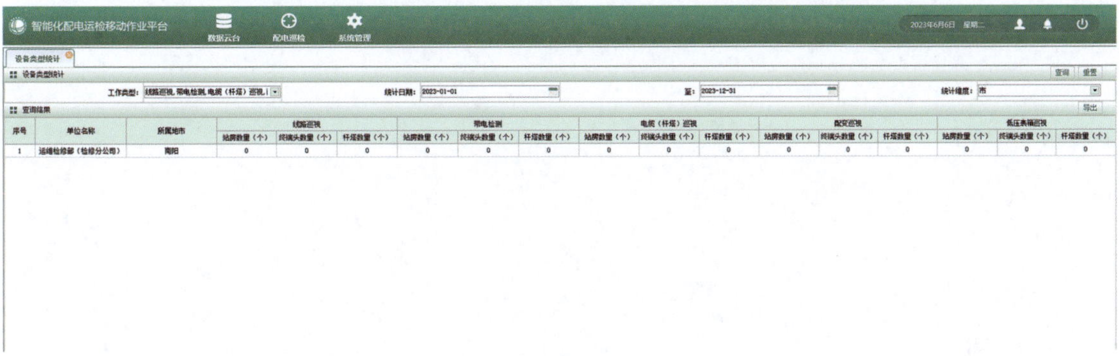

图 7-18　设备类型统计情况查询

思考与练习

1　巡视周期可以通过什么方式制定？

答：单条新建、批量导入。

2　线路巡视工作完成率可通过哪个模块进行查看？

答：【数据云台】→【线路巡视】→【巡视任务完成率】。